21 世纪高等院校电气工程与自动化规划教材

自动控制原理

Principle of Automatic Control

主 编 王燕平
副主编 王艳芳

人民邮电出版社

·北 京·

图书在版编目（ＣＩＰ）数据

自动控制原理 / 王燕平主编. -- 北京：人民邮电
出版社，2015.9（2024.1重印）
21世纪高等院校电气工程与自动化规划教材
ISBN 978-7-115-40096-3

Ⅰ. ①自… Ⅱ. ①王… Ⅲ. ①自动控制理论－高等学
校－教材 Ⅳ. ①TP13

中国版本图书馆CIP数据核字(2015)第174142号

内 容 提 要

本书从高等工程教育的人才培养目标出发，比较全面地阐述了经典控制理论的基本概念、基本
原理和基本方法。全书共 8 章，主要内容有：自动控制概论，控制系统的数学模型，线性系统的时
域分析法，线性系统的根轨迹法，线性系统的频域分析法，线性系统的校正与设计，线性离散控制
系统，以及自动控制原理实验。

本书以"系统建模—系统分析—综合设计"作为教材主线，合理优化了教学内容，突出控制系
统分析与设计的共性规律和基本方法，强化工程实践应用。此外，为方便教师教学，本书还配有较
丰富的例题与习题。

本书可作为应用型本科学校自动化专业、电气工程及其自动化专业、测控技术与仪器等相关专
业的教材，也可供从事自动化技术工作的科技工作者自学与参考。

◆ 主　　编　王燕平

　　副 主 编　王艳芳

　　责任编辑　邹文波

　　执行编辑　税梦玲

　　责任印制　沈　蓉　彭志环

◆ 人民邮电出版社出版发行　　北京市丰台区成寿寺路 11 号
　　邮编　100164　电子邮件　315@ptpress.com.cn
　　网址　http://www.ptpress.com.cn
　　北京七彩京通数码快印有限公司印刷

◆ 开本：787×1092　1/16
　　印张：12　　　　　　　　2015 年 9 月第 1 版
　　字数：281 千字　　　　　2024 年 1 月北京第 9 次印刷

定价：34.00 元

读者服务热线：(010)81055256　印装质量热线：(010)81055316
反盗版热线：(010)81055315

本书是为适应应用型本科的自动化专业、电气工程及其自动化等相关专业的教学需求而编写的。本书以培养具有创新精神和实践能力的高素质应用型人才为目标，主要特色如下。

（1）合理优化"自动控制原理"课程内容，突出重点

本书内容在充分满足学生后续课程学习和考研、就业等需要的前提下，酌情削减目前工程实践中较少使用的内容，适当选取理论推导与证明。

（2）强化"自动控制原理"内容的应用性

本书在重点章节中增加实际工程综合实例，以实现该章知识的综合应用，把抽象问题具体化，便于读者对抽象概念的理解。

（3）理顺"自动控制原理"各知识点的关系，增强可读性

"自动控制原理"课程内容的系统性很强，在章、节内容的安排上，既要体现各知识点的自然衔接，又要适时地安排知识的提炼与总结，方便教师教学和学生阅读、学习。

（4）设置实验内容

实验是"自动控制原理"课程的重要组成部分，本书设置了 14 学时的实验项目，供读者选择。

本书是河南工业大学优培课程"自动控制理论"的配套教材，凝聚了课程组教师的心血和教学改革的成果。本书的第 1 章、第 6 章和附表由王燕平编写，第 2 章和第 3 章由王艳芳编写，第 4 章由张杰编写，第 5 章由黄凤芝编写，第 7 章由吴翔编写，第 8 章由孙红鸽编写，全书由王燕平统稿并修改。

由于编者水平有限，书中难免存在不妥之处，恳请读者批评指正。

作者
2015 年 5 月

第1章 自动控制概论

目前，自动控制作为一种技术手段，已广泛地应用于国民经济的各个领域和社会生活的各个方面，本章将从控制理论的发展、控制方式以及控制系统的结构组成等方面，介绍自动控制的基本概念和自动控制系统的基本特点。

1.1 控制理论的发展

随着我国科学技术的发展，自动控制技术愈来愈广泛地应用于工业、农业、军事、科学研究、交通运输、商业、医疗、服务和家庭等方面。所谓自动控制，是为实现生产或生活中的某种需求，在没有人直接参与的情况下，利用人为加入的设备，使被控制对象（如机器设备、系统或生产过程）的某一个物理量或多个物理量，自动地按照期望的规律去运行或变化，这种人为加入的设备就称为控制器或控制装置，由被控制对象和控制装置组成一个整体称为自动控制系统。采用自动控制技术能够实现自动检测、信息处理、分析判断、操纵控制，达到预期的目标，不仅可以把人从繁重的体力劳动、部分脑力劳动以及恶劣、危险的工作环境中解放出来，而且能扩展人的器官功能，极大地提高劳动生产率，增强人类认识世界和改造世界的能力。因此，自动控制是工业、农业、国防和科学技术现代化的重要条件和显著标志。

自动控制理论是研究自动控制的基础理论和自动控制共同规律的技术学科，其形成远比控制技术的应用要晚。古代，罗马人家里的水管系统中就已经应用按反馈原理构成的简单水位控制装置。中国北宋元祐初年（1086～1089）也已有了反馈调节装置——水运仪象台。但是直到 1787 年瓦特离心式调速器在蒸汽机转速控制上得到普遍应用，才开始出现研究控制理论的需要。

1868 年，英国科学家 J. C. 麦克斯韦首先解释了瓦特速度控制系统中出现的不稳定现象，指出振荡现象的出现同由系统导出的一个代数方程根的分布形态有密切的关系，开辟了用数学方法研究控制系统中运动现象的途径。20 世纪 30 至 40 年代，奈奎斯特、伯德、维纳等人的著作为自动控制理论的初步形成奠定了基础；第二次世界大战以后，又经过众多学者的努力，在总结了以往的实践和关于反馈理论、频率响应理论并加以发展的基础上，形成了较为完整的自动控制系统设计的频率法理论。1948 年 W. R. Evans 又提出了根轨迹法。至此，自动控制理论发展的第一阶段基本完成。这种建立在频率法和根轨迹法基础上的理论，通常被称为经典控制理论（又称古典控制理论）。经典控制理论以拉氏变换为数学工具，以单输入—单输出的线性定常系统为主要的研究对象，在解决比较简单的控制系统的分析和设计问题方面是很有效的，但其只适用于单变量系统，且仅限于研究定常系统。

在 20 世纪 60～70 年代，随着现代应用数学新成果的推出和电子计算机的应用，尤其是在 20 世纪 50 年代蓬勃兴起的航空航天技术的推动下,控制理论有了重大的突破和创新,逐步形成了现代控制理论。现代控制理论以线性代数和微分方程为主要的数学工具,以状态空间法为基础,分析与设计控制系统。状态空间法本质上是一种时域的方法,它不仅描述了系统的外部特性,而且描述和揭示了系统的内部状态和性能。它分析和综合的目标是在揭示系统内在规律的基础上,实现系统在一定意义下的最优化。

随着空间技术、计算机技术及人工智能技术的发展,控制界学者在研究自组织、自学习控制的基础上,为了提高控制系统的自学习能力,开始注意将人工智能技术与方法应用于控制系统,逐步形成了智能控制理论。智能控制是人工智能和自动控制的结合物,其重点并不在对数学公式的表达、计算和处理上,而在对任务和模型的描述、符号和环境的识别以及知识库和推理机的设计开发上。智能控制用于生产过程,让计算机系统模仿专家或熟练操作人员的经验,建立起以知识为基础的广义模型,采用符号信息处理、启发式程序设计、知识表示和自学习、推理与决策等智能化技术,对外界环境和系统过程进行理解、判断、预测和规划,使被控对象按一定要求达到预定的目的。智能控制理论主要有专家系统、模糊控制、神经网络控制、进化计算等的控制方法。近年来,智能控制技术在国内外已有了较大的发展,已进入工程化、实用化的阶段。但作为一门新兴的理论技术,它还处在一个发展时期。

1.2　自动控制方式

所谓自动控制就是在没有人直接参与的情况下,利用外加设备或装置(称控制装置或控制器),使机器、设备或生产过程(统称被控对象)的某个工作状态或参数(即被控量)自动地按照预定的规律运行。例如无人驾驶的飞机按预定轨迹飞行,人造地球卫星可以准确地进入预定轨道运行并回收。能自动地实现生产或生活所需的某一功能的所有物理部件的集合,称为自动控制系统,其中,被控制的机器、设备或生产过程被称为被控对象,被控制的某一个工作状态或参数称为被控制量或输出量,要实现的控制目标用一个物理量传达给系统,称为给定量或输入量,自动控制系统的结构如图 1-1 所示。

图 1-1　自动控制系统结构

自动控制的方式有闭环控制方式、开环控制方式和复合控制方式。

1.2.1　闭环控制方式

闭环控制(又称反馈控制)是应用最广泛的一种控制方式,是自然界所遵循的基本工作方式,控制装置与被控对象之间,不但有顺向作用,而且有反向作用,其结构如图 1-2 所示。

从信号的流动方向来看,系统不仅存在从输入量向输出量的正向信号流动,还存在从输出量向输入量的反向信号流动,信号可形成一个闭合回路。系统工作时,当前的输出量由检测装置感知,形成反馈量,并传递给控制装置;控制装置将反馈量与代表控制目标的输入量进行比较,找到差距,并据此运算出控制指令;被控对象接收到控制装置的控制指令后进行响应,输出量朝着减小差距的方向发展;只要差距存在,系统就会自动地进行调节,直到差距消失或小于某一设定值为止。因此,闭环控

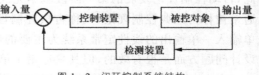

图 1-2　闭环控制系统结构

制的控制机理是检测偏差,纠正偏差。

　　例如,人取桌上书的过程就是一个闭环控制的自动控制过程,如图 1-3 所示。

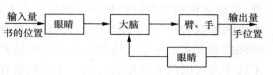

图 1-3　取书自动控制系统

　　书的位置是整个自动控制过程要达到的目标,是系统的输入量,手是整个自动控制过程要控制的对象,是被控对象,而手的位置是被控制量(又称输出量)。取书时,眼睛作为检测装置,首先判断出书的位置与手的位置之间的差距,这个差距称为偏差,大脑是控制装置,根据偏差的大小,经过运算发出指令,控制手臂向着减小偏差的方向移动,直到手到达书的位置时,偏差消除,取书过程结束。

　　又例如,直流电动机转速控制系统,如图 1-4 所示。

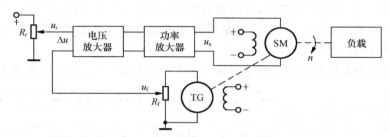

图 1-4　直流电动机转速闭环控制系统

　　在直流电动机转速控制系统中,想要达到的转速用电位器 R_r 的输出电压 U_r 给出,并作为系统的输入量,送到电压放大器输入端,直流电动机的转速是系统的输出量,由检测装置直流测速发电机 TG 及分压电位器 R_f 获得,生成与电机转速呈线性关系的反馈电压 U_f,送到电压放大器的输入端,由于 U_r 和 U_f 是反极性连接的,$\Delta u = U_r - U_f$,经电压放大、功率放大之后生成 U_a,作为直流电动机的电枢电压,直流电动机在电枢电压的作用下转动。这是一个有差系统,电枢电压 U_a 的大小与 Δu 呈线性关系,只有当 Δu 不为零时,U_a 才能不为零,电机才能转动。图 1-5 是直流电动机转速控制系统的方框图。

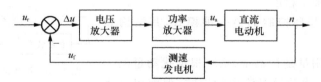

图 1-5　直流电动机转速闭环控制系统方框图

　　闭环控制系统由于设置了检测装置,将输出量的当前值及时地反馈给控制器,控制器可以根据输出量与输入量之间的偏差随时调整控制量,以实现减小偏差的目的,因此,闭环控制系统的控制精度较高,抗干扰的能力较强;但检测装置的使用,增加了系统结构的复杂度和经济成本,同时由于系统中信号形成了闭合回路,易造成系统的不稳定。因此,当控制系统的控制精度要求不是很高的时候,可以采用开环控制方式。

1.2.2　开环控制方式

　　开环控制是指系统的控制装置与被控对象之间,只有顺向作用,没有反向作用的控制过程,所以又称顺馈控制。开环控制系统由于未使用检测装置,而使其结构简单,易于稳定,成本大大降低,但相对于闭环系统而言,其控制精度和抗干扰性能要差一些。基于以上特点,开环控制方式适用于系统各组成部件性能及相互关系稳定、控制精度要求不高、工作过程中干扰小或可以预先补偿的系统。开环控制有两种模式,一种是按给定值控制模式,另一种是按扰动控制模式。两种模式也可以结合起来在一个系统中同时使用。

图 1-6 所示是按给定值控制的开环控制系统,控制器直接根据给定量(又称输入量)的大小,向被控对象发出指令,被控对象进行响应,形成一个与输入量相对应的输出量,控制精度完全取决于所使用的各元部件的

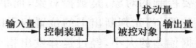

图 1-6　按给定值控制的开环系统结构

精度。在实际的生产和生活中,存在很多使用按给定值控制模式的开环控制系统,例如,常用的洗衣机就是一个开环控制系统,在洗涤程序中,只是对洗衣过程的每个步骤,如浸泡、洗涤、漂洗、甩干等,做出了定时控制,但对最后的洗衣效果如衣服的清洁程度、甩干程度等并没有进行检测与控制。

又例如,经济型数控车床的进给系统就是一个开环控制系统,其结构如图 1-7 所示。

图 1-7　数控车床进给系统结构示意图

在加工过程中,加工程序作为指令送入数控系统(一般是一个专用的计算机系统,也可以用 PC 替代),数控系统对指令进行解码和运算,形成 x 轴或 y 轴的控制脉冲序列,经相应轴的步进电机驱动器进行功率放大后,控制对应轴的步进电机运转,再通过精密传动机构(将角位移转化为直线位移的机构),带动工作台进行加工。从控制信号的传递来看,只有顺向的,没有反向的,数控系统只发布控制脉冲,不检测步进电机的转速,系统采用了开环控制方式,但由于采用了精密传动机构(如滚珠丝杠),就能保证在工作过程中不丢失脉冲,同时仍能达到比较高的加工精度。

按扰动控制是开环控制的另一种模式,其结构如图 1-8 所示。

系统的外部作用量是扰动量,系统根据扰动量的大小进行补偿,以减小扰动量对输出的影响,但前提是扰

图 1-8　按扰动控制的开环系统结构

动量要能够直接或间接地被测量。这种控制方式一般不单独使用,经常作为系统抗干扰能力提高的一种手段,用在闭环控制系统或按给定值控制的开环控制系统中。

1.2.3　复合控制方式

将开环控制和闭环控制有机地结合起来的一种控制方式就是复合控制方式,因开环控制有两种模式,复合控制也有两种模式,结构如图 1-9 和图 1-10 所示。

图 1-9 所示的复合控制系统是将按给定值控制的开环控制与闭环控制相结合,图 1-10 所示的复合控制系统是将按扰动控制的开环控制与闭环控制相结合,其优点是系统各项性能都好于闭环控制系统,但因结构比闭环系统更加复杂,其设计难度以及成本都将增加。

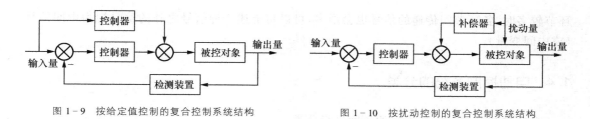

图 1 - 9 按给定值控制的复合控制系统结构   图 1 - 10 按扰动控制的复合控制系统结构

1.3 自动控制系统的组成

自动控制系统因系统功能不同,所使用的元部件也不同,但从完成"自动控制"这一功能的角度来看,一个闭环自动控制系统必须包含控制对象、检测装置和控制器这 3 大部分,除此之外,系统可根据系统功能的要求,增加一些环节,如电压放大、功率放大等,统称为执行元件。一般地,闭环控制系统应包括以下几个基本环节,如图 1 - 11 所示。

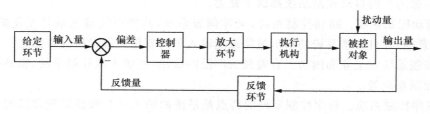

图 1 - 11 闭环自动控制系统基本结构

给定环节:给定环节主要用于产生输入量,在模拟控制系统中通常用一个 0~15V(或 0~10V)的直流电压作为输入量,给定环节由直流电源和电位器构成,如图 1 - 4 中的电位器 Rr,在计算机控制系统(又称离散控制系统)中,输入量常用键盘输入,无论是模拟控制系统还是离散控制系统,输入量有一定的精度要求,给定环节要满足其要求。

控制器:控制器是自动控制系统的核心部分,它根据偏差按照一定的规律,产生控制信号,所依照的规律要能改善或提高系统的性能。

放大环节:放大环节是将控制信号进行放大,包括幅值放大和功率放大,使其变换成能直接驱动执行机构的信号。

执行机构:执行机构直接用于对被控对象进行操作,常见的执行机构有电动机、液压马达和阀门等。

被控对象:被控对象是自动控制系统所要控制的设备或生产过程,描述被控对象的工作状态并需要控制的物理量就是被控量,即输出量。

反馈环节:又称检测环节,它对控制系统当前的输出量进行检测,并将其转化为与输入量同物理性质、量值匹配的反馈量,以便于控制器将其与输入信号进行比较,找到偏差。

从图 1 - 11 可以看出,在闭环控制系统中,输入量、输出量、反馈量、偏差以及扰动量是一定存在的,且具有特定的含义。输入量又称给定量或参据量,是系统的控制指令;输出量又称被控量,是被控对象的输出,是系统的控制目标;反馈量是通过检测装置,将输出量转变成为与输入量物理性质相同、数量级相同的一个信号;偏差是反馈量与输入量之间的差值;扰动量又称噪声,客观存在于控制系统,来源于能够引起输出量发生变化的各种因素,如电网电压的波动、电动机负载转矩的变化以及环境温度的变化等。一般地,当控制系统的构成环节较多时,各环节间传递的信号也会增多,可以将上述 5 种信号之外的信号视为中间信号(或中间变量)。

1.4 自动控制系统的分类

自动控制系统可以从不同的角度进行分类。

1.4.1 按输入量变化的规律分类

按输入量变化的规律可将自动控制系统分为恒值控制系统、随动控制系统和程序控制系统。

(1) 恒值控制系统。恒值控制系统的特点是系统的输入量是恒定值,并且要求系统的输出量相应地保持恒定。该系统是一类常见的自动控制系统,如生产或生活中的恒温、恒速、恒压、恒张力等的自动控制系统都属于此类。

(2) 随动控制系统。随动控制系统,又称伺服系统,其特点是输入量是变化的(有的是随机的、任意的)并且要求系统的输出量能跟随输入量的变化而做出相应的变化。

随动控制系统在工业和国防上有着极为广泛的应用,例如火炮控制系统、雷达引导系统和机器人控制系统等。

(3) 程序控制系统。程序控制系统的特点是系统的输入量是按预定规律随时间变化的函数,要求输出量也按照相应的规律变化,以复现输入函数。程序控制系统大多应用在自动化生产线或大型化工生产过程,如数控机床、石油炼制生产过程等。程序控制系统与随动控制系统的输入量都是时间的函数,所不同的是程序控制系统的输入量是已知的时间函数,而随动控制系统的输入量可以是未知的时间函数。

1.4.2 按系统传输信号对时间的关系分类

按系统传输信号对时间的关系可将自动控制系统分为连续控制系统和离散控制系统。

(1) 连续控制系统。连续控制系统(又称模拟控制系统)的特点是构成系统的各环节的输入量和输出量都是时间的连续函数,其运动规律可用微分方程描述。

(2) 离散控制系统。离散控制系统(又称数字控制系统)的特点是构成系统的某一个环节或多个环节的输入量或输出量为时间上离散的脉冲序列,其运动规律可用差分方程描述。

1.4.3 按系统的输出量和输入量的关系分类

按系统的输出量和输入量的关系可将自动控制系统分为线性系统和非线性系统。

(1) 线性系统。线性系统的特点是系统全部由线性元件组成,其输出量和输入量的关系用线性微分方程(或线性差分方程)来描述。线性系统可使用叠加定理,即若系统有多个外作用量同时作用于系统所引起的输出响应,等于每个外作用量单独作用于系统所引起的输出响应分量的叠加。实际的物理系统都不是严格的线性系统,在分析时,当系统运行在各元件的线性范围内,就可以认定系统是线性的。

(2) 非线性系统。非线性系统的特点是系统的构成元件中不全是线性的,其输出量和输入量的关系不能用线性微分方程(或线性差分方程)来描述,非线性系统不能使用叠加定理。

1.4.4　按系统中的参数对时间是否变化分类

按系统中的参数对时间是否变化可将自动控制系统分为定常系统和时变系统。

（1）定常系统。定常系统（又称时不变系统）的特点是系统全部参数不随时间变化，可用定常微分方程（定常差分方程）来描述，大多数物理系统在所观察的时间范围内可以认定参数是定常的，一些微小变化可以忽略。

（2）时变系统。时变系统的特点是系统的一个或几个参数是时间 t 的函数，不能用定常微分方程（定常差分方程）来描述。

除了以上的分类方法外，还可以根据其他条件进行分类，例如，按照系统的输入量、输出量的数量将系统分为单输入单输出系统和多输入多输出系统，按系统功能将系统分为温度控制系统、速度控制系统、压力控制系统等，按组成系统的元部件将系统分为机械系统、电力系统等。本书主要介绍单输入单输出线性定常连续反馈控制系统的分析和设计。

1.5　自动控制系统的基本要求

在自动控制系统的分析和设计过程中，需要有一个控制系统性能优劣的评价标准，那就是性能指标，通常是通过控制系统对特定输入信号（如单位阶跃信号）的响应来定义控制系统的性能指标的。在系统能稳定工作的前提下，当控制系统收到外作用信号（输入信号或扰动信号）时，首先进入一个调整过程，称为动态过程或暂态过程，随着时间的推移，系统进入稳态，其输出信号趋于平稳，达到一个稳定值。在整个响应过程中，系统的性能分为动态性能和稳态性能两部分，总的来说，对控制系统性能的基本要求是稳定性、快速性和准确性，即稳、快、准的要求。

1.5.1　稳定性

当对自动控制系统的性能要求归于稳定性、快速性和准确性 3 个词时，稳定性包含了两层含义，其第一层含义是保证系统正常工作的先决条件，又称绝对稳定性，是一个自动控制系统必须满足的一个性能指标。处于平衡状态的控制系统，对作用于系统的外部信号（输入信号或扰动信号）进行响应，若系统具有稳定性，则其能通过自动调整过程，建立新的平衡状态（对输入信号而言）或回到原来的平衡状态（对扰动信号而言）。稳定性的第二层含义是动态调整过程中系统的输出信号偏离稳态值的程度，又称为相对稳定性或平稳性，相对稳定性较好的系统，动态过程中的输出信号与稳态值之间的偏差较小，当输出量偏差较大，即输出量振荡比较强烈时，系统将难以正常工作，甚至导致系统元部件的松动或是损坏。

1.5.2　快速性

快速性是指系统完成动态调整过程的快慢程度，通常用动态调整过程所用的时间来表示，动态调整过程所用的时间越短，系统的快速性越好。控制系统的功能不同，快速性的要求也会有所不同，例如速度控制系统在几秒钟内就完成了动态调整过程，而温度控制系统要完成动态调整过程可能要几十分钟或是几个小时（由炉子的大小和供热环节而决定）。

1.5.3　准确性

准确性是指系统完成动态调整过程之后进入了稳态，其输出量与希望值之间的差值，称为稳态误差,当稳态误差为零时,控制系统的准确性较好。但在实际系统中往往由于系统的结构、外作用量的形式以及摩擦、间隙等非线性因素的影响,稳态误差不能完全消除。稳态误差是衡量系统控制精度的重要指标。

总之,自动控制系统有三个方面的性能指标,它们是稳定性、动态性能指标和稳态性能指标,稳定性(即绝对稳定性)是系统正常工作的前提条件,动态性能指标有平稳性(又称相对稳定性)和快速性,稳态性能指标有稳态误差,这些指标在自动控制系统中是不能够同时做到最好的,因此在设计系统时要进行兼顾,找到一个最佳配合状态。

习　题

1-1　试阐述下列术语的含义,并举例说明。

自动控制;控制装置与被控对象;输入量与输出量;开环控制与闭环控制;稳定性、快速性与准确性。

1-2　试列举开环控制系统与闭环控制系统的例子,并说明其工作原理。

1-3　闭环控制系统由哪些基本环节组成,各环节的作用是什么?

1-4　炉温控制系统如图1-12所示,要求:

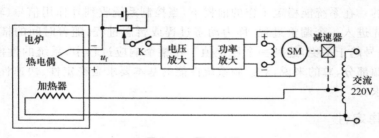

图1-12　题1-4图

(1)指出系统的输入量、输出量、扰动量,并画出其方框图。

(2)当系统启动开关K闭合后,系统是如何进行调整的?

1-5　图1-13是水箱水位自动控制系统原理示意图,希望在任何情况下,水箱水位保持在高度 h 上,试说明系统工作原理并画出系统方框图。

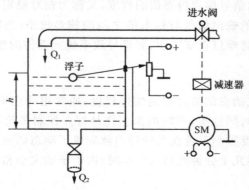

图1-13　题1-5图

第2章 控制系统的数学模型

对自动控制系统的研究包括系统分析和系统设计,前提是建立系统的数学模型。系统的数学模型是指描述系统输入输出性能的数学表达式,实际应用中的各种工业控制系统,如机械、电气、热力、液压、气动等,根据系统参数之间的物理化学等基本规律,均可以将系统的输入输出之间的动态关系用数学表达式(即数学模型)来描述。数学模型代表了系统在运动过程中各变量之间的相互关系,既定性又定量地描述了整个系统的动态过程。

建立系统的数学模型有两种方法,一种是解析法,即根据系统中各环节所遵循的物理化学等规律(如力学、电磁学、运动学、热学等)来列方程组,联立求解所得;另一种方法是实验辨识法,即采用直接给系统加典型输入信号,从实验数据进行分析所得。第一种方法多用于系统参数结构清晰的确定性系统,第二种多用于不确定性系统。

在建立数学模型的过程中,需要注意以下几个问题。

(1)数学模型分理想数学模型与实际数学模型。多数理想数学模型具有参数多、阶次高、方程复杂的特点,而实际数学模型参数少、阶次低、方程简单,因此控制准确性稍差。

(2)分清楚系统主要因素与次要因素,忽略次要因素,保证主要因素。这样得到的数学模型既简单易解,又能保证系统的性能指标。

(3)"忽略"是合理的。实际系统大多是小偏差系统,就如电机的机械特性,电机稳定运行后只是在平衡点附近工作。那么可以将非线性,时变问题在此平衡点附近近似处理为线性、定常问题。然后再在此基础上考虑忽略次要因素所引起的误差问题。这样模型就变得简单许多。

数学模型有多种形式,经典控制论中,有时域的微分方程和差分方程、复数域的传递函数和脉冲传递函数、频率域的频率特性,还有数学模型的图形表示方式结构图与信号流图等,以及现代控制论中的状态方程。本章将介绍微分方程、传递函数、结构图等数学模型的建立与应用。

2.1 控制系统的微分方程

2.1.1 微分方程的建立

列写系统微分方程的步骤可归纳如下。

(1)分析系统工作原理与结构组成,确定系统的输入量和输出量。

(2)依据各元件所遵循的物理规律或化学规律,列写相应的微分方程。

（3）消去中间变量，得到输出量与输入量之间关系的微分方程，即数学模型。

（4）将微分方程标准化，即：将与输出量有关的项放在方程的左边，将与输入量有关的项写在方程的右边，并且降幂排列；若有些参数组合在一起有新的含义，可用一个参量替代。

【例2-1】一个具有弹簧—质量—阻尼器的机械位移系统如图2-1所示。当外力$F(t)$作用于质量块m时，m产生相对位移$x(t)$。试列写质量块在外力$F(t)$作用下，位移$x(t)$的运动方程。

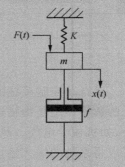

解：（1）系统分析

由题意可知，系统的输入量为外力$F(t)$，输出量为质量块m相对于初始状态的位移$x(t)$，质量m的运动速度、加速度分别为$\mathrm{d}x(t)/\mathrm{d}t$，$\mathrm{d}^2x(t)/\mathrm{d}t^2$。

根据牛顿第二定律有

$$F(t) - F_1(t) - F_2(t) = m\frac{\mathrm{d}^2x(t)}{\mathrm{d}t^2} \tag{2-1}$$

图 2-1 弹簧—质量—阻尼器机械位移系统

其中$F_1(t)$是阻尼器的阻尼力，$F_2(t)$是弹簧弹性力。

（2）各元件微分方程列写

式（2-1）中$F_1(t)$和$F_2(t)$显然为中间变量，阻尼器是一种产生粘性摩擦和阻尼的装置，阻尼力$F_1(t)$的方向与运动方向相反，其大小与运动速度$\mathrm{d}x(t)/\mathrm{d}t$成正比，即

$$F_1(t) = f\frac{\mathrm{d}x(t)}{\mathrm{d}t} \tag{2-2}$$

其中f为阻尼系数。

弹簧的弹力$F_2(t)$的方向亦与运动方向相反，其大小与位移$x(t)$成正比（这里设弹簧为线性弹簧，弹性系数为K），即

$$F_2(t) = Kx(t) \tag{2-3}$$

（3）消去中间变量，求取系统的微分方程

将式（2-2）和式（2-3）代入式（2-1）中，整理后即得该系统的微分方程式

$$m\frac{\mathrm{d}^2x(t)}{\mathrm{d}t^2} + f\frac{\mathrm{d}x(t)}{\mathrm{d}t} + Kx(t) = F(t) \tag{2-4}$$

式（2-4）是一个线性定常的二阶微分方程，也就是说弹簧质量阻尼器的数学模型是一个线性定常的二阶微分方程。

【例2-2】RLC网络的电路如图2-2所示，试列写其微分方程。图中R、L、C均为常数，$u_i(t)$为输入量，$u_o(t)$为输出量。输出端开路，相当于输出阻抗无穷大，忽略负载效应。

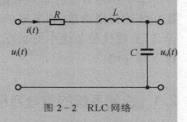

图 2-2 RLC网络

解：（1）题目已给出系统的输入量、输出量，因此第一步省略。

（2）列出各元件的微分方程。解决电路问题只需熟练运用电路的两大定律：基尔霍夫定律和欧姆定律。由基尔霍夫电压定律可得回路的方程。

$$u_i(t) = u_L(t) + u_R(t) + u_o(t) \tag{2-5}$$

元件R、L、C遵循欧姆定律，即

$$u_{\mathrm{R}}(t) = Ri(t) \qquad (2-6)$$

$$u_{\mathrm{L}}(t) = L\frac{\mathrm{d}i(t)}{\mathrm{d}t} \qquad (2-7)$$

$$i(t) = C\frac{\mathrm{d}u_{\mathrm{o}}(t)}{\mathrm{d}t} \qquad (2-8)$$

（3）消去中间变量，将式（2-6）、式（2-7）、式（2-8）代入式（2-5）中，整理得

$$LC\frac{\mathrm{d}^2 u_{\mathrm{o}}(t)}{\mathrm{d}t^2} + RC\frac{\mathrm{d}u_{\mathrm{o}}(t)}{\mathrm{d}t} + u_{\mathrm{o}}(t) = u_{\mathrm{i}}(t) \qquad (2-9)$$

显然，这也是一个线性定常的二阶微分方程，也就是说图 2-2 所示的 RLC 串联电路的数学模型是一个线性定常的二阶微分方程。

【例 2-3】 电枢控制直流电动机的结构如图 2-3 所示，试列写其微分方程。要求取电枢电压 $u_{\mathrm{a}}(t)$ 为输入量，电动机的角速度 $\omega_{\mathrm{m}}(t)$ 或角位移 $\theta_{\mathrm{m}}(t)$ 为输出量。图 2-3 中 R_{a}、L_{a} 分别是电枢电路的等效电阻和等效电感，M_{c} 是折合到电动机轴上的总负载转矩，为系统的扰动量，励磁磁通为常数。

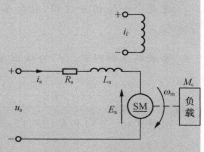

解：（1）由题意，系统的输入量与输出量已给出，励磁磁通恒定（即 $I_{\mathrm{f}} = \mathrm{const}$），忽略漏磁通（这在工程上是允许的）。

图 2-3 电枢控制的直流电动机

（2）列写各元件方程

直流电动机满足电枢回路电压平衡方程和转矩平衡方程，见式（2-10）和式（2-11）

$$u_{\mathrm{a}}(t) = L_{\mathrm{a}}\frac{\mathrm{d}i_{\mathrm{a}}(t)}{\mathrm{d}t} + R_{\mathrm{a}}i_{\mathrm{a}}(t) + E_{\mathrm{a}} \qquad (2-10)$$

$$M_{\mathrm{D}}(t) - M_{\mathrm{c}} = J\frac{\mathrm{d}\omega_{\mathrm{m}}(t)}{\mathrm{d}t} \qquad (2-11)$$

式（2-10）中 E_{a} 是电枢反电势，其大小与转速成正比，方向与电枢电压相反。即

$$E_{\mathrm{a}} = C_{\mathrm{e}}\omega_{\mathrm{m}}(t) \qquad (2-12)$$

其中 C_{e} 是反电势系数。

式（2-11）中，J 是电动机和负载折合到电动机轴上的转动惯量，$J = \dfrac{GD^2}{4g}$，GD^2 为飞轮转矩，g 为重力加速度。M_{c} 为负载转矩，$M_{\mathrm{D}}(t)$ 是电动机的电磁转矩，与电枢电流成正比，即

$$M_{\mathrm{D}}(t) = C_{\mathrm{m}}i_{\mathrm{a}}(t) \qquad (2-13)$$

其中 C_{m} 是电动机转矩系数。

（3）将式（2-10）、式（2-11）、式（2-12）和式（2-13）联立，消去中间变量，整理便可得到以 $\omega_{\mathrm{m}}(t)$ 为输出量，以 $u_{\mathrm{a}}(t)$ 为输入量的直流电动机微分方程。

$$L_{\mathrm{a}}J\frac{\mathrm{d}\omega_{\mathrm{m}}^2(t)}{\mathrm{d}t^2} + R_{\mathrm{a}}J\frac{\mathrm{d}\omega_{\mathrm{m}}(t)}{\mathrm{d}t} + C_{\mathrm{e}}C_{\mathrm{m}}\omega_{\mathrm{m}}(t) = C_{\mathrm{m}}u_{\mathrm{a}}(t) - L_{\mathrm{a}}\frac{\mathrm{d}M_{\mathrm{c}}(t)}{\mathrm{d}t} - R_{\mathrm{a}}M_{\mathrm{c}}(t)$$

$$(2-14)$$

这是一个二阶微分方程，也就是说电枢控制的直流电机的数学模型可以用二阶微分方程来描述。在工程应用中，由于电枢电路电感 L_{a} 较小，通常忽略不计，因而式（2-14）可近

似处理为

$$R_a J \frac{d\omega_m(t)}{dt} + C_e C_m \omega_m(t) = C_m u_a(t) - R_a M_c(t)$$

对上式进行处理,得

$$\frac{R_a J}{C_e C_m} \frac{d\omega_m(t)}{dt} + \omega_m(t) = \frac{1}{C_e} u_a(t) - \frac{R_a}{C_e C_m} M_c(t) \tag{2-15}$$

令 $T_m = R_a J / C_e C_m$,是电动机机电时间常数,$K_1 = 1/C_e$ 是电压传递系数,$K_2 = R_a / C_e C_m$ 是转矩传递系数,则式(2-15)可写为

$$T_m \frac{d\omega_m(t)}{dt} + \omega_m(t) = K_1 u_a(t) - K_2 M_c(t) \tag{2-16}$$

这是个一阶微分方程,在忽略电枢电感的情况下,直流电机的数学模型可简化为一阶微分方程。

如果取角位移 $\theta_m(t)$ 为输出量,因 $\omega_m(t) = \frac{d\theta_m(t)}{dt}$,代入式(2-16)可得

$$T_m \frac{d\theta_m^2(t)}{dt^2} + \frac{d\theta(t)}{dt} = K_1 u_a(t) - K_2 M_c(t) \tag{2-17}$$

比较式(2-16)和式(2-17)发现,同一系统,所关注问题的角度不同,得到的数学模型是不同的。

如果电枢电阻 R_a 和电动机的转动惯量 J 都很小,可以忽略不计,且不考虑负载扰动,则式(2-16)还可进一步简化为

$$\omega_m(t) = K_1 u_a(t) \tag{2-18}$$

这时,直流电动机的转速与电枢电压成正比,该电动机可作为测速发电机使用。

从以上 3 个实例可以看出,弹簧质量阻尼器的机械系统,RLC 串联电路的电气系统,以及电枢控制的直流电机的机电系统是不同功能的系统,但其数学模型都可以用二阶微分方程来描述,这样的系统可称为相似系统。相似系统的物理模型具有相似的性能特征,只是每个参数所代表的物理意义不同,这样就使复杂物理系统的研究成为可能,采用数学模型容易建立,参数方便调节的系统,替代复杂的相似系统进行实验研究,从而使复杂物理系统的分析与设计得到简化。在后面的控制理论分析中,不再具体到某个系统,而是按照一类相似系统来进行分析,然后针对工程实际中不同的系统,给它们的输入输出赋以特定的物理意义即可。

2.1.2 微分方程的线性化

实际物理系统的数学模型往往存在非线性性质。因为系统的摩擦系数、阻尼系数、弹性系数等,会随着外界因素(如温度)而发生变化,例如弹簧会随着使用时间的增长,其弹性系数变小;电阻阻值会随着温度升高而变小,使其两端的电压与所流过的电流将不再是线性关系。当输入量与输出量之间存在非线性时,求解非线性方程非常困难,因此,希望在一定条件下,可以用线性方程代替非线性方程来解决问题,这就是系统的线性化处理。

系统要进行线性化处理是有条件的,不同的系统,这个条件也不同,脱离了这个条件,线性化处理得来的数学模型就会失真。对于能够稳定工作系统,都会存在某个预定的平衡位置,当系统的工作状态由于某种原因(扰动等)稍微偏离平衡位置,系统会通过自我调节回到

平衡位置,因此,只要作为非线性函数的各变量在平衡点的导数或偏导数存在,那么就可以将非线性方程在平衡点附近展开成泰勒级数,如果偏差很小,则泰勒级数展开式中的高次项可以忽略,只保留一次项,最后处理为线性。

非线性方程的线性化处理有两种方法,一种是图像近似法,另一种是泰勒级数展开法。设非线性方程为 $y=f(x)$,其特性如图 2-4 所示。

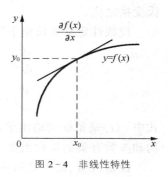

图 2-4 非线性特性

方法一:采用图像近似法。

如果在工作过程中,输入量 x 在 x_0 附近小范围变化,输出量 y 将在 y_0 附近变化。即 $x=x_0+\Delta x$,那么 $y=y_0+\Delta y$。在平衡点 (x_0,y_0) 处,因输入量、输出量的变化量很小,可以用曲线的切线代替原来的曲线,其切线的斜率为 $k=\partial f(x)/\partial x=\mathrm{d}f(x)/\mathrm{d}x$,对于输入量、输出量的增量有

$$\Delta y=\frac{\mathrm{d}f(x)}{\mathrm{d}x}\bigg|_{x_0}\Delta x=k\Delta x$$

这是一个线性方程,称为原非线性方程的增量方程。

方法二:泰勒级数展开法。

直接将非线性方程在平衡点 (x_0,y_0) 处,展开成泰勒级数。

$$y=y_0+\Delta y=f(x_0)+\frac{\mathrm{d}f(x)}{\mathrm{d}x}\bigg|_{x_0}\cdot\Delta x+\frac{1}{2!}\frac{\mathrm{d}^2 f(x)}{\mathrm{d}x^2}\bigg|_{x_0}\cdot(\Delta x)^2+\cdots \quad (2-19)$$

当 Δx 很小时,忽略高阶无穷小项,则有

$$y=y_0+\Delta y\approx f(x_0)+\frac{\mathrm{d}f(x)}{\mathrm{d}x}\bigg|_{x_0}\cdot\Delta x \quad (2-20)$$

即

$$\Delta y\approx\frac{\mathrm{d}f(x)}{\mathrm{d}x}\bigg|_{x_0}\Delta x=k\Delta x \quad (2-21)$$

需要强调的是,线性化的前提是 $f(x)$ 在 x_0 处的各阶导数存在。因系统是小偏差系统,可以去掉方程中的 Δ,得到非线性方程 $y=f(x)$ 在平衡点 (x_0,y_0) 处的线性方程 $y=kx$。

2.2 控制系统的传递函数

控制系统的微分方程是时域动态数学模型,求解微分方程可得系统在输入量和初始条件作用下的输出响应。微分方程的解法有两种,一种是解析法,另一种是拉普拉斯变换法。解析法求解微分方程比较直观,通过通解与特解的叠加可以得到系统的输出响应,特别是使用计算机,可以迅速而准确地求得结果;但是如果系统的结构或参数发生变化,就要重新列写并求解微分方程,这不便于对系统进行分析和设计。

拉普拉斯变换法(简称拉氏变换法)求解线性微分方程,是将微分方程的求解转化为代数方程的求解,使计算大为简便,由此引入复数域的数学模型—传递函数。传递函数将系统的输入量、输出量与系统分隔开来,仅仅与系统的结构和参数有关,这样非常便于研究结构或参数变化对系统性能的影响。经典控制理论中广泛应用的频率法和根轨迹法,就是以传递函数为基础建立起来的,传递函数是经典控制理论中最基本和最重要的概念。

2.2.1 传递函数的定义和性质

线性定常系统的传递函数,定义为零初始条件下,系统输出量的拉氏变换与输入量的拉氏变换之比。

设线性定常系统由下述 n 阶线性常微分方程描述

$$a_n \frac{\mathrm{d}^n}{\mathrm{d}t^n}c(t) + a_{n-1} \frac{\mathrm{d}^{n-1}}{\mathrm{d}t^{n-1}}c(t) + \cdots + a_1 \frac{\mathrm{d}}{\mathrm{d}t}c(t) + a_0 c(t)$$

$$= b_m \frac{\mathrm{d}^m}{\mathrm{d}t^m}r(t) + b_{m-1} \frac{\mathrm{d}^{m-1}}{\mathrm{d}t^{m-1}}r(t) + \cdots + b_1 \frac{\mathrm{d}}{\mathrm{d}t}r(t) + b_0 r(t) \tag{2-22}$$

式中 $c(t)$ 是系统的输出量,$r(t)$ 是系统的输入量,$a_0, a_1, \cdots, a_n$ 及 $b_0, b_1, \cdots, b_m$ 是与系统结构和参数有关的常数系数。

设输入量、输出量的各阶导数在 $t=0$ 时的值均为零,即零初始条件,则对上式两边分别求拉氏变换,并令 $C(s) = \mathscr{L}[c(t)]$,$R(s) = \mathscr{L}[r(t)]$,可得

$$(a_n s^n + a_{n-1} s^{n-1} + \cdots + a_1 s + a_0)C(s)$$

$$= (b_m s^m + b_{m-1} s^{m-1} + \cdots + b_1 s + b_0)R(s) \tag{2-23}$$

于是,由定义得系统传递函数为

$$G(s) = \frac{C(s)}{R(s)} = \frac{b_m s^m + b_{m-1} s^{m-1} + \cdots + b_1 s + b_0}{a_n s^n + a_{n-1} s^{n-1} + \cdots + a_1 s + a_0} \tag{2-24}$$

式(2-24)的分母称为系统的特征多项式。

传递函数具有以下性质。

(1) 传递函数是经过拉氏变换得到的,拉氏变换是一种线性运算,因此传递函数只适用于线性定常系统。它是复变量 s 的有理真分式函数,具有复变函数的所有性质。$n \geq m$ 且所有系数均为实数。

(2) 传递函数只取决于系统或元件的结构和参数,而与输入量的形式无关,也不反映系统内部的任何信息。它仅仅表达系统输出量与输入量之间的关系。

(3) 传递函数只表达特定的两个量(输入量和输出量)之间的关系,当系统的输入量或输出量的选取发生改变时,其传递函数也将发生变化,但分母保持不变。

(4) 传递函数是在零初始条件下得到的,因此得到的响应是零状态响应,当系统的初始状态不为零时,要另外考虑。

(5) 传递函数与微分方程有相通性。只要把系统或元件微分方程中的导数符号用 s 代替,就可直接求得系统或元件的传递函数。

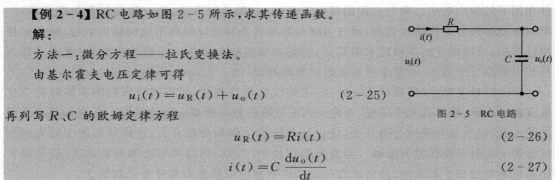

【例 2-4】RC 电路如图 2-5 所示,求其传递函数。

解:

方法一:微分方程——拉氏变换法。

由基尔霍夫电压定律可得

$$u_i(t) = u_R(t) + u_o(t) \tag{2-25}$$

再列写 R、C 的欧姆定律方程

图 2-5 RC 电路

$$u_R(t) = Ri(t) \tag{2-26}$$

$$i(t) = C \frac{\mathrm{d}u_o(t)}{\mathrm{d}t} \tag{2-27}$$

将式(2-26)、式(2-27)代入式(2-25)中,消去中间变量 $i(t)$,整理得

$$RC \frac{\mathrm{d}u_{\mathrm{o}}(t)}{\mathrm{d}t} + u_{\mathrm{o}}(t) = u_{\mathrm{i}}(t) \tag{2-28}$$

在零初始条件下对式(2-28)求拉氏变换,并令 $U_{\mathrm{i}}(s) = \mathscr{L}[u_{\mathrm{i}}(t)]$,$U_0(s) = \mathscr{L}[u_{\mathrm{o}}(t)]$,可得

$$(RCs + 1)U_0(s) = U_{\mathrm{i}}(s) \tag{2-29}$$

对上式整理可得 RC 电路的传递函数

$$G(s) = \frac{U_0(s)}{U_{\mathrm{i}}(s)} = \frac{1}{RCs + 1} \tag{2-30}$$

方法二:复阻抗法。

先将图 2-5 中的电路元件及变量变为复阻抗,如图 2-6 所示。

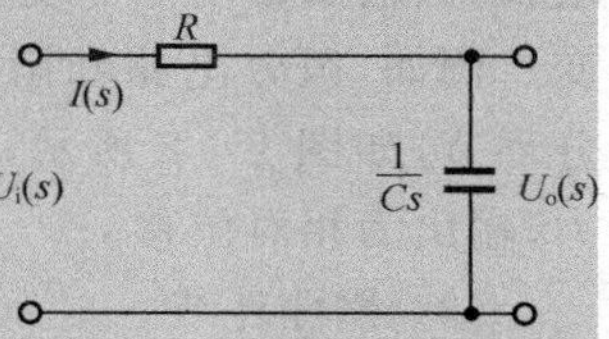

列写基尔霍夫电压方程

$$U_{\mathrm{i}}(s) = I(s)R + U_0(s) \tag{2-31}$$

再列写电容两端的欧姆定律方程

$$I(s) = CsU_0(s) \tag{2-32}$$

图 2-6 RC 电路

将式(2-32)代入式(2-31)整理之后得到

$$G(s) = \frac{U_0(s)}{U_{\mathrm{i}}(s)} = \frac{1}{RCs + 1} = \frac{1}{Ts + 1} \tag{2-33}$$

其中 $T = RC$ 是时间常数。这个数学模型是一阶系统模型,也称为惯性环节。T 越大,系统惯性越大。

2.2.2 典型环节及其传递函数

功能不同的物理系统,虽然其组成元件与组成结构可能不同,但数学模型却可以是相似的,甚至是相同的。一般地,具有代表性的数学模型称为典型环节,任何复杂系统的数学模型都可以看成是几个典型环节的组合,这些典型环节是:比例环节、积分环节、惯性环节、微分环节、一阶微分环节、振荡环节和纯延迟环节。

(1)比例环节

比例环节的输入输出关系为式(2-34),其传递函数为式(2-35)

$$c(t) = K_{\mathrm{P}}r(t) \tag{2-34}$$

$$G(s) = \frac{C(s)}{R(s)} = K_{\mathrm{P}} \tag{2-35}$$

比例环节是物理系统中最常见的一个典型环节(又称放大环节),例如运算放大器和齿轮系的数学模型均是比例环节,如图 2-7 所示,其输出量与输入量成正比;应该指出的是,完全理想的比例环节在实际中是不存在的,例如杠杆和传动链中总存在弹性变形,输入信号的频率改变时电子放大器的放大系数也会发生变化,测速发电机电压与转速之间的关系也不完全是线性关系,但在上述元件

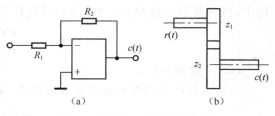

图 2-7 运算放大器电路和齿轮系

的线性工作区内,可以用比例环节作为其数学模型。

(2) 积分环节

积分环节的输入输出关系为式(2-36),其传递函数为式(2-37)

$$c(t) = \frac{1}{T}\int r(t)\mathrm{d}t \qquad (2-36)$$

$$G(s) = \frac{C(s)}{R(s)} = \frac{1}{Ts} \qquad (2-37)$$

积分环节的输出量与输入量的积分成正比,T 为时间常数,当输入量不为零时,输出量就一直在增长,当输入量由非零变为零时,输出量就保持不变。例如,积分电路和阻尼器的数学模型都是积分环节,如图 2-8 所示,其中阻尼器的输入为外力,输出为相对位移。

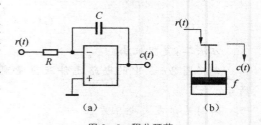

图 2-8 积分环节

(3) 惯性环节

惯性环节的输入输出关系为式(2-38),其传递函数为式(2-39)

$$T\frac{\mathrm{d}c(t)}{\mathrm{d}t} + c(t) = r(t) \qquad (2-38)$$

$$G(s) = \frac{C(s)}{R(s)} = \frac{1}{Ts+1} \qquad (2-39)$$

惯性环节也是物理系统中最常见的一个典型环节,时间常数 T 越大,输出量对输入量的响应越慢,例如,前面讨论的 RC 电路(图 2-5)就是惯性环节,惯性环节还存在于 RL 系统、质量—阻尼系统和加热炉系统。

(4) 微分环节

微分环节的输入输出关系为式(2-40),其传递函数为式(2-41)

$$c(t) = T_{\mathrm{d}}\frac{\mathrm{d}r(t)}{\mathrm{d}t} \qquad (2-40)$$

$$G(s) = \frac{C(s)}{R(s)} = T_{\mathrm{d}}s \qquad (2-41)$$

微分环节的输出量与输入量的一阶导数成正比,其电路如图 2-9 所示,微分环节具有超前特性,能够预测输入信号的变化趋势,因此常常用来改善系统的动态性能,但也会将输入信号中的干扰信号放大,所以微分环节只能用于系统输入信号较好的场合。例如测速发电机,当其输入是角位移 θ,输出是电压 u_{a} 时,其数学模型近似是 $u_{\mathrm{a}} \approx T_{\mathrm{d}}\mathrm{d}\theta/\mathrm{d}t$,就是一个微分环节。实际工程应用中,微分环节不能独立存在,常与惯性环节组合在一起,其传递函数为

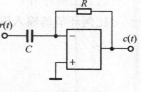

图 2-9 微分电路

$$G(s) = \frac{C(s)}{R(s)} = \frac{T_{\mathrm{d}}s}{Ts+1} \qquad (2-42)$$

(5) 一阶微分环节

一阶微分环节的输入输出关系为式(2-43),其传递函数为式(2-44)

$$c(t) = K_{\mathrm{P}}\left[1 + T_{\mathrm{d}}\frac{\mathrm{d}r(t)}{\mathrm{d}t}\right] \qquad (2-43)$$

$$G(s) = \frac{C(s)}{R(s)} = K_P(1 + T_d s) \qquad (2-44)$$

一阶微分环节又叫比例微分环节,与惯性环节互为逆运算,其电路如图 2-10 所示,常用于改善系统的动态性能。

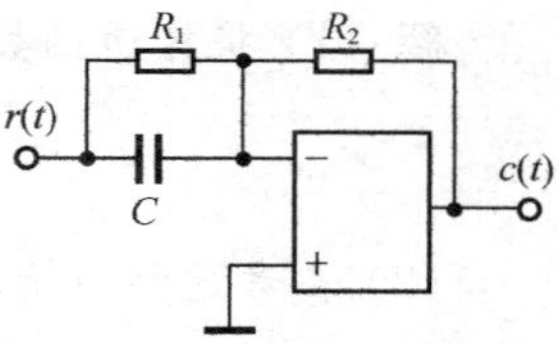

(6) 振荡环节

振荡环节的输入输出关系为式(2-45),其传递函数为式(2-46)

图 2-10 一阶微分电路

$$T^2 \frac{d c^2(t)}{d t^2} + 2\xi T \frac{d c(t)}{d t} + c(t) = r(t) \qquad (2-45)$$

$$G(s) = \frac{C(s)}{R(s)} = \frac{1}{T^2 s^2 + 2\xi T s + 1} = \frac{\omega_n^2}{s^2 + 2\xi\omega_n s + \omega_n^2} \qquad (2-46)$$

式(2-46)中 ξ 为阻尼比,$0 < \xi < 1$;$T = 1/\omega_n$,为振荡环节的时间常数;ω_n 为无阻尼振荡频率。

振荡环节又称为二阶环节,它一般含有两个储能元件,而且这两个储能元件之间可以进行能量的交换,其对某一输入信号的响应曲线的形状与振荡环节的两参数 ξ 和 ω_n 有关,前面分析的 RLC 串联电路(图 2-2)和弹簧—质量—阻尼器(图 2-1)的数学模型就是振荡环节。

(7) 纯延迟环节

在实际系统中还存在一种环节,称为纯延迟环节,其输出信号与输入信号完全相同,只是在时间上滞后了,输入输出关系为式(2-47),其传递函数为式(2-48)

$$c(t) = r(t - \tau) \qquad (2-47)$$

$$G(s) = \frac{C(s)}{R(s)} \approx e^{-\tau s} (\tau \text{ 较小时}) \qquad (2-48)$$

式(2-48)中,τ 称为延迟时间,系统中具有延迟环节对稳定性是非常不利的,延迟时间越大,影响越大。例如,在液压和气动系统中,开始加入输入信号后,由于管道的长度从而延长了信号的输出时间,产生的延迟环节。在计算机控制系统中,由于运算需要时间,也会出现时间延迟。

2.2.3 传递函数的零极点对系统的影响

传递函数还可以写成零极点增益的形式

$$G(s) = \frac{b_m(s - z_1)(s - z_2)\cdots(s - z_m)}{a_n(s - p_1)(s - p_2)\cdots(s - p_n)} = K^* \frac{\prod\limits_{i=1}^{m}(s - z_i)}{\prod\limits_{j=1}^{n}(s - p_j)} \qquad (2-49)$$

式中 $K^* = b_m/a_n$,是系统的增益,也称根轨迹增益。p_j 称为系统极点,也称为系统的特征根(即令系统传递函数的的分母等于零,所得到的根),z_i 称为系统零点,零点和极点可以是实数,也可以是复数。习惯上,在复平面内用符号"X"表示极点,用符号"O"表示零点。

【例 2-5】有一系统的传递函数为 $G(s) = \dfrac{C_1(s)}{R(s)} = \dfrac{1}{(s+1)(s+2)}$,其初值 $c_1(0) = 1$,$\dfrac{d c_1(t)}{d t}\bigg|_{t=0} = \dot{c}_1(0) = 2$,求其单位阶跃响应。

解:(1) 将传递函数先转换为微分方程

$$\frac{d^2c_1(t)}{dt^2} + 3\frac{dc_1(t)}{dt} + 2c_1(t) = r(t) \tag{2-50}$$

(2) 在考虑初值情况下对式(2-50)进行拉氏变换

$$\mathscr{L}\left[\frac{d^2c_1(t)}{dt^2} + 3\frac{dc_1(t)}{dt} + 2c_1(t)\right] = \mathscr{L}\left[r(t)\right]$$

$$[s^2C_1(s) - sc_1(0) - \overset{\cdot}{c_1}(0)] + [3sC_1(s) - 3c_1(0)] + 2C_1(s) = R(s)$$

$$(s^2 + 3s + 2)C_1(s) - s - 3 = R(s)$$

$$C_1(s) = \frac{R(s)}{s^2 + 3s + 2} + \frac{s + 3}{s^2 + 3s + 2} \tag{2-51}$$

从式(2-51)可以看出,响应由两部分组成,另一部分是由输入引起的零状态响应,另一部分是由初始值引起的零输入响应。

若输入是单位阶跃信号 $R(s) = 1/s$ 时,式(2-51)可化为分解为

$$C_1(s) = \frac{1}{2s} + \frac{1}{s + 1} - \frac{1}{2(s + 2)}$$

取拉氏反变换可得

$$c_1(t) = \frac{1}{2} + e^{-t} - \frac{1}{2}e^{-2t} \tag{2-52}$$

从式(2-52)可以看出,系统的响应分为稳态响应和暂态响应,当时间趋于无穷大时,输出响应最终衰减为一个常数,系统的单位阶跃响应曲线如图 2-11 的 $c_1(t)$。系统的暂态响应取决于后两项,指数项 e^{-t} 和 e^{-2t} 称为暂态响应的模态。指数函数是衰减还是发散的取决于系统的极点在复平面的位置,如果极点在复平面的左边,则指数函数是衰减的,如果极点在复平面的右边,则指数函数是发散的。系统的初值不影响运动的模态,只影响系统响应中各项的系数。

【例2-6】某系统的传递函数为 $G(s) = \dfrac{C_2(s)}{R(s)} = \dfrac{s + 0.5}{(s + 1)(s + 2)}$,初始条件为零,求其单位阶跃响应。

解:单位阶跃信号的拉氏变换为 $R(s) = 1/s$,将输出响应化为部分分式之和的形式

$$C_2(s) = \frac{1}{4s} + \frac{1}{2(s + 1)} - \frac{3}{4(s + 2)}$$

对上式两边取拉氏反变换,可得

$$c_2(t) = \frac{1}{4} + \frac{1}{2}e^{-t} - \frac{3}{4}e^{-2t} \tag{2-53}$$

从式(2-53)可以看出,系统的响应也分为稳态响应和暂态响应,第一项是稳态响应,是个常数,由系统的输入产生的;后两项是暂态响应,有两个运动的模态 e^{-t} 和 e^{-2t},取决于系统极点,极点分布如图 2-11 所示。极点 $p_2 = -2$ 距离虚轴较远,产生的响应衰减的快一些。零点不影响系统的运动模态,只影响系统响应中各项的系数,系统的单位阶跃响应曲线如图 2-12 的 $c_2(t)$。

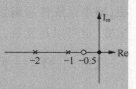

图 2-11 零极点分布图

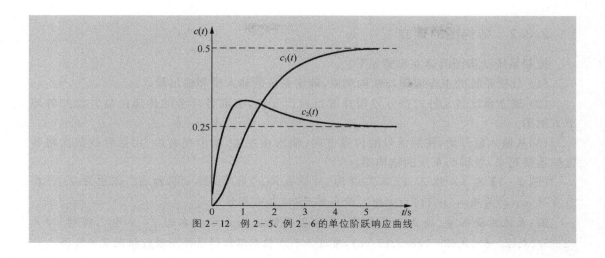

图 2 - 12　例 2 - 5、例 2 - 6 的单位阶跃响应曲线

2.3　控制系统的结构图及等效变换

　　控制系统一般由多个环节组合而成,每一个环节都有自己的输入量、输出量以及传递函数,由方程组求系统的传递函数,相当于线性方程组联立求解,如果系统组成环节较多,中间变量亦较多,计算将较为复杂。控制系统的结构图是描述系统各元部件之间信号传递关系的数学图形,它表示了系统中各变量之间的因果关系以及对各变量所进行的运算,是控制理论中描述复杂系统的一种简捷方法,也是控制系统数学模型的图形表达方式。从结构图能够直观的看出每一个环节在系统中的功能,以及各环节输入量、输出量之间的定量关系。

2.3.1　系统结构图

　　控制系统结构图的基本组成单元有以下 4 种。

　　(1)信号线。信号线是带有箭头的直线,箭头表示信号的流向,在直线旁标记信号的时间函数或象函数,见图 2 - 13(a)。

　　(2)引出点(或测量点)。引出点表示信号引出或测量的位置。从同一位置引出的信号在数值和物理性质方面完全相同,见图 2 - 13(b)。

　　(3)比较点(或综合点)。比较点表示对两个及以上的信号进行加减运算,"＋"号表示信号相加,"－"号表示相减,"＋"号可以省略不写,见图 2 - 13(c)。

　　(4)方框(或环节)。方框表示对前后两个信号进行的数学变换。方框中写入环节或系统的传递函数,见图 2 - 13(d)。显然,方框的输出量等于方框的输入量与传递函数的乘积,即

$$C(s) = G(s)R(s)$$

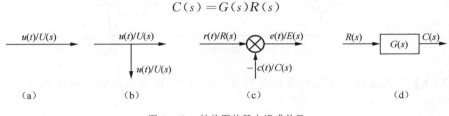

图 2 - 13　结构图的基本组成单元

2.3.2 结构图的建立

控制系统结构图的建立步骤如下。

(1) 分析系统的工作原理与结构组成,确定系统的输入量和输出量。

(2) 建立系统各元件的微分方程并进行拉氏变换,求取各环节的传递函数并绘制各环节方框图。

(3) 从输入量开始,按照信号的传递方向(输入在左边,输出在右边)用信号线依次将各方框连接起来,就得到系统的结构图。

【例2-7】建立如图2-2(例2-2图)所示的RLC电路网络的结构图。图中 R、L、C 均为常数,$u_i(t)$ 为输入,$u_o(t)$ 为输出。输出端开路,忽略负载效应。

解:系统的输入量、输出量已指定,系统各元件的微分方程在例2-2中已得到,即式(2-5)、式(2-6)、式(2-7)和式(2-8),对这4个方程在零初始条件下进行拉氏变换可得

$$U_i(s) = U_R(s) + U_L(s) + U_0(s) \tag{2-54}$$

$$U_R(s) = RI(s) \tag{2-55}$$

$$U_L(s) = LsI(s) \tag{2-56}$$

$$I(s) = CsU_0(s) \tag{2-57}$$

将式(2-54)、式(2-55)、式(2-56)、式(2-57)按照信号的传递方向进行整理,得

$$U_i(s) - U_0(s) = U_R(s) + U_L(s)$$

$$I(s) = \frac{1}{R} U_R(s)$$

$$I(s) = \frac{1}{Ls} U_L(s)$$

$$U_0(s) = \frac{1}{Cs} I(s)$$

画出这4个方程所对应的方框图,如图2-14所示。

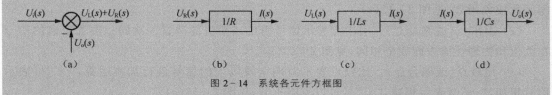

图2-14 系统各元件方框图

按照信号的流向将以上各个环节连接起来。就构成了系统的动态结构图,如图2-15所示。

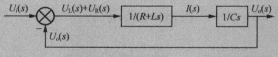

图2-15 RLC系统结构图

【例2-8】某位置随动系统的原理如图2-16所示,建立系统的动态结构图。

解:

随动系统的控制过程:系统的给定元件由手柄和与之同轴连接的伺服电位器(电位器式

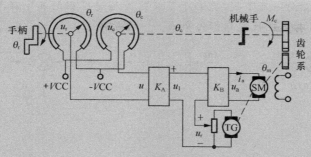

图 2-16　随动系统的原理示意图

角度差检测装置)担当,被控对象为机械手,与之同轴连接的伺服电位器是检测环节,两个伺服电位器连接成电桥形式,当 $\Delta\theta=\theta_r-\theta_c$ 不为零时,输出误差信号 u,经放大器 K_A、K_B 放大后,控制直流伺服电动机 SM 转动,直流伺服电动机带动齿轮系转动,机械手也随之转动;与此同时,与伺服电动机同轴连接的测速发电机 TG 将当前的角速度转换成电压,反馈到放大器 K_B 的输入端,稳定伺服电动机 SM 的角速度,从而实现机械手对给定角位移准确、快速的跟踪。当 $\Delta\theta>0$,伺服电动机 SM 正转,当 $\Delta\theta<0$,伺服电动机 SM 反转,当 $\Delta\theta=0$,伺服电动机 SM 不转。该伺服电位器对的供电电压为 E,最大可检测角度为 $\theta_{\max}$。

第一步:写出各个元件的数学模型。

(1) 伺服电位器对

$$U(s)=\frac{E}{\theta_{\max}}[\theta_r(s)-\theta_c(s)]=K[\theta_r(s)-\theta_c(s)] \qquad (2-58)$$

(2) 运放 K_A

$$U_1(s)=K_A U(s) \qquad (2-59)$$

(3) 运放 K_B

$$U_a(s)=K_B[U_1(s)-U_t(s)] \qquad (2-60)$$

(4) 直流电机:根据直流电机的时域模型式(2-17),在零初始条件下进行拉氏变换,可得

$$(T_m s^2+s)\theta_m(s)=K_1 U_a(s)-K_2 M_c(s) \qquad (2-61)$$

(5) 齿轮系

$$\theta_c(s)=\frac{1}{i}\theta_m(s)\ (i\ 为齿轮系的变比) \qquad (2-62)$$

(6) 测速发电机 TG

$$U_t(s)=K_t s\theta_m(s) \qquad (2-63)$$

第二步:根据系统信号的流向,找出各个环节的输入量与输出量,画出上述 6 个环节的方框图,如图 2-17 所示。

第三步:将图 2-17 中的各个环节的相同的变量依次相接,得到系统的结构图,如图 2-18 所示。

需要强调的是,系统或元件的结构图不是唯一的,会随着元件或环节的划分不同而不同,也可以将能够合并的环节合并,使得结构图简单一些。但无论怎样,画出的结构图最终的输出量与输入量的关系是唯一的。从动态结构图还可以看出,系统的各个变量之间的关

系非常直观,信号的流向一目了然,有助于了解信号传递过程的各个环节的本质关系,同时
了解各个环节的参数对系统性能指标的影响。

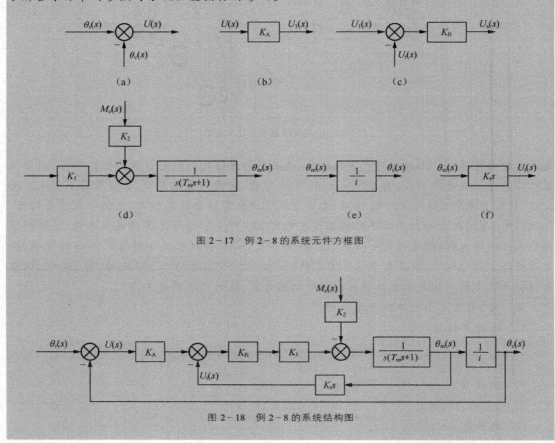

图 2-17   例 2-8 的系统元件方框图

图 2-18   例 2-8 的系统结构图

2.3.3   结构图的等效变换和简化

通过结构图,可以直观地了解系统的结构组成,以及各个变量之间的关系,但对系统
进行分析和计算时,还需要求解系统的传递函数。面对系统的结构图求取传递函数,需要
对结构图进行等效变换,将复杂的结构图化为最简,即可得到系统的传递函数。结构图的
基本连接方式有串联、并联和反馈 3 种,等效变换法则也是基于这三种连接方式的。值得
强调的是,结构图的变换必须在等效性原则下进行,即变换前后输入输出变量的关系保持
不变。

(1) 串联等效变换法则

环节的串联是指前一个环节的输出信号作为后一个环节的输入信号,如图 2-19(a)
所示。

在图 2-19(a)中,$U(s)=G_1(s)R(s)$,而 $C(s)=G_2(s)U(s)$,于是

$$C(s)=G_1(s)G_2(s)R(s)=G(s)R(s) \qquad (2-64)$$

式中 $G(s)=G_1(s)G_2(s)$,是串联环节的等效传递函数,可用图 2-19(b)的方框表示,即两
个串联连接的环节,可以等效为一个环节,其传递函数等于串联连接的环节的传递函数之乘
积,这个结论可推广到 n 个环节串联的情况。在一些控制系统中,若元件之间存在着负载效

应,就不能简单的等效为两个环节的乘积。

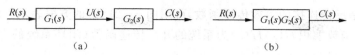

图 2-19 结构图串联连接及其简化

（2）并联等效变换法则

环节的并联是指各环节的输入信号相同,输出信号相加（或相减）,如图 2-20(a)所示。

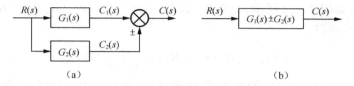

图 2-20 结构图并联连接及其简化

在图 2-20(a)中,$C_1(s)=G_1(s)R(s)$,$C_2(s)=G_2(s)R(s)$,则有

$$C(s)=[G_1(s)\pm G_2(s)]R(s)=G(s)R(s) \tag{2-65}$$

式中 $G(s)=G_1(s)\pm G_2(s)$ 是并联环节的等效传递函数,可用图 2-20(b)的方框表示,即两个并联连接的环节,可以等效为一个环节,其传递函数等于并联连接的环节的传递函数之代数和,这个结论同样可以推广到 n 个环节并联的情况。

（3）反馈的等效变换法则

两个环节若符合图 2-21(a)所示的连接方式,则是反馈连接方式。如果输入信号 $R(s)$ 与反馈信号 $B(s)$ 相减,用"—"表示,为负反馈,在结构图中符号"—"不能省略;反之为正反馈,符号"+"可以省略。按照控制信号的传递方向,可将闭环回路分成两个通道,从输入信号传向输出信号的方向为正向,所在通道称为前向通道,通道中的传递函数称为前向通道传递函数,如图 2-21(a)中的 $G(s)$。从输出信号传向输入信号的方向为反向,所在通道称为反馈通道,通道中的传递函数称为反馈通道传递函数,如图 2-21(a)中的 $H(s)$。当 $H(s)=1$ 时,称为单位反馈。

在图 2-21(a)中,$C(s)=G(s)E(s)$,$B(s)=H(s)C(s)$,$E(s)=R(s)\pm B(s)$,联立求解可得

$$C(s)=\frac{G(s)}{1\mp G(s)H(s)}R(s) \tag{2-66}$$

即系统的闭环传递函数为

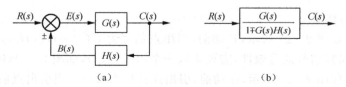

图 2-21 结构图反馈连接及其简化

$$\Phi(s) = \frac{C(s)}{R(s)} = \frac{G(s)}{1 \mp G(s)H(s)} \tag{2-67}$$

式(2-67)是反馈连接的等效传递函数,可用图 2-21(b)的方框表示。定义前向通道与反馈通道的传递函数乘积 $G(s)H(s)$ 为系统的开环传递函数(闭环系统的专有名词,与开环系统无关)。

(4) 比较点的移动

在系统结构图简化过程中,有时为了应用环节的串联、并联或反馈的等效变换法则,需要移动比较点或引出点的位置。这时应注意在移动前后必须保持信号的等效性,而且比较点和引出点之间一般不宜交换位置。

比较点前移:如图 2-22 所示,在图 2-22(a)中,$C(s) = G(s)R_1(s) \pm R_2(s)$,从中提取出一个因子 $G(s)$,即得

$$C(s) = [R_1(s) \pm R_2(s)\frac{1}{G(s)}]G(s) \tag{2-68}$$

式(2-68)即为图 2-22(b)的表达式,由此可见,图 2-22(a)与(b)是等效的。图 2-22 中,比较点移动前,$R_2(s)$ 与 $G(s)$ 无关,为保持等效性,移动后也应与之无关,因此给 $R_2(s)$ 先除以一个因子 $G(s)$。

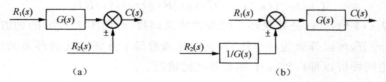

图 2-22 比较点前移

比较点后移:如图 2-23 所示,同理,由图 2-23(a)得 $C(s) = [R_1(s) \pm R_2(s)]G(s)$,利用乘法分配律对上式右边将 $G(s)$ 分配到各项,即得

$$C(s) = R_1(s)G(s) \pm R_2(s)G(s) \tag{2-69}$$

式(2-69)即为图 2-23(b)的表达式,由此可见,图 2-23(a)与(b)是等效的。图 2-23 中,比较点的移动前,$R_1(s)$ 和 $R_2(s)$ 先比较后乘以 $G(s)$,移动后,$R_1(s)$ 和 $R_2(s)$ 也要先乘一个因子 $G(s)$,之后再进行比较,以保持 $C(s)$ 的等效性。

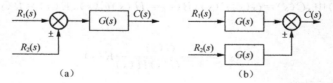

图 2-23 比较点后移

(5) 引出点的移动

引出点前移:如图 2-24 所示,移动前,引出点信号为 $C(s) = G(s)R(s)$,当引出点前移到 $R(s)$ 处时,为保持信号的等效性,需要乘以一个因子 $G(s)$,如图 2-24(b)所示。

引出点后移:如图 2-25 所示,移动前,引出点信号为 $R(s)$,当引出点前移到 $C(s)$ 处时,为保持信号的等效性,需要除以一个因子 $G(s)$,如图 2-25(b)所示。

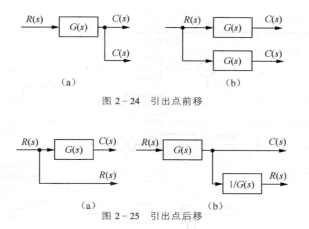

图 2 - 24 引出点前移

图 2 - 25 引出点后移

（6）多个比较点与引出点的交换与合并

当在结构图中出现多个比较点或引出点之间的传递函数为 1 时，比较点或引出点可以互换位置或合并，如图 2 - 26 所示。

图 2 - 26 比较点与引出点的交换与合并

表 2 - 1 列出了结构图简化（等效变换）的基本规则，利用这些规则可以将比较复杂的系统结构图进行简化。

表 2 - 1 结构图简化（等效变换）的基本规则

等效运算关系	原方框图	等效后方框图
串联等效 $C(s)=G_1(s)G_2(s)R(s)$	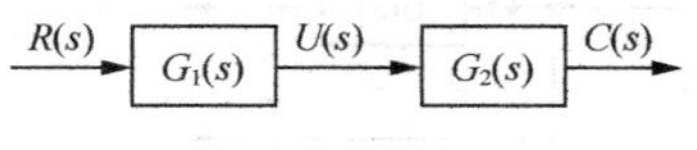 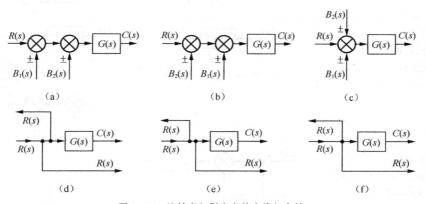	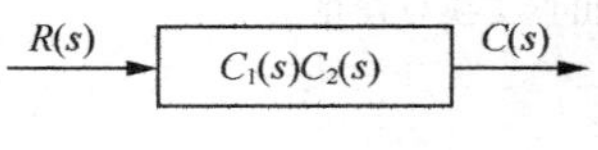
并联等效 $C(s)=[G_1(s)\pm G_2(s)]R(s)$	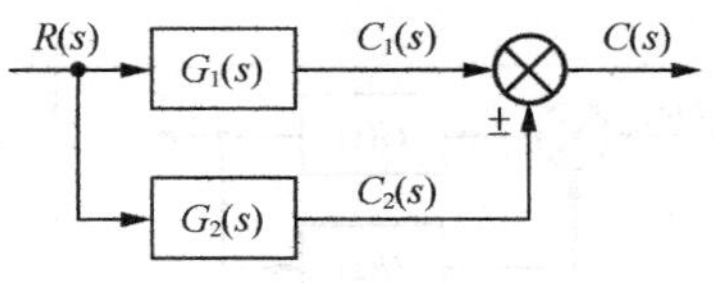	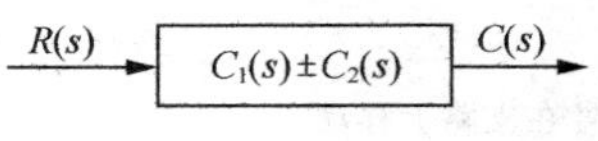

等效运算关系	原方框图	等效后方框图
反馈等效 $$C(s)=\frac{G(s)}{1\mp G(s)H(s)}R(s)$$		
比较点前移 $C(s)=G(s)R_1(s)\pm R_2(s)$ $\qquad=[R_1(s)\pm R_2(s)\frac{1}{G(s)}]G(s)$		
比较点后移 $C(s)=[R_1(s)\pm R_2(s)]G(s)$ $\qquad=R_1(s)G(s)\pm R_2(s)G(s)$		
引出点前移 $C(s)=G(s)R(s)$		
引出点后移 $R(s)=R(s)G(s)[1/G(s)]$ $\qquad=C(s)[1/G(s)]$		
综合点交换与合并 $C(s)=G(s)[R(s)\pm B_1(s)\pm B_2(s)]$ $\qquad=G(s)[R(s)\pm B_2(s)\pm B_1(s)]$		
引出点交换与合并		
负号在支路上移动		

【**例 2-9**】试求如图 2-27 所示多回路系统的闭环传递函数。

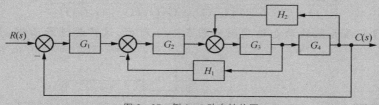

图 2-27 例 2-9 动态结构图

解：在结构图等效变换过程中，只有方框的联接完全满足串联、并联和反馈的联接方式时，才能使用相对应的等效变换法则，否则需要先应用移动法则将回路与回路之间的交叉分离开来。本题有两种简化方法，一种是先将 G_2 后的比较点前移，另一种是采用将 G_3 后的引出点后移，这里采用第二种方法，结构图的等效变换过程如图 2-28 所示，最后可求得闭环系统的传递函数为

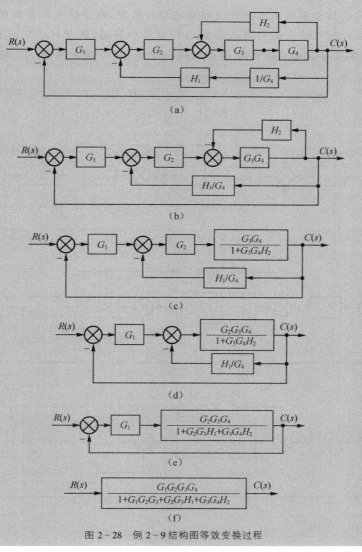

图 2-28 例 2-9 结构图等效变换过程

$$\frac{C(s)}{R(s)} = \frac{G_1 G_2 G_3 G_4}{1 + G_1 G_2 G_3 G_4 + G_2 G_3 H_1 + G_3 G_4 H_2}$$

【例 2-10】设某系统的动态结构图如图 2-29 所示,试对其进行简化,并求闭环传递函数。

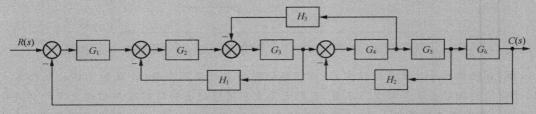

图 2-29　例 2-10 动态结构图

解:此系统中为单位反馈系统,内部有三个相互交错的局部反馈。与例 2-9 相同,在化简时首先应考虑将信号引出点或比较点移到适当的位置,以便使用结构图的等效变换法则。这里将与 H_3 联接的比较点和引出点分别进行前移和后移,移动时一定要遵守等效变换的原则,然后利用环节串联和反馈连接的规则进行化简,其步骤如图 2-30 所示,可求得闭环系统的传递函数为

$$\frac{C(s)}{R(s)} = \frac{G_1 G_2 G_3 G_4 G_5 G_6}{1 + G_1 G_2 G_3 G_4 G_5 G_6 + G_2 G_3 H_1 + G_4 G_5 H_2 + G_3 G_4 H_3 + G_2 G_3 G_4 G_5 H_1 H_2}$$

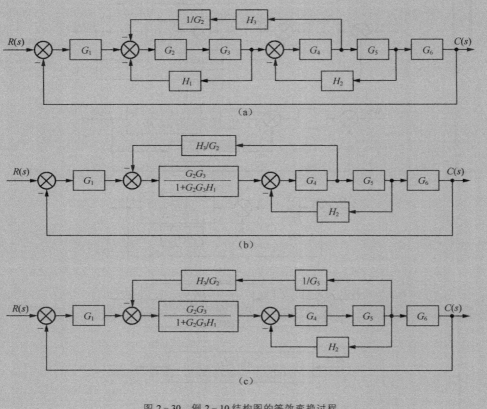

图 2-30　例 2-10 结构图的等效变换过程

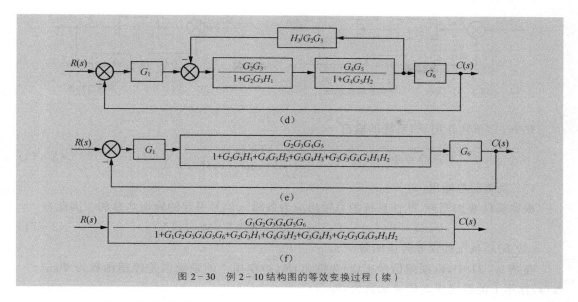

图 2-30 例 2-10 结构图的等效变换过程（续）

2.3.4 系统传递函数

自动控制系统在工作过程中,不仅对输入信号 $r(t)$ 进行响应,也会对扰动信号 $n(t)$ 进行响应,由于是线性系统,其输出响应等于输入信号、扰动信号单独作用下系统输出响应的代数和。设闭环控制系统的结构如图 2-31 所示。

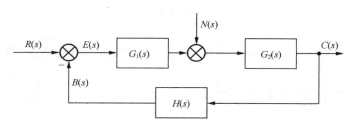

图 2-31 闭环控制系统的结构图

（1） $R(s)$ 作用下的系统闭环传递函数

令 $N(s)=0$,将图 2-31 简化为图 2-32,输出 $C_1(s)$ 对输入 $R(s)$ 的闭环传递函数 $\Phi(s)$ 为

$$\Phi(s)=\frac{C_1(s)}{R(s)}=\frac{G_1(s)G_2(s)}{1+G_1(s)G_2(s)H(s)} \tag{2-70}$$

在 $R(s)$ 单独作用下,系统的输出

$$C_1(s)=\Phi(s)R(s)=\frac{G_1(s)G_2(s)}{1+G_1(s)G_2(s)H(s)}\times R(s) \tag{2-71}$$

（2）$N(s)$ 作用下的系统闭环传递函数

同理,令 $R(s)=0$,图 2-31 可以等价为图 2-33,由图可得

$$\Phi_N(s)=\frac{C_2(s)}{N(s)}=\frac{G_2(s)}{1+G_1(s)G_2(s)H(s)} \tag{2-72}$$

称 $\Phi_N(s)$ 为 $N(s)$ 作用下的系统闭环传递函数。

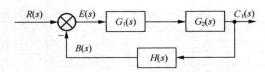

图 2-32 $R(s)$ 作用下的系统结构图

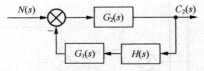

图 2-33 $N(s)$ 作用下的系统结构图

在 $N(s)$ 单独作用下，系统的输出

$$C_2(s) = \Phi_N(s)N(s) = \frac{G_2(s)}{1 + G_1(s)G_2(s)H(s)} \times N(s) \qquad (2-73)$$

（3）系统的总输出

根据线性叠加原理，线性系统的总输出应为各输入信号引起的输出之总和。因此有

$$C(s) = C_1(s) + C_2(s) = \Phi(s)R(s) + \Phi_N(s)N(s) \qquad (2-74)$$

（4）闭环系统的误差传递函数

在图 2-31 中，以误差信号 $E(s)$ 为输出，$R(s)$ 作用下的系统误差传递函数为 $\Phi_{ER}(s)$，$N(s)$ 作用下的系统误差传递函数为 $\Phi_{EN}(s)$。

令 $N(s)=0$，将图 2-31 简化为图 2-34，$\Phi_{ER}(s)$ 为

$$\Phi_{ER}(s) = \frac{E_1(s)}{R(s)} = \frac{1}{1 + G_1(s)G_2(s)H(s)} \qquad (2-75)$$

令 $R(s)=0$，图 2-31 可以等价为图 2-35，由图可得 $\Phi_{EN}(s)$ 为

$$\Phi_{EN}(s) = \frac{E_2(s)}{N(s)} = \frac{-G_2(s)H(s)}{1 + G_1(s)G_2(s)H(s)} \qquad (2-76)$$

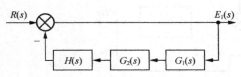

图 2-34 $R(s)$ 作用下的误差输出结构图

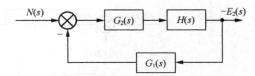

图 2-35 $N(s)$ 作用下误差输出的结构图

系统的总误差为

$$E(s) = E_1(s) + E_2(s) = \frac{R(s)}{1 + G_1(s)G_2(s)H(s)} + \frac{-G_2(s)H(s)N(s)}{1 + G_1(s)G_2(s)H(s)}$$

$$= \frac{R(s) - G_2(s)H(s)N(s)}{1 + G_1(s)G_2(s)H(s)} \qquad (2-77)$$

对比上面导出的 4 个传递函数 $\Phi(s)$、$\Phi_N(s)$、$\Phi_{ER}(s)$、$\Phi_{EN}(s)$ 的表达式，可以看出，对于同一控制系统，虽然输入外作用信号不同，但其传递函数的分母却完全相同，均为 $1 + G_1(s)G_2(s)H(s)$，这是闭环控制系统的特征多项式，表征了系统的某些共同特征。

2.4 信号流图与梅森公式

信号流图是另一种图形形式的数学模型，与结构图不同的是基本符号少，便于绘制，而且可以利用梅逊公式直接求出系统的传递函数。但是，信号流图只适用于线性系统，而结构图不仅适用于线性系统，还可用于非线性系统。

2.4.1　信号流图

信号流图是由节点和支路组成的一种信号传递网络图,可以由微分方程组绘制,也可以由结构图转化而来。如图 2-36 所示为简单的结构图与信号流图之间的转换,变换中,将结构图中的输入量、输出量变为节点,以小圆圈表示;连接两个节点的定向线段,称为支路;将结构图中的方框去掉,传递函数标在支路的旁边表示支路增益;支路增益表示结构图中两个变量的因果关系,因此支路相当于乘法器,即有 $C=GR$。由此可见结构图转换为信号流图的规则:将系统的输入量、输出量以及中间变量转化为节点;引出点转化为节点;综合点后的变量转化为节点。方框去掉,将方框的输入量和输出量连起来形成支路。方框中的传递函数标在支路旁边,即为支路增益。

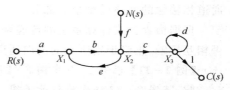

图 2-36　结构图与信号流图之间的转换

在信号流图中,常使用以下名词术语。

（1）源节点（或输入节点）

只有输出支路的节点称为源节点,如图 2-37 中的 $R(s)$ 和 $N(s)$。它一般表示系统的输入量。

（2）阱节点（或输出节点）

只有输入支路的节点称为阱节点,如图 2-37 中的 $C(s)$。它一般表示系统的输出量。

图 2-37　信号流图

（3）混合节点

既有输入支路又有输出支路的节点称为混合节点,如图 2-37 中的 X_1、X_2、X_3。它一般表示系统的中间变量。

（4）前向通道

信号从源节点到阱节点传递时,每一个节点只通过一次的通道,称为前向通道。前向通道上各支路增益之乘积,称为前向通道总增益,一般用 p_k 表示。在图 2-37 中,对于源节点 $R(s)$ 和阱节点 $C(s)$,有一条前向通道,是 $R(s){\rightarrow}X_1{\rightarrow}X_2{\rightarrow}X_3{\rightarrow}C(s)$,其前向通路总增益为 $P_R=abc$;对于源节点 $N(s)$ 和阱节点 $C(s)$,是 $N(s){\rightarrow}X_2{\rightarrow}X_3{\rightarrow}C(s)$,其前向通路总增益为 $P_N=fc$。

（5）单回路

如果回路的起点和终点在同一节点,而且信号通过每一个节点不多于一次的闭合通路称为单独回路,简称回路。如果从一个节点开始,只经过一个支路又回到该节点的,称为自回路。回路中所有支路增益之乘积叫回路增益,用 L_a 表示。在图 2-37 中共有两个回路,$L_1=be$,$L_2=d$。

（6）不接触回路

如果一信号流图有多个回路,而回路之间没有公共节点,这种回路叫不接触回路。在信号流图中可以有两个或两个以上不接触回路。在图 2-37 中,有一对不接触回路,$L_1L_2=bed$。

2.4.2　梅森增益公式

在系统的信号流图上,可以用梅森公式直接求出系统的传递函数,由于信号流图和结构图存在着相应的关系,因此梅森公式同样也适用于结构图。

梅森公式给出了系统信号流图中,任意输入节点与输出节点之间的增益,即传递函数。其公式为

$$P = \frac{1}{\Delta} \sum_{k=1}^{n} P_k \Delta_k \qquad (2-78)$$

式(2-78)中,n 为从输入节点到输出节点的前向通路的总条数;P_k 为从输入节点到输出节点的第 k 条前向通路总增益;Δ 为特征式,由系统信号流图中各回路增益确定

$$\Delta = 1 - \sum L_a + \sum L_b L_c - \sum L_d L_e L_f + \cdots \qquad (2-79)$$

式(2-79)中,$\sum L_a$ 为所有单独回路增益之和;$\sum L_b L_c$ 为所有存在的两个互不接触的单独回路增益乘积之和;$\sum L_d L_e L_f$ 为所有存在的 3 个互不接触的单独回路增益乘积之和。

式(2-78)中,Δ_k 为第 k 条前向通道特征式的余因子式,即在 Δ 中,除去与第 k 条前向通道相接触的回路后剩余的部分。

根据梅森公式计算系统的传递函数,首要问题是正确识别所有的单回路,并区分它们是否相互接触,正确识别所有的前向通道及与其相接触的回路。

【例 2-11】 求例 2-9 中图 2-27 所示结构图的传递函数。

解:将图 2-27 转化为信号流图,如图 2-38 所示。

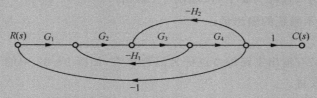

图 2-38　图 2-27 对应的信号流图

由图 2-38 可知,此系统有一条前向通道,其增益 $P_1 = G_1 G_2 G_3 G_4$;有 3 个回路:其增益分别为 $L_1 = -G_2 G_3 H_1$,$L_2 = -G_3 G_4 H_2$,$L_3 = -G_1 G_2 G_3 G_4$;无互不接触回路;由此得系统的特征式为

$$\Delta = 1 - \sum L_a = 1 - (L_1 + L_2 + L_3) = 1 + G_2 G_3 H_1 + G_3 G_4 H_2 + G_1 G_2 G_3 G_4$$

因前向通道 P_1 与回路均接触,则在特征式中去掉与前向通道 P_1 相接触的回路,相对应的特征余子式为 $\Delta_1 = 1$。

由梅森增益公式得系统的传递函数为

$$\frac{C(s)}{R(s)} = \frac{1}{\Delta} \sum_{k=1}^{n} P_k \Delta_k = \frac{P_1 \Delta_1}{\Delta} = \frac{G_1 G_2 G_3 G_4}{1 + G_2 G_3 H_1 + G_3 G_4 H_2 + G_1 G_2 G_3 G_4}$$

【例 2-12】 求图 2-37 所示信号流图的传递函数。

解:(1)令 $N(s) = 0$,求 $C(s)/R(s)$。

由图 2-37 可知,此系统有一条前向通道,其增益 $P_R = abc$;有两个回路:其增益分别为 $L_1 = be$,$L_2 = d$。有一对两两不接触回路,$L_1 L_2 = bed$;由此得系统的特征式为

$$\Delta = 1 - (L_1 + L_2) + L_1 L_2 = 1 - be - d + bed$$

因前向通道 P_R 与回路均接触,则在特征式中去掉与前向通道相接触的回路,相对应的特征余子式为 $\Delta_R = 1$。

由梅森增益公式得系统的传递函数为

$$\frac{C(s)}{R(s)} = \frac{1}{\Delta} \sum_{k=1}^{n} P_k \Delta_k = \frac{P_R \Delta_R}{\Delta} = \frac{abc}{1 - be - d + bed}$$

(2) 令 $R(s) = 0$，求 $C(s)/N(s)$。

因系统为同一系统，因此单回路，不接触回路是相同的，即系统特征式相同。其前向通道发生变化，也只有一条前向通道，其增益为 $P_N = fc$。因前向通道 P_N 与回路均接触，则在特征式中去掉与前向通道相接触的回路，相对应的特征余子式为 $\Delta_N = 1$。

在 $N(s)$ 单独作用下，系统的传递函数为

$$\frac{C(s)}{N(s)} = \frac{1}{\Delta} \sum_{k=1}^{n} P_k \Delta_k = \frac{P_N \Delta_N}{\Delta} = \frac{fc}{1 - be - d + bed}$$

应该指出的是，由于信号流图和结构图本质上都是用图型来描述系统各变量之间的关系及信号的传递过程，因此可以在结构图上直接使用梅森公式，从而避免烦琐的结构图变换和简化过程。但是在使用时仍需要正确识别结构图中相对应的前向通道、单回路、接触与不接触回路、增益等，不要发生遗漏。

2.5 控制系统数学模型建立实例

双闭环直流电机调速系统的原理如图 2-39 所示，试建立系统的数学模型。

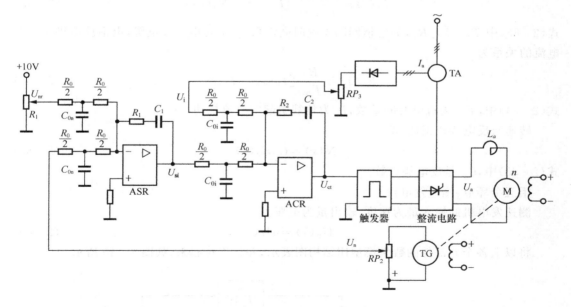

图 2-39 双闭环直流调速系统原理图

2.5.1 从原理图到结构图的变换

第一个环节：带滤波的 ASR 调节器环节。

ASR 调节器，为速度调节器，属于双闭环调速系统的外环。有两个输入，一个是给定信号，一个是速度反馈信号。

$$U_{si}(s) = K_n \frac{\tau_n s + 1}{\tau_n s} \left[\frac{1}{T_{0n} s + 1} U_{nr}(s) - \frac{1}{T_{0n} s + 1} U_n(s) \right] \tag{2-80}$$

其中，$K_n = R_1/R_0$，为放大系数；$\tau_n = R_1 C_1$，为 ASR 调节器的积分数间常数；$T_{0n} = R_0 C_{0n}/4$，为滤波器的时间常数。

第二个环节：带滤波的 ACR 调节器环节。

ACR 调节器，为电流调节器，属于双闭环调速系统的内环。有两个输入，一个是 ASR 调节器的输出信号，一个是电流反馈信号。

$$U_{ct}(s) = K_i \frac{\tau_i s + 1}{\tau_i s} \left[\frac{1}{T_{0i} s + 1} U_{si}(s) - \frac{\beta}{T_{0i} s + 1} U_i(s) \right] \tag{2-81}$$

其中，$K_i = R_2/R_0$；$\tau_i = R_2 C_2$；$T_{in} = R_0 C_{0i}/4$。

第三个环节：晶闸管触发与整流装置。

此环节的输入量为触发电路的控制电压 U_{ct}，输出量为整流装置的直流电压 U_a，由于晶闸管整流装置的延迟时间 T_s 很小，其传递函数可以近似处理为一个惯性环节，见式（2-82）。

$$U_a(s) = \frac{K_s}{T_s s + 1} U_{ct}(s) \tag{2-82}$$

其中，K_s 为晶闸管整流装置的电压放大系数。

第四个环节：直流电动机。

根据直流电机的电枢回路方程 $U_a(s) - E_a(s) = (L_a s + R_a) I_a(s)$ 整理得

$$I_a(s) = \frac{1/R_a}{T_a s + 1} [U_a(s) - E_a(s)] \tag{2-83}$$

式（2-83）中 $T_a = L_a/R_a$，为电枢回路电磁时间常数。E_a 是电枢反电势，电枢反电势与电枢电流的关系为

$$E_a(s) = \frac{R_a}{T_m s} [I_a(s) - I_l(s)] \tag{2-84}$$

式（2-84）中，T_m 为机电时间常数，I_1 为负载引起的电流扰动。

转速与反电势成正比，即

$$N(s) = C_e E_a(s) \tag{2-85}$$

式（2-85）中，C_e 是反电势系数。

第五个环节：测速发电机。

测速发电机的输入量为速度，输出量为电压。

$$U_n(s) = \alpha N(s) \tag{2-86}$$

将以上各个元部件的数学模型用结构图表示，并且连接起来，如图 2-40 所示。

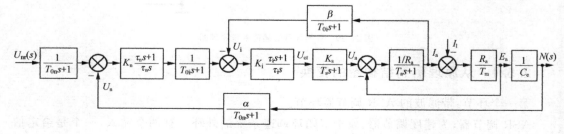

图 2-40　双闭环直流调速系统结构图

2.5.2 结构图的简化

在图 2-40 中，系统有两个输入信号，一个是给定信号 U_{nr}，另一个是干扰信号 I_1。为计算简便，将图 2-40 中的各个前向通道的传递函数分别用 G_1 到 G_8 表示，两个反馈通道用 H_1 和 H_2 表示。如图 2-41 所示。

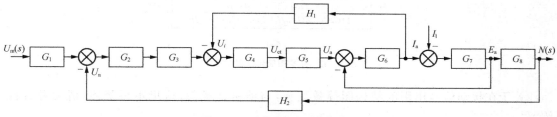

图 2-41 用符号取代后的结构图

令扰动信号 $I_1=0$，给定信号 U_{nr} 单独作用于系统时进行结构图的简化。将引出点 I_a 后移，如图 2-42(a) 所示，然后使用串联、反馈的等效变换法则，最后得到系统的传递函数，见式(2-87)，等效变换过程如图 2-42 所示。将原系统各个环节的传递函数代入式(2-87)，即为双闭环直流调速系统的数学模型。

$$\frac{N(s)}{U_{nr}(s)} = \frac{G_1 G_2 G_3 G_4 G_5 G_6 G_7 G_8}{1+G_6 G_7 + G_4 G_5 G_6 G_7 H_1 + G_2 G_3 G_4 G_5 G_6 G_7 G_8 H_2} \quad (2-87)$$

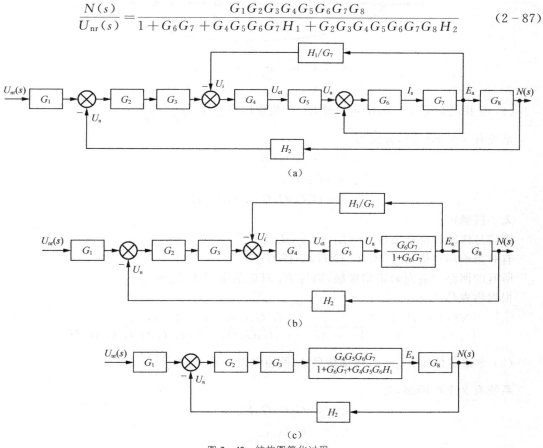

图 2-42 结构图简化过程

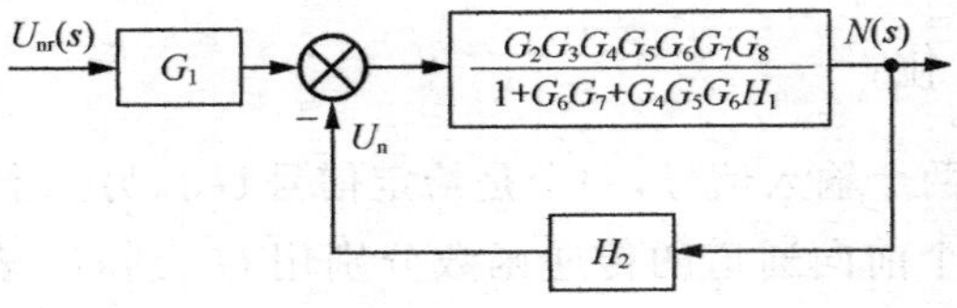

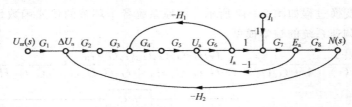

图 2-42　结构图简化过程（续）

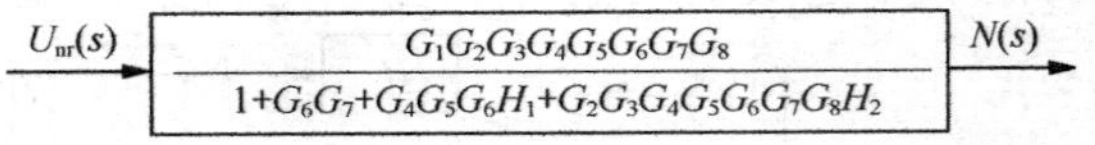

关于在扰动信号作用的结构图等效变换，与前讲述类似，这里不再赘述，请读者自行练习。

2.5.3　利用梅森公式求系统的数学模型

首先将系统的结构图转化为信号流图，如图 2-43 所示。

图 2-43　图 2-41 对应的信号流图

(1) 令扰动信号 $I_1=0$，给定信号 U_{nr} 单独作用于系统，求 $\dfrac{N(s)}{U_{nr}(s)}$。

系统有 3 个单回路，分别为

$$L_1=-G_4G_5G_6H_1,$$
$$L_2=-G_6G_7,$$
$$L_3=-G_2G_3G_4G_5G_6G_7G_8H_2。$$

无不接触回路。

则信号流图特征式 $\Delta=1-(L_1+L_2+L_3)$。

有一条前向通道，$P_1=G_1G_2G_3G_4G_5G_6G_7G_8$。

所有的回路与前向通道均接触，则与 P_1 对应的余子式 $\Delta_1=1$。

根据梅森公式有

$$\frac{N(s)}{U_{nr}(s)}=\frac{P_1\Delta_1}{\Delta}=\frac{G_1G_2G_3G_4G_5G_6G_7G_8}{1+G_6G_7+G_4G_5G_6H_1+G_2G_3G_4G_5G_6G_7G_8H_2}$$

(2) 令给定信号 $U_{nr}=0$，扰动信号 I_1 单独作用于系统，求 $\dfrac{N(s)}{I_1(s)}$。

系统有 3 个单回路，为

$$L_1=-G_4G_5G_6H_1,$$
$$L_2=-G_6G_7,$$
$$L_3=-G_2G_3G_4G_5G_6G_7G_8H_2。$$

无不接触回路。

则信号流图特征式 $\Delta=1-(L_1+L_2+L_3)$。

有一条前向通道，$P_1=-G_7G_8$。

与前向通道不接触的回路是 L_1，则与 P_1 对应的余子式 $\Delta_1=1-L_1$。

根据梅森公式有

$$\frac{N(s)}{I_1(s)}=\frac{P_1\Delta_1}{\Delta}=\frac{-G_7G_8\times(1+G_4G_5G_6H_1)}{1+G_6G_7+G_4G_5G_6H_1+G_2G_3G_4G_5G_6G_7G_8H_2}$$

可以看出两种输入信号作用下，传递函数的分母是相同的。只是前向通道不同，对应的余子式不同。

习　题

2-1　如图 2-44 所示，输入量为 u_i，输出量为 u_o，求该电路的时域数学模型和复数域数学模型。

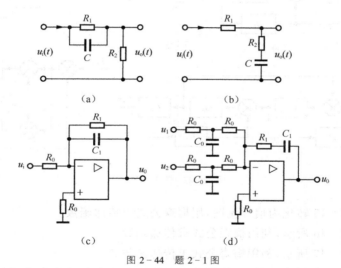

图 2-44　题 2-1 图

2-2　求如图 2-45 所示电路的动态结构图，并求传递函数 $U_1(s)/U_i(s)$ 和 $U_2(s)/U_i(s)$

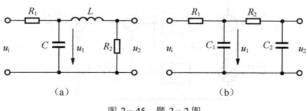

图 2-45　题 2-2 图

2-3　$x-y$ 记录仪结构图如图 2-46 所示，采用结构图等效变换法求系统的传递函数。

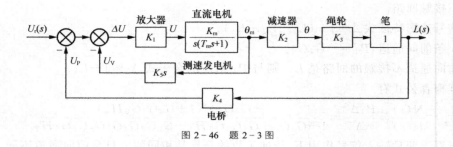

图 2-46　题 2-3 图

2-4　采用结构图等效变换法求如图 2-47 所示的传递函数。

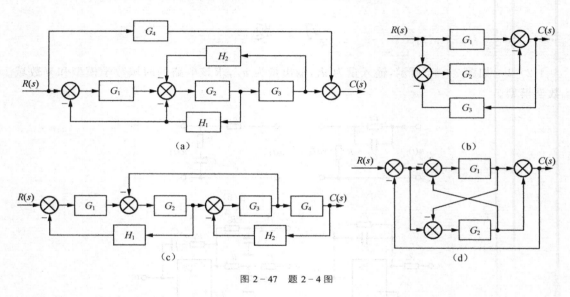

图 2-47　题 2-4 图

2-5　将图 2-45 转化为信号流图,用梅森公式求传递函数。

2-6　如图 2-46 所示,利用梅森公式求传递函数。

2-7　如图 2-47 所示,利用梅森公式求传递函数。

2-8　如图 2-48 所示,利用结构图等效变换法和梅森公式求传递函数 $C(s)/R_1(s)$ 和 $C(s)/R_2(s)$。

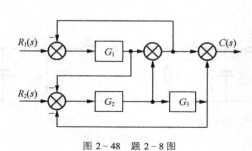

图 2-48　题 2-8 图

2-9　如图 2-49 所示,利用结构图等效变化法和梅森公式求传递函数 $C(s)/R(s)$、$C(s)/N(s)$、$E(s)/R(s)$ 和 $E(s)/N(s)$。

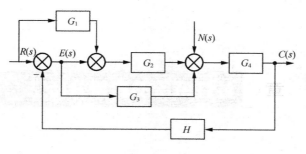

图 2 - 49 题 2 - 9 图

2 - 10 某系统的信号流图如图 2 - 50 所示。用梅森公式求系统传递函数。

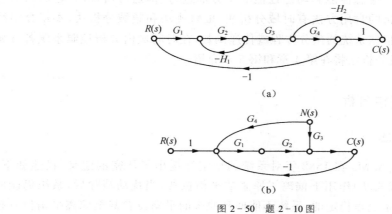

（a）

（b）

图 2 - 50 题 2 - 10 图

建立系统的数学模型,是为了对系统进行性能分析,从而进行系统设计。对控制系统性能的分析主要是从稳定性、稳态性能和动态性能 3 个方面进行,即通常所说的"稳、快、准"。在经典控制论中,系统分析的常用方法有时域分析法、根轨迹法和频域分析法,本章介绍线性系统的时域分析法,即根据系统的微分方程或传递函数,在时间域内分析控制系统各方面的性能。根轨迹法和频域分析法将在第 4 章和第 5 章介绍。

3.1　控制系统的稳定性分析

3.1.1　稳定的概念

俄国学者 Lyapunov. A. M. 在 1882 年对系统的稳定性提出了严密的定义,描述如下:系统在扰动(如电源、负载波动)作用下偏离了原来的平衡位置,当扰动消除后,系统仍能回到原来的平衡位置,则称系统是稳定的;系统不能回到原来的平衡位置甚至偏离平衡位置越来越远,则称系统不稳定,如设备的熄火,超温、超压、超速等,均属于不稳定的现象。

上述稳定性的定义对于扰动引起的偏差的大小没有做任何限制。如果不论系统受到的扰动引起的偏差有多大,系统都会回到原来的平衡位置,则这样的系统称为大范围稳定的系统;如果系统受到扰动引起的偏差必须小于某一范围,系统才能回到原来的平衡位置,则这样的系统称为小范围稳定的系统,也称为"小偏差"稳定或局部稳定。由于实际系统往往存在非线性,一般都是建立在"小偏差"线性化的基础上的,因此研究"小偏差"的稳定性具有实际意义。

例如交流电动机的机械特性曲线,如图 3-1 所示。若原平衡位置的转速为 n_0,当受到扰动例如负载波动,转速偏离原来的平衡位置,当扰动消失后,这时由于系统的结构参数,转速会在平衡点附近来回振荡几次又回到原来的转速 n_0,这种系统是稳定的。如果扰动消失后,转速回不到原来的平衡点,即原来的转速,系统是不稳定的。

系统在扰动去除之后逐渐回到原来平衡点的能力,是控制系统必须具有的一种稳定特性,不具有这种渐进稳定的系统是不能正常工作的。这种固有的特性取决于系统的结构和参数,即取决于系统的数学模型,与初始条件和输入信号没有关系。

3.1.2　稳定的条件

设在零初始条件下,单位脉冲输入信号 $\delta(t)$ 作用下的响应

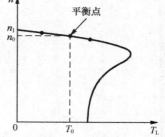

图 3-1　电机的机械特性曲线

$c(t)$,当时间趋于无穷大时,单位脉冲响应应该趋于0。

$$\lim_{t \to \infty} c(t) = 0 \qquad (3-1)$$

线性控制系统的复数域数学模型可以写成如下形式

$$G(s) = \frac{C(s)}{R(s)} = \frac{K \prod_{i=1}^{m}(s - z_i)}{\prod_{j=1}^{q}(s - p_j) \prod_{k=1}^{r}(s^2 + 2\xi_k \omega_k s + \omega_k^2)} \qquad (3-2)$$

上式中,$q + 2r = n$,传递函数的极点可以分为实数极点和共轭复极点两种。实数极点为 p_j,复数极点是以共轭的形式出现的,为 $p_k = -\omega_k \xi_k \pm j\omega_k \sqrt{1 - \xi_k^2}$。

当输入信号 $r(t) = \delta(t)$,$R(s) = 1$,则输出响应

$$C(s) = G(s)R(s) = \frac{K \prod_{i=1}^{m}(s - z_i)}{\prod_{j=1}^{q}(s - p_j) \prod_{k=1}^{r}(s^2 + 2\xi_k \omega_k s + \omega_k^2)}$$

将上式写成部分分式之和的形式

$$C(s) = \sum_{j=1}^{q} \frac{A_j}{(s - p_j)} + \sum_{k=1}^{r} \frac{B_k s + C_k}{(s^2 + 2\xi_k \omega_k s + \omega_k^2)} \qquad (3-3)$$

则系统的单位脉冲响应为

$$c(t) = \sum_{j=1}^{q} A_j e^{p_j t} + \sum_{k=1}^{r} e^{-\xi_k \omega_k t} \left(B_k \cos \omega_k \sqrt{1 - \xi_k}\, t + \frac{C_k}{\omega_k \sqrt{1 - \xi_k}} \sin \omega_k \sqrt{1 - \xi_k}\, t \right) \quad (3-4)$$

响应的第一项是由实数极点产生的,是单调的指数函数;第二项是由共轭复根产生的,是振荡的,振荡函数的幅值是指数函数,指数函数的系数恰恰是共轭复根的实部。对于实根产生的响应,只要 p_j 小于0,其响应随着时间推移越来越小,是收敛的。对于共轭复根产生的响应,只要 p_k 的实部小于0,正弦函数的幅值会随着时间推移也越来越小,最终趋于0。

显然,对于**线性系统,只要其传递函数的闭环极点均具有负实部,或处于复平面的左边,系统的输出响应就是收敛的,系统稳定。这就是线性系统稳定的充分必要条件。**

3.1.3 稳定判据

要判定一个系统是否稳定,最直接的方法是计算出系统所有的闭环极点。对于高阶系统,要做到求解闭环极点比较困难,且工作量较大。因此希望找到一种简单的方法来判断闭环极点是否均具有负实部。

(1) 劳斯稳定判据

加拿大学者劳斯在1877年提出了判定系统稳定的数学判据,设线性系统的闭环特征方程(闭环传递函数的分母等于零)为

$$D(s) = a_n s^n + a_{n-1} s^{n-1} + \cdots + a_1 s + a_0 = 0 \qquad (3-5)$$

且 $a_n > 0$,则线性系统稳定的必要条件是:在闭环特征方程式(3-5)中,各项系数均为正数。

劳斯稳定判据为表格形式,见表3-1,劳斯表的前两行由式(3-5)的系数直接构成,第一行是由特征方程式(3-5)的第1,3,5…项系数组成,第二行是由特征方程式(3-5)的第2,

4,6…项系数组成,从第三行开始要按照表 3－1 中的公式计算得到,直到计算到第 $n+1$ 行,第 $n+1$ 行只有第一列有数值,并且为特征方程的常数项,表格呈倒三角形。

表 3－1　劳斯表

s^n	a_n	a_{n-2}	a_{n-4}	…
s^{n-1}	a_{n-1}	a_{n-3}	a_{n-5}	…
s^{n-2}	$b_1=\dfrac{a_{n-1}a_{n-2}-a_na_{n-3}}{a_{n-1}}$	$b_2=\dfrac{a_{n-1}a_{n-4}-a_na_{n-5}}{a_{n-1}}$	$b_3=\dfrac{a_{n-1}a_{n-6}-a_na_{n-7}}{a_{n-1}}$	…
s^{n-3}	$c_1=\dfrac{b_1a_{n-3}-a_{n-1}b_2}{b_1}$	$c_2=\dfrac{b_1a_{n-5}-a_{n-1}b_3}{b_1}$	$c_3=\dfrac{b_1a_{n-7}-a_{n-1}b_4}{b_1}$	…
$\vdots$	$\vdots$	$\vdots$		
s^0	$x_1=a_0$			

劳斯稳定判据:线性系统稳定的充分必要条件是,劳斯表的第一列各值均大于零,如果劳斯表的第一列中出现负数,系统不稳定,且第一列各数值的符号改变的次数为正实部根的个数。

【例 3－1】已知某系统的闭环特征方程为

$$s^5+3s^4+2s^3+s^2+5s+6=0$$

分析系统的稳定性。

解:列劳斯表如下

s^5	1	2	5
s^4	3	1	6
s^3	$\dfrac{3\times2-1\times1}{3}=1.67$	$\dfrac{3\times5-1\times6}{3}=3$	0
s^2	$\dfrac{1.67\times1-3\times3}{1.67}=-4.4$	$\dfrac{1.67\times6-3\times0}{1.67}=6$	
s^1	$\dfrac{-4.4\times3-1.67\times6}{-4.4}=5.2$	0	
s^0	6		

劳斯表第一列不全大于零,因此系统不稳定。第一列的符号改变两次,说明有两个正实部的根。

(2) 劳斯判据中的两种特殊情况

第一种情况:劳斯表中某一行的第一列为零,其余各项不为零。

此时,劳斯表无法继续计算,解决的方法是,用一个无穷小的正数来代替这个零,继续劳斯表的计算;或者将系统原特征方程乘以 $(s+a)$,a 为正数,得到新的特征方程,去构建新的劳斯表。

【例 3－2】某特征方程为

$$s^4+4s^3+s^2+4s+1=0$$

分析系统的稳定性。

解:列劳斯表

s^4	1	1	1
s^3	4	4	
s^2	$\dfrac{4\times1-4\times1}{4}=0$	1	
s^1	∞		

没法继续算下去,因此将第三行的第一列的零用无穷小的正数 ε 来代替,继续列劳斯表。

$$
\begin{array}{c|ccc}
s^4 & 1 & 1 & 1 \\
s^3 & 4 & 4 & 0 \\
s^2 & \varepsilon & 1 & \\
s^1 & \dfrac{\varepsilon \times 4 - 4}{\varepsilon} & & \\
s^0 & 1 & &
\end{array}
$$

因为 ε 是个无穷小的正数,所以 $\dfrac{\varepsilon \times 4 - 4}{\varepsilon} < 0$,第一列变号两次,存在两个正实部的特征根,系统不稳定。

第二种情况:劳斯表出现全零行。

这时,在复平面上会出现关于原点对称的一对或若干对绝对值相等、符号相反的实根或共轭复根(含纯虚根)。也不能继续完成劳斯表,处理方法是:利用全零行上面一行的系数构造辅助方程(辅助方程的次数总是偶次的),然后对辅助方程对 s 求导数,得到新的方程,用其系数代替全零行的系数;最后利用辅助方程可以求得关于原点对称的特征根。

【例 3-3】 某特征方程

$$
s^5 + s^4 + 3s^3 + 3s^2 - 4s - 4 = 0
$$

分析系统稳定性。

解: 列劳斯表如下

$$
\begin{array}{c|ccc}
s^5 & 1 & 3 & -4 \\
s^4 & 1 & 3 & -4 \\
s^3 & 0 & 0 &
\end{array}
$$

s^3 出现全零行,利用 s^4 行构造辅助方程,对 s 求导,重新列劳斯表

$$
\begin{array}{c|ccc}
s^5 & 1 & 3 & -4 \\
s^4 & 1 & 3 & -4 \quad \text{辅助方程} \\
s^3 & 0 & 0 \quad\quad s^4 + 3s^2 - 4 = 0
\end{array}
$$

$$\downarrow$$

求导

$$
\begin{array}{c|ccc}
s^3 & 4 & 6 & \quad \text{继续} \leftarrow 4s^3 + 6s = 0 \\
s^2 & 1.5 & -4 & \\
s^1 & 16.7 & & \\
s^0 & -4 & &
\end{array}
$$

第一列变号一次,有一个正实部的根,系统不稳定。通过辅助方程 $s^4 + 3s^2 - 4 = 0$ 来求得:$s_{1,2} = \pm 1$,$s_{3,4} = \pm j2$。它们关于原点对称,且有一个正实部的根。另一个根可以用多项式除法求得

$$
D(s)/(s^4 + 3s^2 - 4) = \frac{s^5 + s^4 + 3s^3 + 3s^2 - 4s - 4}{s^4 + 3s^2 - 4} = (s + 1)
$$

即:$s_5 = -1$。

（3）劳斯判据的应用

劳斯判据的应用有两个方面，一个是判断系统的稳定性；另一个是确定保证系统稳定性的参数取值范围。

【例3-4】某单位反馈系统的开环传递函数为

$$G(s) = \frac{K}{s(s+1)(s+5)}$$

判断系统稳定时的 K 值范围。

解：由题可知，系统开环有3个极点，分别为 $0, -1, -5$。可以看出开环存在一个不稳定的极点。

系统的闭环特征方程为

$$D(s) = s(s+1)(s+5) + K = 0$$

整理得

$$s^3 + 6s^2 + 5s + K = 0$$

构建劳斯表

s^3 1   5

s^2 6 K

s^1 $(30-K)/6$

s^0 K

系统稳定的充分必要条件是劳斯表的第一列大于零。即

$$\begin{cases} \dfrac{30-K}{6} > 0 \\ K > 0 \end{cases}$$

联立求解，得开环增益的稳定范围为：$0 < K < 30$。

综上所述，第一，系统稳定性是其自身的属性，与输入无关。第二，闭环系统是否稳定，只取决于闭环极点，与闭环零点无关。第三，闭环系统的稳定性与开环系统的稳定性无关。

3.2 控制系统的典型输入信号和时域性能指标

3.2.1 典型输入信号

在系统具备稳定性的前提下，可以对系统的动态性能或稳态性能进行分析。系统动态性能的分析，建立在系统的时间响应上，系统的时间响应不仅与系统的结构参数有关，还与系统的输入量有关。同一系统，输入量不同，输出响应也不同，选择系统输入量时，应采用其正常工作时常遇见的、最不利的典型信号，在此典型信号作用下，对系统的动态和稳态性能进行分析，若能满足系统的性能要求，则说明系统在较为恶劣的环境下能满足系统的要求。常用的典型外作用信号有以下几种。

（1）阶跃信号

阶跃信号如图3-2所示。其时域数学表达式为

$$r(t) = R \cdot 1(t) \quad t \geqslant 0 \tag{3-6}$$

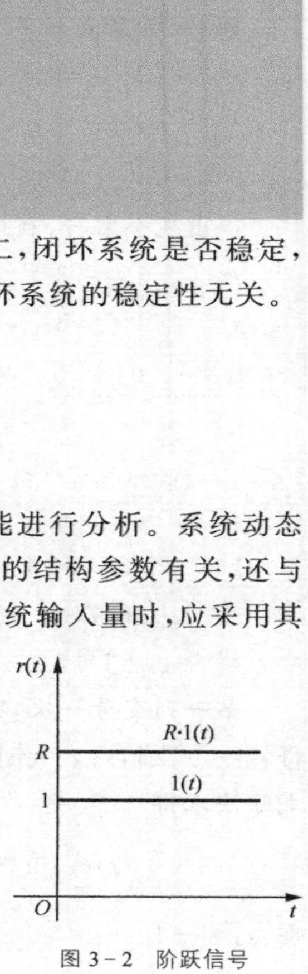

其复数域表达式

图3-2 阶跃信号

$$R(s) = R \cdot \frac{1}{s} \tag{3-7}$$

阶跃信号是指,在 $t=0$ 时刻突然出现了一个幅值恒为 R 的信号。在控制工程中经常会碰到这种情况,例如恒温、恒压等恒值控制系统的输入信号,指令突然转换,电源的突然合闸,负载的突然加重或卸掉负载等。为计算简单,经常用单位阶跃信号 $1(t)$ 来作为系统的典型输入信号。

（2）斜坡信号

斜坡信号如图 3-3 所示。其时域数学表达式为

$$r(t) = Rt \cdot 1(t), t \geqslant 0 \tag{3-8}$$

其复数域表达式

$$R(s) = R \cdot \frac{1}{s^2} \tag{3-9}$$

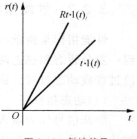

图 3-3　斜坡信号

斜坡信号是指,在 $t=0$ 时刻开始,以恒定速度 R 随时间变化的函数,因此称为恒速度信号,它等于阶跃函数的积分。当函数的斜率为 1 时,称为单位斜坡信号。例如数控机床加工斜面时的进给指令、机械手的恒速移动信号、雷达跟踪以恒定速度移动的目标等。一般用于测试匀速系统。

（3）脉冲信号

脉冲信号如图 3-4 所示。其时域数学表达式为

$$r(t) = R \cdot \delta(t), t = 0 \ , \text{且} \int_{0^-}^{0^+} \delta(t) \mathrm{d}t = 1 \tag{3-10}$$

其复数域表达式

$$R(s) = R \cdot 1 = R \tag{3-11}$$

脉冲信号是指,在 $t=0$ 时刻,有一面积为 R 的信号,其他时间没有信号,它等于阶跃函数的导数。在实际工程中,脉冲信号多体现为持续一定时间段的脉动函数,如图 3-5 所示,可以理解为脉冲信号作线性积分变换得到。例如电网电压的突然升高之后很快又恢复,汽车受到突然冲击力,武器的突然爆发力等,都可以视为脉冲信号,一般用于测试系统的抗冲击能力。当 $R=1$ 时,称为单位脉冲信号。脉冲值很大,脉冲宽度很窄,由于其拉氏变换为1,因此单位脉冲信号。在现实中一般不存在,只是用来进行理论分析。

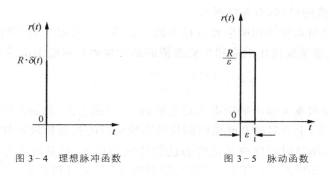

图 3-4　理想脉冲函数　　　　　图 3-5　脉动函数

（4）正弦信号

正弦信号的时域数学表达式为

$$r(t) = R \sin \omega t \tag{3-12}$$

其复数域表达式

$$R(s) = \frac{R\omega}{s^2 + \omega^2} \tag{3-13}$$

正弦信号是一单频率信号,例如交流电机的输入信号、系统的振动噪声、路面的不平整、海浪对船舶的击打等,都属于正弦信号。正弦信号适用于测试系统的频率特性,在第 5 章研究系统的频率特性时主要用正弦信号。

3.2.2 性能指标

性能指标是衡量一个系统是否符合设计要求的具体数据,在时域内,系统的时间响应过程一般分暂态和稳态两个部分,暂态是指从响应开始到系统到达平衡状态的过程,又称为过渡过程或动态过程。稳态是指当时间趋于无穷大时的平衡状态。

(1)动态指标

阶跃信号作为输入,对控制系统而言是最苛刻的工作环境,系统跟踪和复现阶跃信号,被认为是最不易达到的,因此常常用单位阶跃信号作为评价系统性能的典型信号。

单位阶跃输入信号作用下的二阶系统响应如图 3-6 所示。

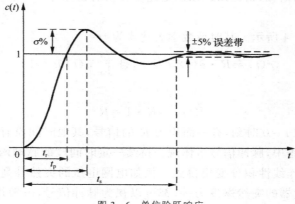

图 3-6 单位阶跃响应

上升时间 t_r:是指系统输出响应从稳态值的 10% 上升到 90% 所用的时间(无振荡时),或第一次到达稳态值的时间(有振荡时)。

峰值时间 t_p:是指系统输出响应超过稳态值达到第一个峰值所需的时间。

超调量 $\sigma\%$:是指系统输出响应超出稳态值的最大偏离量占稳态值的百分比。

$$\sigma\% = \frac{c(t_p) - c(\infty)}{c(\infty)} \times 100\% \tag{3-14}$$

调节时间 t_s:是指系统输出响应进入稳态值的 $\pm 5\%$ 或 $\pm 2\%$ 的误差带时所需的时间。

上述 4 个指标中,上升时间和峰值时间反映系统响应的初期阶段的快慢,峰值时间更多的用来计算超调量;调节时间反映系统暂态过程持续的长短,更具有实际的意义,它不仅反映系统的响应速度,还反映系统阻尼的程度,阻尼越大,调节时间越长。超调量用来衡量系统暂态过程的平稳性,与系统的阻尼有关,阻尼越大,系统越平稳,但调节时间越长。

(2)稳态指标

理论上暂态过程持续时间为无穷大,但实际上做不到,一般认为当系统的输出响应持续达到稳态值的±5%（误差带默认值）范围以内时，系统的暂态过程结束，进入稳态。

衡量稳态性能的指标只有一个，就是稳态误差 e_{ss}。稳态误差定义为当时间趋于无穷大时，系统的实际输出值与期望值之间的差值，表征系统稳态时的控制精度，表达式为

$$e_{ss} = \lim_{t \to \infty} e(t) = \lim_{t \to \infty} [c^*(t) - c(t)] \qquad (3-15)$$

在控制系统中，稳定性是系统能正常工作的基本要求。动态过程一般用调节时间和超调量来衡量其快速性和平稳性。系统稳态过程的准确性用稳态误差来评价。

3.3　一阶系统的时域分析

3.3.1　数学模型

一阶系统的时域微分方程为

$$T \frac{\mathrm{d}c(t)}{\mathrm{d}t} + c(t) = r(t) \qquad (3-16)$$

结构图如图 3 - 7 所示。

其开环传递函数为

$$G(s) = \frac{1}{Ts} \qquad (3-17)$$

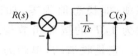

图 3 - 7　一阶系统动态结构图

闭环传递函数为

$$\Phi(s) = \frac{C(s)}{R(s)} = \frac{1}{Ts+1} \qquad (3-18)$$

其中，T 为时间常数或惯性时间常数，不同的系统，时间常数 T 的意义不同。如在 RC 充放电电路中，$T = RC$ 为充放电时间常数。直流电机控制电路，T 为机电时间常数。

3.3.2　单位阶跃响应

当系统的输入信号为单位阶跃信号时，系统的复数域输出为

$$C(s) = \Phi(s) \cdot R(s) = \frac{1}{Ts+1} \cdot \frac{1}{s} \qquad (3-19)$$

其单位阶跃响应为

$$c(t) = \mathcal{L}^{-1}\left[\frac{1}{Ts+1} \cdot \frac{1}{s}\right] = \mathcal{L}^{-1}\left[\frac{1}{s} - \frac{1}{s + \frac{1}{T}}\right] = 1 - \mathrm{e}^{-\frac{t}{T}}, t \geqslant 0 \qquad (3-20)$$

一阶系统的单位阶跃响应曲线如图 3 - 8 所示，它是一条初值为零的按照指数规律上升最终趋于 1 的曲线，是收敛的、单调的、无超调的。

从图 3 - 8 可以看出，一阶系统无超调，当 $t = T$ 时，$c(T) = 0.632$；当 $t = 2T$ 时，$c(2T) = 0.865$；当 $t = 3T$ 时，$c(3T) = 0.95$。

根据性能指标的定义，调节时间为 $t_s = 3T$，上升时间为 $t_r = 2.2T$，稳态误差为

$$e_{ss} = \lim_{t \to \infty} [1 - c(t)] = \lim_{t \to \infty} \mathrm{e}^{-\frac{t}{T}} = 0$$

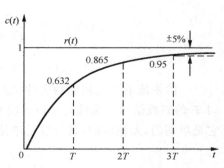

图 3 - 8　一阶系统的单位阶跃响应

一阶系统又称为惯性系统，T 越大，系统惯性越大，调节时间越长，越难以达到稳态，如 RC 充电电路中，T 越大，充电时间越长，要想减小电池的充电时间，必须想办法减小时间常数。

3.3.3 单位脉冲响应

当系统的输入信号为单位脉冲信号时，系统的复数域输出为

$$C(s) = \Phi(s) \cdot R(s) = \frac{1}{Ts+1} \qquad (3-21)$$

其单位脉冲响应为

$$c(t) = \mathscr{L}^{-1}\left[\frac{1}{Ts+1}\right] = \mathscr{L}^{-1}\left[\frac{\frac{1}{T}}{s+\frac{1}{T}}\right] = \frac{1}{T}e^{-\frac{t}{T}}, t \geqslant 0 \qquad (3-22)$$

一阶系统的单位脉冲响应只有暂态项，没有稳态项，即稳态值为零，如图 3-9 所示，是一条初值为 $1/T$ 的按照指数规律衰减最终趋于 0 的曲线。它是收敛的，单调的，无超调的。

从图 3-9 可以看出，一阶系统的脉冲响应，当 $t = T$ 时，$c(T) = 0.368/T$；当 $t = 2T$ 时，$c(2T) = 0.135/T$；当 $t = 3T$ 时，$c(3T) = 0.05/T$。

故如果取误差带 $\pm 5\%$，调节时间为 $t_s = 3T$，上升时间为 $t_r = 2.2T$，稳态误差为

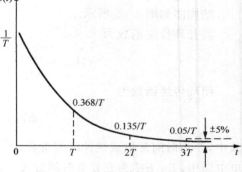

图 3-9 一阶系统的单位脉冲响应

$$e_{ss} = \lim_{t \to \infty}[0 - c(t)] = \lim_{t \to \infty}\left(-\frac{1}{T}\right)e^{-\frac{t}{T}} = 0$$

3.3.4 单位斜坡响应

当系统的输入信号为单位斜坡信号时，系统的复数域输出为

$$C(s) = \Phi(s) \cdot R(s) = \frac{1}{Ts+1} \cdot \frac{1}{s^2} \qquad (3-23)$$

系统的单位斜坡响应为

$$c(t) = \mathscr{L}^{-1}\left[\frac{1}{Ts+1} \cdot \frac{1}{s^2}\right] = \mathscr{L}^{-1}\left[\frac{1}{s^2} - \frac{T}{s} + \frac{T}{s+\frac{1}{T}}\right] \qquad (3-24)$$

$$= (t - T) + Te^{-\frac{t}{T}}, t \geqslant 0$$

一阶系统的单位斜坡响应的稳态分量是一个与输入信号斜率相同但在时间上滞后了时间 T 的斜坡信号。系统的单位斜坡响应如图 3-10 所示，是一条按照指数规律上升的曲线，它是单调的，无超调的，其导数是单位阶跃响应；其稳态误差为

$$e_{ss} = \lim_{t \to \infty}[t - c(t)] = \lim_{t \to \infty}(T - Te^{-\frac{t}{T}}) = T \qquad (3-25)$$

从式（3-25）可以看出，系统的误差随着时间推移越来越大，当时间趋于无穷大时，最终

趋于一常数,且为时间常数 T,若要减小跟踪的误差,只能通过减小时间常数的方法实现。

从图 3 - 10 可以看出,一阶系统的斜坡响应,当 $t=T$ 时,$c(T)=0.368T$;当 $t=2T$ 时,$c(2T)=1.135T$;当 $t=3T$ 时,$c(3T)=2.05T$。如果取误差带为 $\pm 5\%$,$t_s=3T$,T 越大,系统惯性越大,调节时间越长,输出跟踪输入的误差越大。

通过对上面 3 种响应的分析可以看出,单位脉冲信号、单位阶跃信号和单位斜坡信号之间存在导数与积分关系,它们的响应也存在导数与积分关系,因此在研究系统的时域分析时,只要选取其中一种信号作为典型输入信号进行分析和计算,其它信号的响应可以通过相应的线性变换得到。

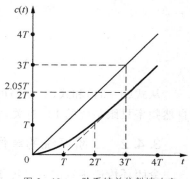

图 3 - 10 一阶系统单位斜坡响应

3.4 二阶系统的时域分析

3.4.1 数学模型

典型无零点二阶系统的时域微分方程为

$$\frac{\mathrm{d}^2 c(t)}{\mathrm{d}t^2} + 2\xi\omega_n \frac{\mathrm{d}c(t)}{\mathrm{d}t} + \omega_n^2 c(t) = \omega_n^2 r(t) \qquad (3-26)$$

式中,ξ 称为阻尼比,是系统实际阻尼系数与临界阻尼系数(发生谐振时的阻尼系数)之比,无量纲;ω_n 称为自然角频率,是系统发生谐振时的振荡频率,单位 rad/s。

系统结构图如图 3 - 11 所示。

典型无零点二阶系统开环传递函数的标准形式为

$$G(s) = \frac{\omega_n^2}{s(s+2\xi\omega_n)} \qquad (3-27)$$

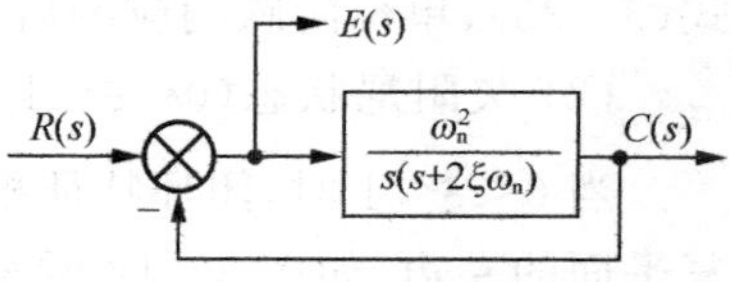

图 3 - 11 二阶系统动态结构图

式(3 - 27)也可以写成典型环节相乘的形式,即

$$G(s) = \frac{K}{s(Ts+1)} \qquad (3-28)$$

式(3 - 28)中,$K=\dfrac{\omega_n}{2\xi}$,$T=\dfrac{1}{2\xi\omega_n}$,可以理解成比例环节、积分环节和惯性环节的串联。

典型无零点二阶系统的闭环传递函数的标准形式为

$$\Phi(s) = \frac{C(s)}{R(s)} = \frac{\omega_n^2}{s^2 + 2\xi\omega_n s + \omega_n^2} \qquad (3-29)$$

也可写成

$$\Phi(s) = \frac{C(s)}{R(s)} = \frac{1}{\dfrac{s^2}{\omega_n^2} + \dfrac{2\xi}{\omega_n}s + 1} \qquad (3-30)$$

在二阶系统中,阻尼比和自然频率是两个非常重要的参数。不同的系统,二者的所代表的物理意义不同。如在 RLC 电路中,将式(2 - 9)和(3 - 26)进行比较可得出,RLC 电路的阻尼比和自然频率为

$$\xi = \frac{R}{2} \cdot \sqrt{\frac{C}{L}} \tag{3-31}$$

$$\omega_n = \frac{1}{\sqrt{LC}} \tag{3-32}$$

从式(3-31)和式(3-32)可以看出,RLC 电路的阻尼比与电路中的 3 个参数都有关,而自然频率只跟系统的 LC 有关,实际上,自然频率在这里是 $R=0$ 时,系统发生谐振的频率。

3.4.2 二阶系统的单位阶跃响应

令闭环传递函数的分母等于零,得系统的特征方程

$$D(s) = s^2 + 2\xi\omega_n s + \omega_n^2 = 0 \tag{3-33}$$

其闭环特征根

$$s_{1,2} = -\xi\omega_n \pm \omega_n \sqrt{\xi^2 - 1} \tag{3-34}$$

系统的单位阶跃响应为

$$c(t) = \mathscr{L}^{-1}\left[\frac{\omega_n^2}{s^2 + 2\xi\omega_n s + \omega_n^2} \cdot \frac{1}{s}\right] = \mathscr{L}^{-1}\left[\frac{1}{s} + \frac{C_1}{s - s_1} + \frac{C_2}{s - s_2}\right] \tag{3-35}$$

$$= 1 + C_1 e^{s_1 t} + C_2 e^{s_2 t}, \quad t \geqslant 0$$

其中,C_1 和 C_2 为待定留数。

显然,二阶系统的单位阶跃响应与系统的闭环特征根有关,阻尼比不同,闭环特征根不同,系统的响应情况不同。

(1)负阻尼状态($\xi < 0$)

根据式(3-34),当 $\xi < 0$ 时,闭环特征根是两个正实部的根,处于复平面的右边。根据式(3-35),单位阶跃响应的后两项都是单调的增函数,系统是发散的,不稳定。

(2)欠阻尼状态($0 < \xi < 1$)

当 $0 < \xi < 1$ 时,闭环特征根是两个负实部的共轭复根,$s_{1,2} = -\xi\omega_n \pm j\omega_n \sqrt{1-\xi^2}$,处于复平面的左边,如图 3-12 所示。根据式(3-35),系统的单位阶跃响应的后两项是可以利用欧拉公式合并成三角函数。

$$c(t) = 1 + C_1 e^{s_1 t} + C_2 e^{s_2 t} = 1 + \frac{-\xi - j\sqrt{1-\xi^2}}{2j\sqrt{1-\xi^2}} e^{s_1 t} + \frac{\xi - j\sqrt{1-\xi^2}}{2j\sqrt{1-\xi^2}} e^{s_2 t}$$

$$= 1 - \frac{e^{-\xi\omega_n t}}{\sqrt{1-\xi^2}} \sin(\omega_n \sqrt{1-\xi^2}\, t + \arccos\xi) \tag{3-36}$$

$$= 1 - \frac{e^{-\sigma t}}{\sqrt{1-\xi^2}} \sin(\omega_d t + \beta) \quad t \geqslant 0$$

式中,$\sigma = \xi\omega_n$,为衰减系数,是特征根的实部;$\omega_d = \omega_n \sqrt{1-\xi^2}$,为振荡频率,是特征根的虚部。

在欠阻尼状态下,典型无零点二阶系统的单位阶跃响应的稳态值为 1,暂态分量为幅值按照指数函数衰减的正弦函数,其响应曲线如图 3-13 所示。

由式(3-36)可以看出,二阶系统的单位阶跃响应与闭环极点在复平面的位置有关。暂态过程衰减的快慢取决于闭环极点的实部,闭环极点距离虚轴越远,衰减系数越大,暂态过程衰减越快,系统越快达到稳态。闭环极点距离实轴越远,暂态过程振荡频率越大,过渡过

程越不平稳。闭环极点到原点的距离为 ω_n，它与实轴的夹角为响应的初相 β。当 ω_n 为常数时，随着阻尼比的增大，极点总是在以 ω_n 为半径的半圆弧上，这条线称为等 ω_n 线，当阻尼比 ξ 为常数时，随着自然频率的增大，极点总是在与实轴夹角为 β 的半射线上，这条线称为等 ξ 线。这两条线实际上是后面要讲的根轨迹。

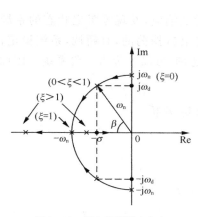

图 3-12　根在复平面内分布

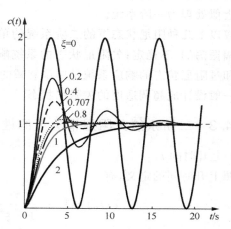

图 3-13　二阶系统的单位阶跃响应曲线

（3）零阻尼状态（$\xi=0$）

当 $\xi=0$ 时，闭环特征根是一对共轭纯虚根，$s_{1,2}=\pm j\omega_n$，如图 3-12 所示，系统的零阻尼响应为

$$c(t)=1-\sin\left(\omega_n t+\frac{\pi}{2}\right)=1-\cos\omega_n t$$

二阶系统的零阻尼响应是平均值为 1 的等幅振荡曲线，如图 3-13 所示，系统不稳定。

（4）临界阻尼状态（$\xi=1$）

当 $\xi=1$ 时，闭环特征根是两个的相等的负实根，$s_{1,2}=-\omega_n$，如图 3-12 所示，系统的临界阻尼响应为

$$c(t)=\mathscr{L}^{-1}\left[\frac{\omega_n^2}{s^2+2\xi\omega_n s+\omega_n^2}\cdot\frac{1}{s}\right]=\mathscr{L}^{-1}\left[\frac{1}{s}-\frac{\omega_n}{(s+\omega_n)^2}-\frac{1}{(s+\omega_n)}\right] \quad (3-37)$$

$$=1-\omega_n\cdot e^{s_1 t}-e^{s_1 t}=1-(\omega_n t+1)e^{-\omega_n t},\ t\geqslant 0$$

二阶系统的临界阻尼响应是单调的、无超调的，按照指数函数收敛的曲线，如图 3-13 所示。

（5）过阻尼状态（$\xi>1$）

当 $\xi>1$ 时，闭环特征根是两个的不相等的负实根，$s_{1,2}=-\xi\omega_n\pm\omega_n\sqrt{1-\xi^2}$，如图 3-12 所示。系统的过阻尼响应为

$$c(t)=1+C_1 e^{s_1 t}+C_2 e^{s_2 t}=1+\frac{1}{2(\xi^2-\xi\sqrt{\xi^2-1}-1)}e^{s_1 t}+\frac{1}{2(\xi^2+\xi\sqrt{\xi^2-1}-1)}e^{s_2 t}$$

$$=1+\frac{1}{2(\xi^2-\xi\sqrt{\xi^2-1}-1)}e^{-(\xi-\sqrt{\xi^2-1})\omega_n t}+\frac{1}{2(\xi^2+\xi\sqrt{\xi^2-1}-1)}e^{-(\xi+\sqrt{1-\xi^2})\omega_n t},t\geqslant 0$$

$$(3-38)$$

二阶系统的过阻尼响应可以看成是两个惯性环节的响应，暂态分量是两个单调的衰减

指数函数,无超调的,如图 3-13 所示。与临界阻尼比较可知,过阻尼的响应曲线暂态过程更长。

从图 3-12 可以看出,一个极点距离虚轴近,另一个距离虚轴较远。距离虚轴较远的极点产生的响应衰减较快,见式(3-38)的第三项,很快衰减完毕,因此可以忽略这个极点,系统将被近似处理为一阶系统。

比较以上几种阻尼状态下的二阶系统的单位阶跃响应,发现零阻尼状态的系统阶跃响应是等幅振荡的,不稳定;欠阻尼状态的系统响应是衰减振荡的,有超调,系统稳定;临界阻尼状态和过阻尼状态的响应系统是单调衰减的,无超调,可以等价为一阶系统。因此对于二阶系统一般设计成超调适度的欠阻尼状态。

3.4.3　二阶系统欠阻尼情况下的性能指标分析

(1) 上升时间 t_r

按照上升时间的定义,有

$$c(t_r) = 1 - \frac{e^{-\sigma t_r}}{\sqrt{1-\xi^2}}\sin(\omega_d t_r + \beta) = 1$$

$$\frac{e^{-\sigma t_r}}{\sqrt{1-\xi^2}}\sin(\omega_d t_r + \beta) = 0$$

其中 $e^{-\sigma t_r} \neq 0$,只有让 $\sin(\omega_d t_r + \beta) = 0$,上升时间为第一次到达稳态值的时间,故

$$\omega_d t_r + \beta = \pi$$

$$t_r = \frac{\pi - \beta}{\omega_d} \tag{3-39}$$

式(3-39)表明,要想加快系统的响应速度,可以增大 ω_n,调小 ξ。

(2) 超调量 $\sigma\%$

根据超调量的定义,先计算峰值时间,对式(3-37)求时间的导数,并令其等于零,可得峰值时间,即

$$\frac{dc(t)}{dt}\bigg|_{t=t_p} = \frac{\omega_n e^{-\sigma t_p}}{\sqrt{1-\xi^2}}\sin\omega_d t_p = 0$$

则

$$\sin\omega_d t_p = 0$$

得

$$\omega_d t_p = 0, \pi, 2\pi\cdots$$

因峰值时间为第一次达到峰值点的时间,故

$$t_p = \frac{\pi}{\omega_d} \tag{3-40}$$

则

$$\sigma\% = \frac{c(t_p) - c(\infty)}{c(\infty)} \times 100\% = \frac{c(t_p) - 1}{1} \times 100\% = e^{-\xi\pi/\sqrt{1-\xi^2}} \times 100\% \tag{3-41}$$

由式(3-41)可见,超调量只与阻尼比 ξ 有关,阻尼比越小,超调量越大,反之亦然。二阶系统的最佳状态是阻尼比 $\xi = 0.4 \sim 0.8$,超调量为 $\sigma\% = 25\% \sim 1.5\%$。

(3) 调节时间 t_s

理论上,当时间趋于无穷大时,系统达到稳态,工程上,一般认为当系统的实际输出与期望输出之间的偏差小于某一值 Δ 时,系统就达到了稳态。从系统开始响应到进入稳态的时

刻之间的时间称为调节时间。Δ 称为误差带,有两种,$\Delta = \pm 5\%$ 或 $\Delta = \pm 2\%$,若系统未作说明,误差带取 5%。

由于系统的输出响应 $c(t) = 1 - \dfrac{e^{-\sigma t_s}}{\sqrt{1-\xi^2}} \sin(\omega_d t_s + \beta)$ 是周期函数,因此用其包络线 $1 \pm \dfrac{e^{-\sigma t_s}}{\sqrt{1-\xi^2}}$ 替代真实曲线求解 t_s,即

$$\left| 1 \pm \frac{e^{-\sigma t_s}}{\sqrt{1-\xi^2}} - c(\infty) \right| \leqslant \Delta$$

将 $c(\infty) = 1$ 代入整理得

$$t_s \geqslant -\frac{\ln\Delta + \ln\sqrt{1-\xi^2}}{\sigma}$$

在二阶系统中,一般取 $\xi = 0.707$(最佳阻尼状态),此时调节时间为

$$t_s \approx \frac{3 \sim 4}{\sigma} = \frac{3 \sim 4}{\xi\omega_n} \tag{3-42}$$

式(3-42)中,$\Delta = \pm 5\%$ 时分子取 3,$\Delta = \pm 2\%$ 时分子取 4。从式(3-42)可以看出,系统的调节时间,与自然频率和阻尼比均有关系。

综合以上分析,有两点结论:第一,当阻尼比一定时,要想加快系统的响应速度,必须增大系统的自然频率;第二,当自然频率一定时,要想加快系统的响应速度,必须减小系统的阻尼比,但阻尼比的减小使系统的超调量增大,解决这个矛盾的方法是,首先确定系统中各指标的重要程度,并优先满足重要指标,然后尽可能使其它指标达到较好的状态。一般根据超调量的要求来选取合适的阻尼,当阻尼比 $\xi = 0.707$ 时,称为二阶最佳阻尼状态,超调量 $\sigma\% = 4.3\%$。

【例3-5】 某系统的动态结构图如图 3-14 所示。求系统在单位阶跃输入信号作用下的动态性能指标 $t_r, t_s, \sigma\%$。

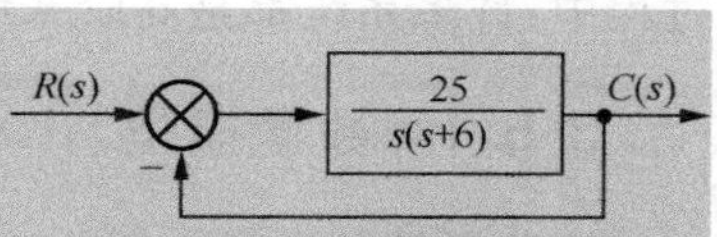

解: 系统的开环传递函数为

$$G(s) = \frac{25}{s(s+6)} = \frac{\omega_n^2}{s(s+2\xi\omega_n)}$$

图 3-14 例 3-5 结构图

对比二阶系统传递函数的标准形式,得 $\xi = 0.6, \omega_n = 5$ rad/s。

$$t_r = \frac{\pi - \beta}{\omega_d} = \frac{\pi - \arccos\xi}{\omega_n\sqrt{1-\xi^2}} = 0.53 \text{ s}$$

$$t_s = \frac{3}{\xi\omega_n} = 1 \text{ s}$$

$$\sigma\% = e^{-\xi\pi/\sqrt{1-\xi^2}} \times 100\% = 9.5\%$$

【例3-6】 某系统的动态结构图如图 3-15 所示,要求系统在单位阶跃输入信号下 $\sigma\% \leqslant 5\%$,$t_s = 0.15$ s。求解系统的开环增益 K 和时间常数 T。

解: 系统的闭环传递函数为

图 3-15 例 3-6 结构图

$$\Phi(s) = \frac{K}{s(Ts+1) + K} = \frac{\dfrac{K}{T}}{s^2 + \dfrac{1}{T}s + \dfrac{K}{T}}$$

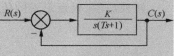

对比二阶系统传递函数的标准形式,有

$$
\begin{cases}
\omega_n^2 = \dfrac{K}{T} \\[2mm]
2\xi\omega_n = \dfrac{1}{T}
\end{cases}
$$

即

$$
\begin{cases}
\omega_n = \sqrt{\dfrac{K}{T}} \\[2mm]
\xi = \dfrac{1}{2\sqrt{TK}}
\end{cases}
\Rightarrow
\begin{cases}
T = \dfrac{1}{2\xi\omega_n} \\[2mm]
K = \dfrac{\omega_n}{2\xi}
\end{cases}
\tag{3-43}
$$

取超调量为 5%,代入式(3-41),有

$$
\sigma\% = e^{-\xi\pi/\sqrt{1-\xi^2}} \times 100\% = 5\%
$$

求解得:$\xi = 0.69$,将求出的 ξ 代入式(3-42)有

$$
\omega_n = \frac{3}{t_s\xi} = \frac{3}{0.15 \times 0.69} = 29 \text{ rad/s}
$$

将阻尼比与自然频率带入式(3-43),得

$$
T = 0.02 \quad K = 21
$$

3.5 高阶系统的时域分析

如果系统的数学模型用二阶以上的微分方程进行描述,则称为高阶系统。在工业控制过程中,许多系统都是高阶系统,例如含有 3 个及其以上储能元件的电气系统。

3.5.1 数学模型

高阶系统的微分方程为

$$
\begin{aligned}
&a_n \frac{\mathrm{d}^n}{\mathrm{d}t^n}c(t) + a_{n-1}\frac{\mathrm{d}^{n-1}}{\mathrm{d}t^{n-1}}c(t) + \cdots + a_1\frac{\mathrm{d}}{\mathrm{d}t}c(t) + a_0c(t) \\
&= b_m\frac{\mathrm{d}^m}{\mathrm{d}t^m}r(t) + b_{m-1}\frac{\mathrm{d}^{m-1}}{\mathrm{d}t^{m-1}}r(t) + \cdots + b_1\frac{\mathrm{d}}{\mathrm{d}t}r(t) + b_0r(t)
\end{aligned}
\tag{3-44}
$$

其中 $a_0, a_1, \cdots, a_n$ 及 $b_0, b_1, \cdots, b_m$ 是与系统结构和参数有关的常系数。

其传递函数为

$$
G(s) = \frac{C(s)}{R(s)} = \frac{b_m s^m + b_{m-1}s^{m-1} + \cdots + b_1 s + b_0}{a_n s^n + a_{n-1}s^{n-1} + \cdots + a_1 s + a_0}
$$

转换成零、极点形式的传递函数为

$$
G(s) = \frac{K^* \prod\limits_{i=1}^{m}(s - z_i)}{\prod\limits_{j=1}^{q}(s - p_j)\prod\limits_{k=1}^{r}(s^2 + 2\xi_k\omega_k s + \omega_k^2)}
\tag{3-45}
$$

式中,$K^* = b_m/a_n$,$q + 2r = n$。p_j 为系统实根,$p_k = -\omega_k\xi_k \pm \mathrm{j}\omega_k\sqrt{1-\xi_k^2}$ 为系统的共轭复根。

3.5.2 单位阶跃响应

其单位阶跃响应为

$$C(s) = \frac{K^* \prod\limits_{i=1}^{m}(s-z_i)}{\prod\limits_{j=1}^{q}(s-p_j)\prod\limits_{k=1}^{r}(s^2+2\xi_k\omega_k s+\omega_k^2)} \times \frac{1}{s} \tag{3-46}$$

转换成部分分式之和的形式

$$C(s) = \frac{K}{s} + \sum_{j=1}^{q}\frac{A_j}{(s-p_j)} + \sum_{k=1}^{r}\frac{B_k s + C_k}{(s^2+2\xi_k\omega_k s+\omega_k^2)} \tag{3-47}$$

上式中，$K = b_0/a_0 = K^* \prod\limits_{i=1}^{m}(-z_i)/\prod\limits_{j=1}^{n}(-p_j)$，$A_j$，$B_k$ 为留数。

则其单位阶跃响应为

$$c(t) = K + \sum_{j=1}^{q}A_j e^{p_j t} + \sum_{k=1}^{r}e^{-\xi_k\omega_k t}\left(B_k\cos\omega_k\sqrt{1-\xi_k}\ t + \frac{C_k}{\omega_k\sqrt{1-\xi_k}}\sin\omega_k\sqrt{1-\xi_k}\ t\right) \tag{3-48}$$

式中 C_k 为一常数。

从式(3-48)可以看出，高阶系统的单位阶跃响应是由 3 部分构成，一是输入信号产生的直流分量；二是实根产生的单调分量；三是共轭复根产生的振荡分量。后两部分的响应完全取决于系统的特征根在复平面内的位置，结论如下：

（1）当系统的特征根在复平面的左边时，系统的单位阶跃响应是收敛的，系统稳定；

（2）当特征根距离虚轴越远，衰减系数越大，所产生的响应衰减越快，产生的影响越小；

（3）如果某特征根附近有零点时，该特征根与该零点在响应中产生的效果是相反的，可以互相抵消，把这一对零极点称为偶极子；

（4）当某闭环极点相对于其他闭环极点距离虚轴较远而附近又没有零点时，该闭环极点产生的响应在整个系统响应中的作用很小，可以忽略不计。这样就可以将高阶系统近似处理为低阶系统；

（5）当系统中闭环极点相对于其他极点靠近虚轴，而附近又没有零点时，系统的响应主要由该极点决定，该极点称为主导极点。

工程上，一般当远离虚轴的极点的实部是主导极点的实部的 2～4 倍，附近没有零点时，该极点产生的响应衰减速度很快，其响应可以忽略不计。通常，高阶系统均可以处理成一阶或二阶系统，按照一阶或二阶系统的时域分析法进行性能指标的估算。

3.6 线性系统稳态误差的计算

在实际系统中，控制系统有控制精度的要求，例如要求某工件的内径控制精度为 0.001 mm。也就是说该工件的加工完后，其实际值与期望值的偏差不能大于 0.001 mm。造成偏差的原因很多，比如机床的振动、刀具的制动不准确等，这里讨论的是原理上系统可能存在的误差。在原理上，若系统误差不为零，则称此系统为有差系统；若系统误差为零，则称此系统为无差系统。

3.6.1 误差的定义

设系统结构如图 3 − 16 所示,系统的误差的定义有两种:在输出端定义和在输入端定义。

在输出端定义:系统误差是指实际值与期望值之间的差值,即

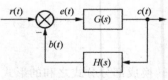

图 3 − 16 控制系统典型结构图

$$e(t) = c^*(t) - c(t) \tag{3-49}$$

其中 $c^*(t)$ 为实际系统中的期望值,符合误差的常规定义,但在控制系统中表达困难。

在输入端定义:系统误差是指反馈量与输入量之间的偏差,即

$$e(t) = r(t) - b(t) \tag{3-50}$$

式(3−50)误差函数 $e(t)$ 没有实际的物理意义,但在系统中可以测量获得,因此,在以下的分析中,系统误差采用此定义。当系统为单位反馈时,有

$$e(t) = r(t) - c(t) \tag{3-51}$$

在单位反馈系统中,式(3−49)和式(3−51)的定义是等价的,即 $r(t)$ 相当于系统的期望值。误差反映了输出跟踪输入的能力。

3.6.2 稳态误差的定义

稳态误差定义为系统达到稳态时的误差,即

$$e_{ss} = \lim_{t \to \infty} e(t) \tag{3-52}$$

应用拉普拉斯变换的终值定理,稳态误差为

$$e_{ss} = \lim_{t \to \infty} e(t) = \lim_{s \to 0} s E(s) \tag{3-53}$$

终值定理的应用条件是,在右半 s 平面及虚轴上(除原点外)处处解析,即 $E(s)$ 的极点均在 s 平面的左边(含 1 个原点上的极点),也就是说系统必须稳定。

式(3−53)表明,系统的稳态误差,主要取决于系统的误差响应,根据式(3−50),有

$$E(s) = R(s) - B(s) = R(s) - C(s)H(s) = \frac{1}{1 + C(s)H(s)} \times R(s) = \Phi_{ER}(s)R(s) \tag{3-54}$$

其中,$\Phi_{ER}(s)$ 为以 $R(s)$ 为输入量、$E(s)$ 为输出量的闭环传递函数。稳态误差为

$$e_{ss} = \lim_{s \to 0} s E(s) = \lim_{s \to 0} s \cdot \Phi_{ER}(s)R(s) = \lim_{s \to 0} s \cdot \frac{1}{1 + G(s)H(s)} R(s) \tag{3-55}$$

由式(3−55)可知,稳态误差与系统的开环传递函数和输入信号都有关系。

设系统的开环传递函数为

$$G(s)H(s) = \frac{b_0(\tau_1 s + 1)(\tau_2^2 s^2 + 2\xi\tau_2 s + 1)\cdots(\tau_i s + 1)}{a_0(T_1 s + 1)(T_2^2 s^2 + 2\xi T_2 s + 1)\cdots(T_j s + 1)}$$

将上式中 $s = 0$ 的开环极点单列出来,则开环传递函数可以写成

$$G(s)H(s) = \frac{K}{s^\nu} \cdot \frac{(\tau_1 s + 1)(\tau_2^2 s^2 + 2\xi\tau_2 s + 1)\cdots(\tau_i s + 1)}{(T_1 s + 1)(T_2^2 s^2 + 2\xi T_2 s + 1)\cdots(T_j s + 1)} \tag{3-56}$$

$$= \frac{K}{s^\nu} \cdot G_0(s)H_0(s)$$

式中，$K=b_0/a_0$ 为开环增益，按照开环系统中 $s=0$ 的极点个数 ν 定义系统的类型，即当 $\nu=0$，称为 0 型系统；$\nu=1$，称为 I 型系统；$\nu=2$，称为 II 型系统；以此类推。将式（3-56）代入式（3-55），得

$$e_{ss}=\lim_{s\to0}\frac{s\cdot R(s)}{1+\dfrac{K}{s^{\nu}}\cdot G_0(s)H_0(s)}=\lim_{s\to0}\frac{s^{\nu+1}\cdot R(s)}{s^{\nu}+K\cdot G_0(s)H_0(s)}$$

$$=\frac{\lim\limits_{s\to0}s^{\nu+1}\cdot R(s)}{\lim\limits_{s\to0}s^{\nu}+\lim\limits_{s\to0}K\cdot G_0(s)H_0(s)}=\lim_{s\to0}\frac{s^{\nu+1}\cdot R(s)}{s^{\nu}+K} \tag{3-57}$$

从式（3-57）可以看出，当 $s\to0$ 时，开环传递函数中的 $G_0(s)H_0(s)$ 项趋于 1（这就是将传递函数的常数项化为 1 的原因）。结论是，稳态误差与开环增益 K，系统类型 ν 和输入信号有关。

3.6.3 单位阶跃输入信号下的稳态误差

当输入信号为单位阶跃输入信号时，有

$$e_{ss}=\lim_{s\to0}sE(s)=\lim_{s\to0}s\cdot\frac{1}{1+G(s)H(s)}R(s)=\lim_{s\to0}\frac{s^{\nu}}{s^{\nu}+K} \tag{3-58}$$

定义静态位置误差系数为

$$K_P=\lim_{s\to0}G(s)H(s)=\lim_{s\to0}\frac{K}{s^{\nu}}\cdot G_0(s)H_0(s)=\lim_{s\to0}\frac{K}{s^{\nu}} \tag{3-59}$$

当 $\nu=0$ 时，$K_P=K$，$e_{ss}=\dfrac{1}{1+K}$；当 $\nu\geqslant1$ 时，$K_P=\infty$，$e_{ss}=0$。

在单位阶跃输入信号作用下，0 型系统静态位置误差系数等于开环增益，存在常值稳态误差，为有差系统，其对阶跃信号的跟踪为有差跟踪；I 型及以上系统的稳态误差为零，为无差系统，其对阶跃信号的跟踪为无差跟踪。

3.6.4 单位斜坡输入信号下的稳态误差

当输入信号为单位斜坡输入信号时，有

$$e_{ss}=\lim_{s\to0}sE(s)=\lim_{s\to0}s\cdot\frac{1}{1+G(s)H(s)}R(s)=\lim_{s\to0}\frac{s^{\nu-1}}{s^{\nu}+K} \tag{3-60}$$

定义静态速度误差系数为

$$K_v=\lim_{s\to0}sG(s)H(s)=\lim_{s\to0}s\cdot\frac{K}{s^{\nu}}\cdot G_0(s)H_0(s)=\lim_{s\to0}\frac{K}{s^{\nu-1}} \tag{3-61}$$

当 $\nu=0$ 时，$K_v=0$，$e_{ss}=\infty$；当 $\nu=1$ 时，$K_v=K$，$e_{ss}=\dfrac{1}{K}$；当 $\nu\geqslant2$ 时，$K_v=\infty$，$e_{ss}=0$。

在单位斜坡输入信号作用下，0 型系统，不存在速度误差系数，稳态误差为无穷大，系统的输出不能跟踪斜坡输入信号；I 型系统静态速度误差系数等于开环增益，稳态误差为常值，系统对斜坡输入信号跟踪为有差跟踪；II 型及以上系统的稳态误差为零，说明系统的输出能很好的跟踪斜坡输入信号。

3.6.5 单位加速度输入信号下的稳态误差

当 $r(t)=\dfrac{1}{2}t^2$，$R(s)=\dfrac{1}{s^3}$，有

$$e_{ss} = \lim_{s \to 0} sE(s) = \lim_{s \to 0} s \cdot \frac{1}{1 + G(s)H(s)} R(s) = \lim_{s \to 0} \frac{s^{\nu-2}}{s^{\nu} + K} \qquad (3-62)$$

定义静态加速度误差系数为

$$K_a = \lim_{s \to 0} s^2 G(s)H(s) = \lim_{s \to 0} s^2 \cdot \frac{K}{s^{\nu}} \cdot G_0(s)H_0(s) = \lim_{s \to 0} \frac{K}{s^{\nu-2}} \qquad (3-63)$$

当 $\nu \leqslant 1$ 时, $K_a = 0$, $e_{ss} = \infty$; 当 $\nu = 2$ 时, $K_a = K$, $e_{ss} = \dfrac{1}{K}$; 当 $\nu \geqslant 3$ 时, $K_a = \infty$, $e_{ss} = 0$

在单位加速度输入信号作用下, 0 型与 I 型系统, 不存在静态加速度误差系数, 稳态误差为无穷大, 系统的输出不能跟踪加速度输入信号; II 型系统的静态加速度误差系数等于开环增益, 稳态误差为常值, 系统对加速度输入信号跟踪为有差跟踪; III 型及其以上的系统, 加速度误差系数等于无穷大, 稳态误差为零, 系统的输出能很好的跟踪加速度输入信号。

从以上分析可知, 要想减小系统的稳态误差, 可以增大系统的开环增益; 要彻底消除系统的稳态误差, 可以增加系统的型别, 即增加系统开环传递函数中的积分环节的个数。但是, 当系统的积分环节增多时, 系统的稳定性会变差。

【例 3-7】某稳定系统的结构图如图 3-17 所示。求系统在 $r(t) = 1 + t + \dfrac{1}{2}t^2$ 作用下的稳态误差, 以及位置误差系数 K_P, 速度误差系数 K_v 和加速度误差系数 K_a。

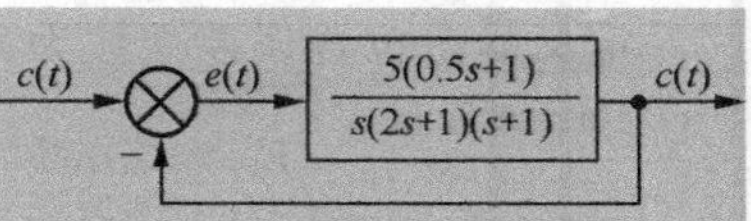

图 3-17 例 3-7 结构图

解: 只有当系统是稳定时, 计算稳态误差才有意义。系统的开环传递函数为

$$G(s) = \frac{5(0.5s + 1)}{s(2s + 1)(s + 1)}$$

开环传递函数有一个积分环节, $\nu = 1$, 系统为 I 型系统。开环增益 $K = 5$。

将输入信号 $r(t)$ 分解为 3 个信号的叠加: $r_1(t) = 1$, $r_2(t) = t$, $r_3(t) = \dfrac{1}{2}t^2$, 由叠加原理, 当有多个信号同时作用于系统时, 相当于单个信号单独作用于系统的叠加。

当只有阶跃信号作用时, 即 $r_1(t) = 1$ 时, 根据式 (3-58), 稳态误差为

$$e_{ss1} = \lim_{s \to 0} sE(s) = \lim_{s \to 0} \frac{s^{\nu}}{s^{\nu} + K} = 0$$

当只有斜坡信号作用时, 即 $r_2(t) = t$ 时, 根据式 (3-60), 稳态误差为

$$e_{ss2} = \lim_{s \to 0} sE(s) = \lim_{s \to 0} \frac{s^{\nu-1}}{s^{\nu} + K} = \frac{1}{K} = 0.2$$

当只有加速度信号作用时, 即 $r_3(t) = \dfrac{1}{2}t^2$ 时, 根据式 (3-62), 稳态误差为

$$e_{ss3} = \lim_{s \to 0} sE(s) = \lim_{s \to 0} \frac{s^{\nu-2}}{s^{\nu} + K} = \infty$$

则系统的稳态误差为

$$e_{ss} = e_{ss1} + e_{ss2} + e_{ss3} = 0 + 0.2 + \infty = \infty$$

系统静态误差系数与输入无关, 根据各误差系数定义, 有

$$K_P = \lim_{s \to 0} G(s)H(s) = \lim_{s \to 0} \frac{K}{s^{\nu}} = \infty$$

$$K_v = \lim_{s \to 0} sG(s)H(s) = \lim_{s \to 0} \frac{K}{s^{\nu-1}} = K = 5$$

$$K_a = \lim_{s \to 0} s^2 G(s)H(s) = \lim_{s \to 0} \frac{K}{s^{\nu-2}} = 0$$

3.6.6　扰动信号作用下的稳态误差

扰动作用下的稳态误差反映了系统的抗干扰能力,设系统典型结构图如图 3-18 所示。当讨论扰动作用下的稳态误差时,令 $r(t) = 0$,等效的系统结构图如图 3-19 所示。

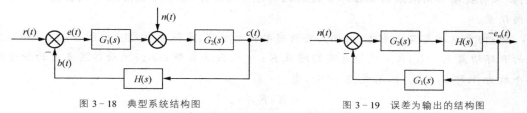

图 3-18　典型系统结构图　　　　　　　图 3-19　误差为输出的结构图

则其稳态误差

$$e_{ssn} = \lim_{t \to \infty} e_n(t) = \lim_{s \to 0} sE_N(s) = \lim_{s \to 0} s \cdot \Phi_{EN}(s) \cdot N(s)$$
$$= \lim_{s \to 0} s \cdot \frac{-G_2(s)H(s)}{1 + G_1(s)G_2(s)H(s)} N(s) \tag{3-64}$$

同理,将 $G_1(s)$、$G_2(s)$ 和 $H(s)$ 写成式(3-57)的形式

$$G_1(s) = \frac{K_1}{s^{\nu_1}} G_{10}(s) \quad G_2(s) = \frac{K_2}{s^{\nu_2}} G_{20}(s) \quad H(s) = \frac{K_H}{s^{\nu_H}} H_0(s)$$

则扰动作用下的稳态误差为

$$e_{ssn} = \lim_{s \to 0} sE_N(s) = \lim_{s \to 0} s \cdot \frac{-G_2(s)H(s)}{1 + G_1(s)G_2(s)H(s)} N(s)$$
$$= \lim_{s \to 0} s \cdot \frac{-K_2 K_H \cdot s^{\nu_1}}{s^{\nu_1 + \nu_2 + \nu_H} + K_1 K_2 K_H} \cdot N(s) \tag{3-65}$$

式(3-65)中,$\nu_1 + \nu_2 + \nu_H = \nu$,为开环传递函数中积分环节的个数,即系统的类型。$K_1 K_2 K_H = K$,为开环增益。

当扰动信号为单位阶跃信号时,稳态误差为

$$e_{ssn} = \lim_{s \to 0} \frac{-K_2 K_H \cdot s^{\nu_1}}{s^{\nu_1 + \nu_2 + \nu_H} + K_1 K_2 K_H} = \lim_{s \to 0} \frac{-K_2 K_H \cdot s^{\nu_1}}{s^{\nu} + K} \tag{3-66}$$

(1) 当系统为 0 型系统时,即 $\nu = 0, \nu_1 = 0$,则

$$e_{ssn} = \frac{-K_2 K_H}{1 + K} \tag{3-67}$$

式(3-67)表明,此时稳态误差与开环增益 $K = K_1 K_2 K_H$ 成反方向关系,开环增益越大,稳态误差越小;稳态误差还与 $G_2(s)H(s)$ 环节的增益 $K_2 K_H$ 成正比,$K_2 K_H$ 越小,稳态误差越小。当 $K_1 \gg K_2 K_H$ 时,稳态误差可以简化为

$$e_{ssn} \approx \frac{-K_2 K_H}{K_1 K_2 K_H} = \frac{-1}{K_1} \tag{3-68}$$

此时,稳态误差只与扰动作用点前的增益 K_1 有关。

（2）当扰动作用点前存在积分环节时（$\nu_1 \geq 1$），$e_{ssn} = 0$，即单位阶跃函数形式的扰动信号对系统产生的稳态误差是0。

综上所述，**扰动量作用下的稳态误差主要取决于扰动作用点前环节的增益和扰动作用点前环节的积分环节个数**。要减小扰动量作用下的稳态误差，增加系统的抗干扰能力，必须增大扰动作用点前环节的增益或其积分环节的个数。值得注意的是，增加开环传递函数的积分环节的个数可能会使得系统闭环不稳定，一定要兼顾。

【例3-8】 某系统的结构图如图3-20所示。求单位阶跃形式的扰动信号下的稳态误差；如果将扰动作用点后的积分环节提到扰动作用点之前，求其单位阶跃形式的扰动信号下稳态误差。

解： 由于系统是二阶系统，因此只要所有参数大于零，系统就稳定。由图3-20可知，系统的开环增益 $K = K_1 K_2$，反馈通道的增益 $K_H = 1$，系统类型 $\nu = 1$，扰动作用点前的积分环节个数为0，即 $\nu_1 = 0$。根据式（3-66），有

$$e_{ssn} = \lim_{s \to 0} \frac{-K_2 K_H \cdot s^{\nu_1}}{s^{\nu} + K} = \frac{-1}{K_1}$$

对 I 型系统而言，若是单位阶跃输入信号作用下，其稳态误差为0，但在单位阶跃形式的扰动信号作用下，出现了稳态误差，且与扰动作用点前的增益成反比。

当将积分环节提到扰动作用点前时，系统的结构图如图3-21所示。

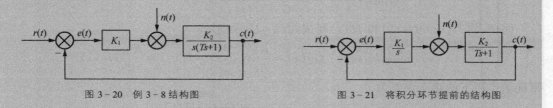

图3-20 例3-8结构图　　　　图3-21 将积分环节提前的结构图

由图3-21可知，开环增益和系统的型别没变，只是扰动作用点前增加了一个积分环节，$\nu_1 = 1$。有

$$e_{ssn} = \lim_{s \to 0} \frac{-K_2 K_H \cdot s^{\nu_1}}{s^{\nu} + K} = 0$$

3.7 控制系统时域分析综合实例

某比例调节直流调速系统的结构图如图3-22所示。

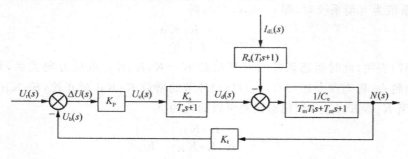

图3-22 单闭环直流调速系统结构图

图中，K_P 为比例环节放大系数；$\dfrac{K_s}{T_s s+1}$ 为晶闸管触发和整流装置的传递函数，K_s 为整流装置电压放大系数，T_s 为整流装置失控（延迟）时间；$\dfrac{1/C_e}{T_m T_1 s^2+T_m s+1}$ 为直流电机的数学模型，C_e 为额定励磁下电动机的电动势转速比，$T_1=L_a/R_a$，为电枢回路电磁时间常数，T_m 为电力拖动系统的机电时间常数；K_t 为测速发电机的传递函数；I_{dL} 为负载引起的扰动。

令扰动 $I_{dL}=0$，系统的开环传递函数为

$$G(s)=\frac{K_P K_s K_t/C_e}{(T_s s+1)(T_m T_1 s^2+T_m s+1)}=\frac{K}{(T_s s+1)(T_m T_1 s^2+T_m s+1)} \tag{3-69}$$

其中 $K=K_P K_s K_t/C_e$，为开环增益，0 型系统。系统的闭环传递函数为

$$\Phi(s)=\frac{\dfrac{K_P K_s/C_e}{1+K}}{\dfrac{T_m T_1 T_s}{1+K}s^3+\dfrac{T_m(T_s+T_1)}{1+K}s^2+\dfrac{T_m+T_s}{1+K}s+1} \tag{3-70}$$

从式（3-70）可以看出，系统为三阶系统。

3.7.1 系统稳定的条件

系统的闭环特征方程为

$$D(s)=\frac{T_m T_1 T_s}{1+K}s^3+\frac{T_m(T_s+T_1)}{1+K}s^2+\frac{T_m+T_s}{1+K}s+1=0 \tag{3-71}$$

列劳斯表

s^3	$\dfrac{T_m T_1 T_s}{1+K}$	$\dfrac{T_m+T_s}{1+K}$
s^2	$\dfrac{T_m(T_s+T_1)}{1+K}$	1
s^1	$\dfrac{(T_m+T_s)(T_s+T_1)-T_1 T_s(1+K)}{(1+K)(T_s+T_1)}$	
s^0	1	

若要系统稳定，劳斯表第一列系数大于零，即

$$(T_m+T_s)(T_s+T_1)-T_1 T_s(1+K)>0$$
$$K<\frac{T_m(T_s+T_1)+T_s^2}{T_1 T_s} \tag{3-72}$$

3.7.2 高阶系统的简化

若图 3-22 系统的参数 $K_P=22$，$C_e=0.2\ \text{V}\cdot\text{min/r}$，$K_t=0.012\ \text{V}\cdot\text{min/r}$，$K_s=44$，$R_a=0.1\ \Omega$，$T_1=0.01\ \text{s}$，$T_m=0.041\ 9\ \text{s}$，$T_s=0.000\ 125\ \text{s}$。则开环增益 $K=K_P K_s K_t/C_e=58$。$\dfrac{T_m(T_s+T_1)+T_s^2}{T_1 T_s}=339.4$，$K<\dfrac{T_m(T_s+T_1)+T_s^2}{T_1 T_s}$，系统稳定。

方法一：由于系统的整流装置的失控时间常数 $T_s=0.000\ 125\ \text{s}$，很小，忽略不计，则根据式（3-70），系统的闭环传递函数可以简化为

$$\Phi(s) = \frac{\dfrac{K_P K_s / C_e}{1+K}}{\dfrac{T_m T_1}{1+K} s^2 + \dfrac{T_m}{1+K} s + 1}$$

$$\Phi(s) = \frac{82}{7.1 \times 10^{-6} s^2 + 7.1 \times 10^{-4} s + 1}$$

$$\Phi(s) = \frac{82\,000\,000}{7.1 s^2 + 710 s + 1\,000\,000}$$

$$\Phi(s) = \frac{1.15 \times 10^7}{s^2 + 100s + 1.408 \times 10^5} \tag{3-73}$$

主导极点为 $P_{1,2} = -50 \pm \mathrm{j} 372.5$。

方法二:将参数带入式(3-70),得系统的闭环传递函数为

$$\Phi(s) = \frac{82}{8.9 \times 10^{-10} s^3 + 7.2 \times 10^{-6} s^2 + 7.1 \times 10^{-4} s + 1}$$

将上式写成零极点增益模型为

$$\Phi(s) = \frac{9.21 \times 10^{10}}{(s + 8008)(s^2 + 82.1 s + 1.403 \times 10^5)}$$

$$= \frac{9.21 \times 10^{10}}{(s + 8008)(s + 41.1 - \mathrm{j} 372.3)(s + 41.1 + \mathrm{j} 372.3)}$$

系统有三个极点 $P_{1,2} = -41.1 \pm \mathrm{j} 372.3$,$P_3 = -8008$。极点 P_3 相较极点 $P_{1,2}$ 距离虚轴较远,其产生的响应可以忽略不计。

系统可近似处理为二阶系统

$$\Phi(s) = \frac{9.21 \times 10^{10}}{s^2 + 82.1 s + 1.403 \times 10^5} \tag{3-74}$$

从式(3-73)和式(3-74)可以看出,这两种简化方法,极点基本没有发生变化。系统的主导极点为 $P_{1,2} = -41.1 \pm \mathrm{j} 372.3$,其动态响应曲线是振荡的,可以用二阶系统的分析方法进行动态指标的计算。

注意:高阶系统在一定条件下处理成低阶系统时,只是近似等价于低阶系统,在分析高阶系统的性能时仍然要考虑非主导极点对系统的影响。

3.7.3 系统动态性能分析

特征方程为

$$D(s) = s^2 + 100s + 1.408 \times 10^5 = 0$$

系统的闭环极点为

$$P_{1,2} = -50 \pm \mathrm{j} 372.5$$

则

$$\begin{cases} \sigma = \omega_n \xi = 50 \\ \omega_d = \omega_n \sqrt{1 - \xi^2} = 372.5 \end{cases}$$

计算得:$\omega_n = 375$,$\xi = 0.13$。

则

$$t_s = \frac{3}{\sigma} = 0.06 \text{ s}$$

$$\sigma\% = e^{-\pi\xi/\sqrt{1-\xi^2}} \times 100\% = 66.25\%$$

3.7.4 稳态误差计算

(1) 单位阶跃输入作用下的稳态误差

根据式(3-70)可知,无 $s=0$ 的开环极点,$\nu=0$,系统为 0 型系统。0 型系统的静态位置误差是系数开环增益,即 $K_P = K = 58$。当将系统简化为二阶系统后,其开环传递函数为

$$G(s) = \frac{K}{T_m T_1 s^2 + T_m s + 1} \tag{3-75}$$

系统的稳态误差

$$e_{ss} = \lim_{s \to 0} sE(s) = \lim_{s \to 0} s \cdot \frac{1}{1 + G(s)H(s)} R(s) = \lim_{s \to 0} \frac{s^\nu}{s^\nu + K} = \frac{1}{1+K} = 0.017$$

系统在阶跃输入信号作用下存在原理性误差,没法消除,只能通过增大开环增益 K 使得稳态误差减小。

(2) 单位阶跃扰动作用下的稳态误差

令 $U_r(s) = 0$,$I_{dL}(s) = 1/s$。系统阶跃扰动稳态误差为

$$e_{ssn} = \lim_{s \to 0} sE_N(s) = \lim_{s \to 0} s \cdot \frac{-G_2(s)H(s)}{1 + G_1(s)G_2(s)H(s)} N(s)$$

$$= -\lim_{s \to 0} s \cdot \frac{\dfrac{K_t/C_e}{T_m T_1 s^2 + T_m s + 1}}{1 + \dfrac{K}{(T_s s + 1)(T_m T_1 s^2 + T_m s + 1)}} I_{dL}(s) \times R_a(T_1 s + 1)$$

$$= -\lim_{s \to 0} s \cdot \frac{\dfrac{K_t/C_e}{T_m T_1 s^2 + T_m s + 1}}{1 + \dfrac{K}{T_m T_1 s^2 + T_m s + 1}} I_{dL}(s) \times R_a(T_1 s + 1) \text{(忽略 } T_s\text{)}$$

$$= -\frac{K_t/C_e}{1+K} \times R_a$$

$$= -0.0001$$

上式表明,在阶跃扰动作用下,系统也存在原理性稳态误差,只是扰动响应的幅值被限制为原来的万分之一。

习　题

3-1　线性系统稳定的充分必要条件是什么?

3-2　常用的典型输入信号有哪些?

3-3　系统的时间响应由哪两部分构成?各部分的定义是什么?

3-4　系统时域指标有哪些?各代表控制系统的哪些性能?

3-5　已知单位反馈系统的开环传递函数为

(1) $G(s) = \dfrac{10}{s(0.1s+1)(s+5)}$

(2) $G(s) = \dfrac{10}{s^2(0.1s+1)(s+5)}$

(3) $G(s) = \dfrac{2}{3s^4+10s^3+5s^2+s}$

分析系统的稳定性。

3-6 已知系统的特征方程为

(1) $s^5+6s^4+3s^3+2s^2+s+1=0$

(2) $25s^5+105s^4+120s^3+122s^2+20s+1=0$

(3) $s^5+3s^4+12s^3+20s^2+35s+25=0$

判断系统的稳定性,若不稳定,求系统不稳定根的个数及虚根。

3-7 已知某单位反馈系统的开环传递函数为

$$G(s) = \frac{K}{s(0.1s+1)(0.2s+1)}$$

求系统稳定时的 K 值范围。

3-8 系统结构图如图 3-23 所示,求系统稳定时的 K_D 范围。

3-9 某一阶系统的结构图如图 3-24 所示,反馈系数 $K_f=0.1$。求其在单位阶跃输入信号下的时间常数与调节时间。如果要求调节时间 $t_s=0.1s$,求此时的反馈系数该调整为多少?

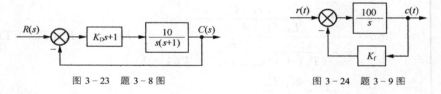

图 3-23 题 3-8 图   图 3-24 题 3-9 图

3-10 已知某二阶单位反馈系统的开环传递函数为

$$G(s) = \frac{10}{s(0.1s+1)}$$

求:(1) 系统的闭环传递函数;

(2) 系统的阻尼比和自然频率;

(3) 单位阶跃响应;

(4) 单位阶跃响应下的调节时间与超调量。

3-11 已知某二阶单位反馈系统的开环传递函数为

$$G(s) = \frac{\omega_n^2}{s(s+2\xi\omega_n)}$$

求系统在单位阶跃信号作用下,如果要求超调量为 30%,峰值时间为 $0.1\,s$,求系统的阻尼比和自然频率。

3-12 如图 3-23 所示系统,

(1)若要求 $\xi=0.5$,K_D 应调为多少?并求此时单位阶跃响应下的超调量和调节时间;

(2)如果去掉环节 $(K_D s+1)$,求单位阶跃响应下的超调量和调节时间;

(3)比较此环节对系统的影响。

3-13 已知某单位反馈系统的开环传递函数如下,

（1）$G(s) = \dfrac{10}{(0.1s+1)(s+5)}$

（2）$G(s) = \dfrac{10(s+1)}{s(s+2)(s^2+2s+2)}$

（3）$G(s) = \dfrac{2}{s^4+10s^3+4s^2+2s}$

求：（1）输入信号为 $1(t)$、t 和 t^2 时的稳态误差。

（2）误差系数 K_P，K_v 和 K_a。

3-14　某单位反馈系统的闭环传递函数为

$$\Phi(s) = \frac{C(s)}{R(s)} = \frac{G(s)}{1+G(s)} = \frac{b_m s^m + b_{m-1}s^{m-1} + \cdots + b_1 s + b_0}{a_n s^n + a_{n-1}s^{n-1} + \cdots + a_1 s + a_0}$$

若系统稳定，试求单位阶跃和单位斜坡输入信号下稳态误差为 0 的条件是什么？

3-15　系统结构图如图 3-25 所示。

（1）确定使系统稳定的 K 值范围

（2）求 $r(t) = \dfrac{1}{2}t^2$ 作用下 $e_{ss} = 0.2$，对应的 K 值，并求此时超调量与调节时间。

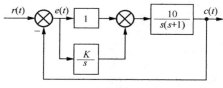

图 3-25　题 3-15 图

3-16　系统结构图如图 3-26 所示。

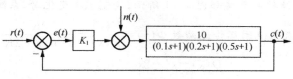

图 3-26　题 3-16 图

（1）当 $K_1 = 1$，$r(t) = 1(t)$ 时，求系统的稳态误差。

（2）当 $n(t) = 1(t)$ 时，能否找到 K_1 使 $e_{ssn} = -0.099$？

第**4**章 线性系统的根轨迹法

在第 3 章时域分析法中提到,线性控制系统的性能取决于闭环特征根,对于高阶系统而言,直接求取闭环极点比较困难,特别是在进行系统分析或设计时,需要了解系统的某些参数对系统特征根的影响。1948 年,W. R. Evans 提出了根轨迹法,能够根据系统开环零极点的分布,用图解的方法画出闭环极点随系统某参数变化的轨迹。根轨迹法是一种简便的图解方法,可以分析系统的性能,确定系统应有的结构和参数,在控制工程上得到了广泛的应用。本章主要介绍根轨迹的基本概念和绘制方法,以及在系统的根轨迹图上如何分析系统性能。

4.1 根轨迹的基本概念

4.1.1 根轨迹的定义

系统参数(如开环增益 K^*)由零增加到 ∞ 时,闭环特征根在 s 平面移动的轨迹称为该系统的闭环根轨迹。

【例 4-1】单位反馈控制系统如图 4-1 所示,绘制 K^* 变化时,系统极点的变化情况。

解:由图 4-1 可求系统闭环传递函数 $\Phi(s)=\dfrac{Y(s)}{R(s)}=\dfrac{2K^*}{s^2+2s+2K^*}$

特征方程　　　　　　　$D(s)=s^2+2s+2K^*=0$

特征根　　　　　　　$s_{1,2}=-1\pm\sqrt{1-2K^*}$

当系统参数 K^* 从零到无穷大变化时,闭环特征根的变化情况见表 4-1。

表 4-1　例 4-1 的系统参数 K^* 与闭环特征根的关系

K^*	0	0.25	0.5	1	2.5	…	∞
s_1	0	-0.3	-1	$-1+j$	$-1+j2$	…	$-1+j\infty$
s_2	-2	-1.7	-1	$-1-j$	$-1-j2$	…	$-1-j\infty$

绘出特征根的变化轨迹如图 4-2 所示。显然,当 $0<K^*<0.5$ 时,系统取得两个不相

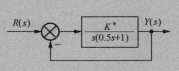

图 4-1　例 4-1 系统的结构图

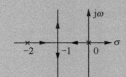

图 4-2　例 4-1 系统的根轨迹

等实数根(过阻尼);$K^* = 0.5$ 时,系统取得两个相等实数根(临界阻尼);$K^* > 0.5$ 时,系统取得一对共轭复数根(欠阻尼);K^* 越大,共轭复数根离对称轴(实轴)越远。指定一个 K^* 值,就可以在根轨迹上找到对应的两个特征根,指定根轨迹上任意一特征根的位置,就可以求出该特征根对应的 K^* 值和其余特征根。

4.1.2 根轨迹方程

既然根轨迹是闭环特征根随参数变化的轨迹,则描述其变化关系的闭环特征方程就是根轨迹方程。

设系统开环传递函数为

$$G_k(s) = G(s)H(s) = \frac{K^* \prod_{i=1}^{m}(s - z_i)}{\prod_{j=1}^{n}(s - p_j)} \tag{4-1}$$

其中,K^* 称为根轨迹增益;z_i 是开环零点;p_j 是开环极点。则根轨迹方程(系统闭环特征方程)为

$$1 + G(s)H(s) = 0$$

即

$$\frac{K^* \prod_{i=1}^{m}(s - z_i)}{\prod_{j=1}^{n}(s - p_j)} = -1 \tag{4-2}$$

显然,满足上式的 s 即是系统的闭环特征根。

当 K^* 从 0 变化到 ∞ 时,n 个特征根将随之变化出 n 条轨迹。这 n 条轨迹就是系统的闭环根轨迹(简称根轨迹)。

由式(4-2)确定的根轨迹方程可以分解成相角方程和幅值方程

$$\sum_{i=1}^{m} \angle(s - z_i) - \sum_{j=1}^{n} \angle(s - p_j) = \pm 奇数倍 \pi \tag{4-3}$$

$$\frac{K^* \prod_{i=1}^{m}|s - z_i|}{\prod_{j=1}^{n}|s - p_j|} = 1 \tag{4-4}$$

几点说明:

(1) 开环零点 z_i、极点 p_j 是决定闭环根轨迹的条件;

(2) 注意到式(4-3)定义的相角方程不含 K^*,它表明满足式(4-4)的任意 K^* 值均满足由相角方程定义的根轨迹,因此,相角方程是决定闭环根轨迹的充分必要条件;

(3) 满足相角方程的闭环极点 s 值,代入幅值方程式(4-4),就可以求出对应的 K^* 值,显然一个 K^* 对应 n 个 s 值,满足幅值方程的 s 值不一定满足相角方程。因此由幅值方程(及其变化式)求出的 s 值不一定是根轨迹上的根。

任意特征方程 $D(s) = 0$ 均可处理成 $1 + G(s)H(s) = 0$ 的形式,其中把 $G(s)H(s)$ 写成式(4-4)描述的形式就可以得到 K^* 值,所以说 K^* 可以是系统任意参数。

4.2 绘制根轨迹的规则和方法

绘制控制系统根轨迹的一般规则和方法如下。

(1) 根据系统的特征方程,按照基本规则求系统的开环传递函数,并将其写成零、极点的规范形式(如式(4-1)所示),以此作为绘制根轨迹的依据;

(2) 找出 s 平面上所有满足相角条件式(4-3)的点,将它们连接起来即为系统的根轨迹;

(3) 根据需要,可用幅值条件式(4-4)确定根轨迹上某些点的开环根轨迹增益值。

绘制根轨迹的方法一般有:解析法、计算机绘制法以及试探法。解析法计算量较大;计算机绘制法有"通用程序包"可供使用,试探法(或试凑法)是手工绘制的常用方法。

分析研究相角条件和幅值条件,可以找出控制系统根轨迹的一些基本特性。将这些特性归纳为若干绘图规则,应用"绘图规则"可快速且较准确地绘制出系统的根轨迹,特别是对于高阶系统,其优越性更加明显。绘图规则是各种绘制根轨迹方法的重要依据,其主要内容介绍如下。

规则 1 根轨迹的起点和终点

根轨迹的起点是指根轨迹增益 $K^* = 0$ 时,闭环极点在 s 平面上的位置,而根轨迹的终点则是指 $K^* = \infty$ 时闭环极点在 s 平面上的位置。

将幅值条件式(4-4)改写为

$$K^* = \frac{\prod\limits_{j=1}^{n} |(s-p_j)|}{\prod\limits_{i=1}^{m} |(s-z_i)|} = \frac{s^{n-m} \prod\limits_{j=1}^{n} \left| \left(1-\dfrac{p_j}{s}\right) \right|}{\prod\limits_{i=1}^{m} \left| \left(1-\dfrac{z_i}{s}\right) \right|} \tag{4-5}$$

若使 $K^* = 0$,则只有 $s = p_j$,即根轨迹起于开环极点;若使 $K^* = \infty$,则只有 $s = z_i$,则根轨迹终于开环零点;因此根轨迹起于开环极点,终止于开环零点。

然而实际的控制系统中,开环传递函数的分子多项式阶次 m 与分母多项式阶次 n 之间,满足 $n \geq m$ 的关系。如果 $n > m$,那么剩余的 $n-m$ 条根轨迹分支起于开环极点,终止于无穷远处。

规则 2 根轨迹的分支数、连续性和对称性

根轨迹的分支数与开环有限零点数 m 和有限极点数 n 中的大者相等。当 $n \geq m$ 时,分支数等于 n,即根轨迹的分支数等于系统的阶数。

K^* 是特征方程的某个系数,当 $K^* = 0$ 变化到 $K^* = \infty$ 时,特征方程的系数也是连续变化的,因此根轨迹的变化也是连续的,也就是说根轨迹具有连续性。

对于线性时不变系统,闭环系统特征根或为实数,或为共轭复数,其分布必然对称于实轴,因此根轨迹是对称于实轴的。

规则 3 实轴上根轨迹的分布

实轴上某区域,若其右边的开环零点和开环极点个数之和为奇数,则该区域必是根轨迹。

由于共轭复极点和共轭复零点在实轴上产生的相角之和等于 2π,因此根据根轨迹的相角条件即可得出结论。

规则 4　根轨迹的渐近线

所谓根轨迹的渐近线,是指当 $n > m$ 时,应有 $n-m$ 条根轨迹分支的终点在无穷远处,可以认为当 $K^* \to \infty$ 时,根轨迹与渐近线是重合的。因为渐近线是直线,而且要确定直线的方向,只要确定直线与正实轴方向的夹角以及与实轴的交点坐标即可。

渐近线与实轴正方向的夹角为

$$\varphi_a = \frac{(2k+1)\pi}{n-m}, \quad k=0,1,2,\cdots,n-m-1 \tag{4-6}$$

渐近线与实轴的交点为

$$\sigma_a = \frac{\sum\limits_{j=1}^{n} p_j - \sum\limits_{i=1}^{m} z_i}{n-m} \tag{4-7}$$

规则 5　根轨迹的分离(会合)点

两条或两条以上根轨迹分支,在 s 平面上某处相遇后又分开的点,称做根轨迹的分离点(或汇合点,以下统称为分离点)。分离点就是特征方程出现重根之处,重根的重数就是汇合到(或离开)该分离点的根轨迹分支数,一个系统的根轨迹可能没有分离点,也可能不止一个分离点,由于根轨迹的对称性,分离点是实数或共轭复数,一般在实轴上两个相邻的开环极点或开环零点之间有根轨迹,则这两个极点或零点之间必定存在分离点。根据相角条件可以推证,如果有 r 条根轨迹分支到达(或离开)实轴上的分离点,则在该分离点处,根轨迹分支间的夹角为 $\pm 180°/r$。

确定分离点的方法有图解法和解析法。下面介绍一些常用的计算方法,即根据函数求极值的原理确定分离点。它们所提供的只是分离点的可能之处(即必要条件)。因此分离点是满足下列 3 组方程中任一组方程的解。

方法一:在分离点处 $\dfrac{\mathrm{d}}{\mathrm{d}s} G_k(s) = 0$,或

$$\frac{\mathrm{d}}{\mathrm{d}s} G'_k(s) = 0 \tag{4-8}$$

其中,$G_k(s)$ 是系统的开环传递函数,而且 $G_k(s) = K^* G'_k(s)$。

方法二:对 K^* 表达式(式(4-5))进行求导可得,即

$$\frac{\mathrm{d}K^*}{\mathrm{d}s} = 0 \tag{4-9}$$

方法三:设分离点坐标为 d,求解下列方程而得

$$\sum_{i=1}^{m} \frac{1}{d-z_i} = \sum_{j=1}^{n} \frac{1}{d-p_j} \tag{4-10}$$

【**例 4-2**】已知系统开环传递函数

$$G(s)H(s) = \frac{K^*(s+1)}{s^2+3s+3.25}$$

试求系统闭环根轨迹分离点坐标。

解:$G_k(s) = K^* G'_k(s) = G(s)H(s) = \dfrac{K^*(s+1)}{s^2+3s+3.25} = \dfrac{K^*(s+1)}{(s+1.5+\mathrm{j})(s+1.5-\mathrm{j})}$

方法一:根据式(4-8),对上式求导,即 $\dfrac{\mathrm{d}}{\mathrm{d}s} G_k(s) = 0$ 可得

$$d_1 = -2.12, d_2 = 0.12$$

方法二：根据式（4-9），求出闭环系统特征方程

$$1 + G(s)H(s) = 1 + \frac{K^*(s+1)}{s^2 + 3s + 3.25} = 0$$

由上式可得

$$K^* = -\frac{s^2 + 3s + 3.25}{s+1}$$

对上式求导，即 $\dfrac{\mathrm{d}K^*}{\mathrm{d}s} = 0$ 可得：$d_1 = -2.12, d_2 = 0.12$

方法三：根据式（4-10）有

$$\frac{1}{d + 1.5 + \mathrm{j}} + \frac{1}{d + 1.5 - \mathrm{j}} = \frac{1}{d+1}$$

解此方程得：$d_1 = -2.12, d_2 = 0.12$

d_1 在根轨迹上，即为所求的分离点，d_2 不在根轨迹上，则舍弃。

规则 6　根轨迹与虚轴的交点

根轨迹可能和虚轴相交，交点的坐标及相应的 K^* 值可由劳斯判据求得，也可在特征方程中令 $s = \mathrm{j}\omega$，然后使特征方程的实部和虚部分别为零求得。根轨迹和虚轴交点相应于系统处于临界稳定状态。此时增益 K^* 称为临界根轨迹增益。

【例 4-3】设单位负反馈控制系统的开环传递函数为 $G_K(s) = K^*/s(s+1)(s+5)$，试绘制系统的闭环根轨迹，并求根轨迹的分离点以及与虚轴的交点。

解：（1）起点与终点

开环极点：$p_1 = 0, p_2 = -1, p_3 = -5$，无开环零点，$n = 3, m = 0$；有 3 条根轨迹分支，分别起始于 3 个开环极点 $p_1 = 0, p_2 = -1, p_3 = -5$，终止于无穷远处开环零点。

（2）渐近线与正实轴的夹角和与实轴交点的坐标

$$\varphi_a = \frac{(2k+1)\pi}{n-m} = \frac{(2k+1)\pi}{3} = \begin{cases} \pi/3 = 60°, k=0 \\ \pi = 180°, k=1 \\ 5\pi/3 = 300°, k=2 \end{cases}$$

$$\sigma_a = \frac{\sum p_j - \sum z_i}{n-m} = \frac{p_1 + p_2 + p_3}{3} = -2$$

实轴上根轨迹分布为 $(0, -1), (-5, -\infty)$。

（3）根轨迹分离点

由开环传递函数，可以得到闭环特征方程式 $K^* + s(s+1)(s+5) = 0$，则

$K^* = -s(s+1)(s+5)$，令 $\dfrac{\mathrm{d}K^*}{\mathrm{d}s} = -\dfrac{\mathrm{d}s(s+1)(s+5)}{\mathrm{d}s} = 3s^2 + 12s + 5 = 0$，求得：$s_1 = -0.473, s_2 = -3.52$，由于 s_2 不在根轨迹上，因此分离（会合）点为 $s_1 = -0.473$。

根轨迹的分离（会合）角，$\theta_d = 180°/k = 180°/2 = 90°$。

（4）根轨迹与虚轴的交点

方法一：闭环特征方程 $s^3 + 6s^2 + 5s + K^* = 0$

令 $s = \mathrm{j}\omega$ 代入闭环特征方程 $(\mathrm{j}\omega)^3 + 6(\mathrm{j}\omega)^2 + 5(\mathrm{j}\omega) + K^* = 0$

分解为实部和虚部 $(K^* - 6\omega^2) + \mathrm{j}(5\omega - \omega^3) = 0$

于是有 $\begin{cases} K^* - 6\omega^2 = 0 \\ 5\omega - \omega^3 = 0 \end{cases} \Rightarrow \begin{cases} \omega = 1, \pm\sqrt{5} \\ K^* = 0, 30 \end{cases}$,显然交点为

$\begin{cases} \omega = \pm\sqrt{5} \\ K^* = 30 \end{cases}$

方法二:构造劳斯表

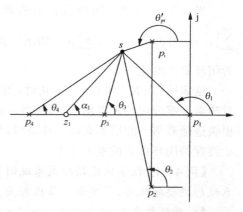

$$\begin{array}{c|cc} s^3 & 1 & 5 \\ s^2 & 6 & K^* \\ s^1 & \dfrac{30-K^*}{6} & 0 \\ s^0 & K^* & \end{array}$$

当 $K^* = 30$ 时,s^1 行为全零,劳

斯表第一列符号不变,系统特征根为纯虚数,可根据 s^2 行

的辅助方程:$F(s) = 6s^2 + K^* = 0$,求得 $s = \pm j\sqrt{5}$,因此根

轨迹与虚轴的交点坐标为:$(K^* = 30, s = \pm j\sqrt{5})$。

根轨迹草图如图 4-3 所示。

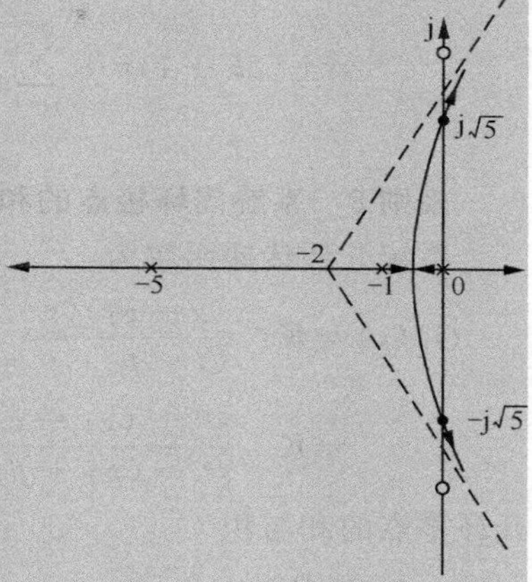

图 4-3 例 4-3 的根轨迹图

规则 7 根轨迹的出射角和入射角

从开环极点 p_i 出发的根轨迹,其出射角为

$$\theta_{p_i} = \pm(2k+1)\pi + \phi_{p_i} \tag{4-11}$$

其中 $\phi_{p_i} = \sum_{j=1}^{m} \angle(p_i - z_j) - \sum_{l=1(l \neq i)}^{n} \angle(p_i - p_l)$ 为 开环零点和除开环极点 p_i 以外的其他

开环极点引向该极点的向量幅角之净值。

根轨迹到达开环零点 z_i 的入射角为

$$\theta_{z_i} = \pm(2k+1)\pi - \phi_{z_i} \tag{4-12}$$

其中 $\phi_{z_i} = \sum_{j=1(j \neq i)}^{m} \angle(z_i - z_j) - \sum_{l=1}^{n} \angle(z_i - p_l)$ 为除开环零点 z_i 以外的其他开环零点和

开环极点往该零点所引向量的幅角之净值。

下面以开环复极点 p_i 出射角为例进行说明,先考察一个具体系统,设其开环零、极点布如图 4-4 所示,现研究根轨迹离开复极点 p_i 的出射角。

在从 p_i 出发的根轨迹分支上,靠近 p_i 任取一点 s,则由各开环零、极点往该点所引向量的幅角,应满足相角条件

$$\alpha_1 - (\theta_1 + \theta_2 + \theta_3 + \theta_4 + \theta'_{p_i}) = \pm(2k+1)\pi \tag{4-13}$$

当 s 与 p_i 充分接近时,则相角 θ'_{p_i} 趋近于开环复极点 p_i 的出射角。故 $\theta_{p_i} = \lim_{s \to p_i} \theta'_{p_i}$,同理,对于一般控制系统,与式(4-13)相对应有下列关系式

图 4-4 根轨迹出射角的确定

$$\sum_{j=1}^{m} \angle(s - z_j) - \left[\sum_{l=1(l \neq i)}^{n} \angle(s - p_l) + \theta'_{p_i} \right] = \pm(2k+1)\pi$$

故一般系统开环复极点 p_i 的出射角为

$$\theta_{p_i} = \lim_{s \to p_i} \theta'_{p_i} = \pm(2k+1)\pi + \lim_{s \to p_i} \left[\sum_{j=1}^{m} \angle(s-z_i) - \sum_{i=1(l \neq i)}^{n} \angle(s-p_i) \right]$$

$$= \pm(2k+1)\pi + \sum_{j=1}^{m} \angle(s-z_i) - \sum_{i=1(l \neq i)}^{n} \angle(s-p_i) = \pm(2k+1)\pi + \varphi_{p_i}$$

规则 8   系统闭环极点的和

系统开环传递函数为

$$G_k(s) = K^* \frac{(s-z_1)(s-z_2)\cdots(s-z_m)}{(s-p_1)(s-p_2)\cdots(s-p_n)} = K^* \frac{s^m + b_1 s^{m-1} + \cdots + b_{m-1}s + b_m}{s^n + a_1 s^{n-1} + \cdots + a_{n-1}s + a_n}$$

$$= K^* \frac{s^m - (z_1 + z_2 + \cdots + z_m)s^{m-1} + \cdots + (-1)^m z_1 z_2 \cdots z_m}{s^n - (p_1 + p_2 + \cdots + p_m)s^{n-1} + \cdots + (-1)^n p_1 p_2 \cdots p_n}$$

开环零点的和与积

$$\sum_{i=1}^{m} z_i = z_1 + z_2 + \cdots + z_m = -b_1, \prod_{i=1}^{m} z_i = z_1 z_2 \cdots z_m = (-1)^m b_m$$

开环极点的和与积

$$\sum_{j=1}^{n} p_j = p_1 + p_2 + \cdots + p_n = -a_1, \prod_{j=1}^{n} p_j = p_1 p_2 \cdots p_n = (-1)^n a_n$$

闭环特征方程

$$D_B(s) = s^n + a_1 s^{n-1} + \cdots + a_{n-1}s + a_n + K^*(s^m + b_1 s^{m-1} + \cdots + b_{m-1}s + b_m) = 0$$

若设系统的闭环极点为 $s_i(i=1,2,\cdots,n)$，则有

$$D_B(s) = \prod_{i=1}^{n}(s-s_i) = s^n + C_1 s^{n-1} + C_2 s^{n-1} + \cdots + C_{n-1}s^{n-1} + C_n = 0$$

则系统闭环极点的和

$$\sum_{i=1}^{n} s_i = -c_1 \tag{4-14}$$

当 $n-m \geqslant 2$ 时，闭环特征方程第二项 s^{n-1} 系数将于 K^* 无关，实际为 a_1，于是有：

$\sum_{i=1}^{n} s_i = -c_1 = -a_1 = \sum_{i=1}^{n} p_i$，即闭环极点之和等于开环极点之和，且为常数，这个常数也称为闭环极点的重心。

这表明：当 K^* 由 $0 \to \infty$ 变化时，闭环极点之和保持不变，且等于 n 个开环极点之和。这意味着一部分闭环极点增大时，另外一部分闭环极点必然变小。也就是说，如果一部分闭环根轨迹随着 K^* 的增加而向右移动时，另外一部分根轨迹必将随着 K^* 的增加而向左移动，始终保持闭环极点的重心不变。

【例 4-4】设单位反馈控制系统的开环传递函数为：$G_k(s) = K^*/s(s^2+2s+2)$，试绘制系统的完整根轨迹，并要求计算出射角。

解：开环极点为 $p_1=0, p_2=-1+j, p_3=-1-j$，无开环零点，$n=3, m=0$

(1) 由于 $n=3, m=0$，因此根轨迹有 3 条分支；

(2) 根轨迹起始于开环极点 $p_1=0, p_2=-1+j, p_3=-1-j$，终止于无穷远处；

(3) 3 条根轨迹的渐近线夹角和交点坐标；

$$\varphi_a = \frac{(2k+1)\pi}{n-m} = \frac{(2k+1)\pi}{3} = \begin{cases} \pi/3\,(60°), k=0 \\ \pi\,(180°), k=1 \\ 5\pi/3\,(-60°,300°), k=2 \end{cases}$$

$$\sigma_a = \frac{p_1+p_2+p_3}{3} = \frac{0-1+\mathrm{j}-1-\mathrm{j}}{3} = -\frac{2}{3}$$

（4）实轴上的根轨迹为 $(-\infty,0)$，即整个负实轴；

（5）根轨迹无分离（会合）点；

（6）起始于 $p_2=-1+\mathrm{j}$，$p_3=-1-\mathrm{j}$ 根轨迹分支向着 $\varphi_a=\pi/3,5\pi/3$ 的两条渐近线逼近；

（7）根轨迹与虚轴的交点

闭环特征方程 $\qquad\qquad\qquad s^3+2s^2+2s+K^*=0$

令 $s=\mathrm{j}\omega$ 代入特征方程，$(\mathrm{j}\omega)^3+2\,(\mathrm{j}\omega)^2+2(\mathrm{j}\omega)+K^*=0$

或 $\qquad\qquad \begin{cases} K^*-2\omega^2=0 \\ 2\omega-\omega^3=0 \end{cases} \Rightarrow \begin{cases} \omega=\pm\sqrt{2} \\ K^*=4 \end{cases}$

（8）根轨迹出射角

$$\theta_{p_2} = 180° - \angle(p_2-p_1) - \angle(p_2-p_3)$$
$$= 180° - \angle(-1+\mathrm{j}) - \angle[(-1+\mathrm{j}-(-1-\mathrm{j})] = -45°$$
$$\theta_{p_3} = 45°$$

（9）绘制根轨迹如图 4-5 所示。

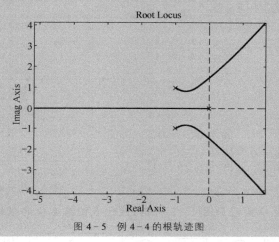

图 4-5 例 4-4 的根轨迹图

4.3 参数根轨迹

以上讨论的是系统根轨迹增益 K^* 作为参变量时闭环根轨迹的作图规则，但实际情况不完全是这样的。当以系统中其他参数作为变量（时间常数、反馈系数、开环零点和极点等）时的根轨迹称为参变量根轨迹或广义根轨迹。

从理论的角度来看，参量根轨迹并无特殊之处，其处理方法是，将原来的开环传递函数经过数学变换成以参变量作为"根轨迹增益"的等效开环传递函数形式，然后依上述的作图规则绘制根轨迹图。

【例4-5】已知单位负反馈系统的开环传递函数为

$$G_k(s) = \frac{\frac{1}{4}(s+a)}{s^2(s+1)}$$

试绘制 $a = 0 \to \infty$ 的根轨迹。

解：闭环特征方程为

$$D(s) = s^2(s+1) + \frac{1}{4}(s+a) = s^3 + s^2 + \frac{1}{4}s + \frac{1}{4}a$$

等效的开环传递函数为

$$G^*(s) = \frac{\frac{a}{4}}{s^3 + s^2 + \frac{1}{4}s} = \frac{\frac{1}{4}a}{s\left(s^2 + s + \frac{1}{4}\right)} = \frac{\frac{1}{4}a}{s\left(s + \frac{1}{2}\right)^2}$$

分离点 $\dfrac{1}{d} + \dfrac{2}{d+\frac{1}{2}} = 0$，即 $\dfrac{3d + \frac{1}{2}}{d\left(d+\frac{1}{2}\right)} = 0$，解得：$d = -1/6$

渐近线 $\begin{cases} \sigma_a = \dfrac{-\frac{1}{2} - \frac{1}{2}}{3} = -\dfrac{1}{3} \\[3mm] \varphi_a = \dfrac{(2k+1)\pi}{3} = \pm\dfrac{\pi}{3}, \pi \end{cases}$

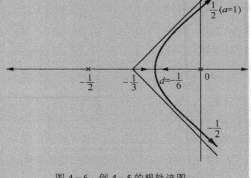

与虚轴的交点 $D(s) = s^3 + s^2 + \dfrac{1}{4}s + \dfrac{1}{4}a$

令 $s = \mathrm{j}\omega$，

$\begin{cases} \text{实部：} -\omega^2 + \dfrac{a}{4} = 0 \\[3mm] \text{虚部：} -\omega^3 + \dfrac{1}{4}\omega = 0 \end{cases} \begin{cases} \omega = 0, a = 0 \\[2mm] \omega = \dfrac{1}{2}, a = 1 \end{cases}$

绘制的根轨迹如图4-6所示。

图4-6 例4-5的根轨迹图

【例4-6】已知系统结构图如图4-7所示，试作多回路系统的根轨迹。

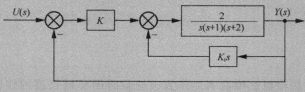

图4-7 例4-6系统结构图

解：在一般情况下，绘制多回路系统的根轨迹时，首先根据内反馈回路的开环传递函数，绘制内反馈回路的根轨迹，确定内反馈回路的极点分布；然后由内反馈回路的零、极点和内回路外的零、极点构成整个多回路系统的开环零、极点；再按照单回路根轨迹的基本法则，绘制总的系统的根轨迹。

需要指出,这样绘制出来的根轨迹只能确定多回路系统极点的分布,而多回路系统的零点还需要根据多回路系统闭环传递函数来确定。下面根据如图 4-7 所示的系统,绘制多回路系统的根轨迹。

首先确定内回路的根轨迹。

内回路闭环传递函数

$$\Phi_1(s) = \frac{2}{s(s+1)(s+2) + 2K_t s}$$

内回路特征方程

$$D_1(s) = s(s+1)(s+2) + 2K_t s = 0$$

作 K_t 由 $0 \to \infty$ 时的根轨迹,需要根据内回路特征方程 $D_1(s)$,构造一个新系统,使新系统的特征方程与 $D_1(s)$ 一样,而参数 K_t 应相当于开环增益,故新系统的开环传递函数应为

$$G_1(s) = \frac{2K_t s}{s(s+1)(s+2)} = \frac{K_t^* s}{s(s+1)(s+2)}$$

式中:$K_t^* = 2K_t$,内回路开环有 3 个极点:$p_1 = 0$、$p_2 - 1$、$p_3 = -2$,一个零点 $z_1 = 0$。

其中一个开环零点与一个开环极点完全相等,是否能相消?在绘制根轨迹时,开环传递函数的分子分母中若有相同因子时,不能相消,相消后将会丢掉闭环极点。而实际上我们将一对靠得很近的闭环零、极点称为偶极子。偶极子这个概念对控制系统的综合设计是很有用的,我们可以有意识地在系统中加入适当的零点,以抵消对动态过程影响较大的不利极点,使系统的动态过程获得改善。工程上,某极点 s_j 与某零点 z_i 之间的距离比它们的模值小一个数量级,就可认为这对零极点为偶极子。

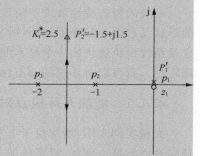

内回路当 K_t^* 由 $0 \to \infty$ 时的根轨迹如图 4-8 所示。
当 $K_t^* = 2.5$,$K_t = 1.25$ 时,对应的内回路闭环极点分别为:$p_1' = 0$、$p_{2,3}' = -1.5 \pm j1.5$,对应的内回路传递函数为

图 4-8 例 4-6 的内回路根轨迹

$$\Phi_1(s) = \frac{2}{s(s+1.5+j1.5)(s+1.5-j1.5)}$$

内回路闭环零、极点确定后,再画 K 由 $0 \to \infty$ 的多回路系统根轨迹。

多回路系统的开环传递函数应为

$$G_2(s) = \frac{2K}{s(s+1.5+j1.5)(s+1.5-j1.5)} = \frac{K^*}{s(s+1.5+j1.5)(s+1.5-j1.5)}$$

式中 $K^* = 2K$

(1) 整个负实轴为根轨迹段

(2) 渐近线

$$\varphi_a = \frac{(2k+1)\pi}{n-m} = \{60°、180°、-60°\}$$

$$\sigma_a = \frac{(-1.5-j1.5) + (-1.5+j1.5)}{3} = -1$$

(3) 起始角

$$\theta_{p2} = (2k+1)\pi - 135° - 90°$$

取 $k=0, \theta_{p_2}=-45°$　$k=1, \theta_{p_2}=45°$

（4）求与虚轴的交点

$$D_2(j\omega)=s(s+1.5+j1.5)(s+1.5-j1.5)+K^*$$
$$=0$$

令 $s=j\omega$ 代入得 $\omega_1=0, \omega_{2,3}=\pm2.12, K^*=13.5,$
$K=6.25$

多回路系统根轨迹如图 4-9 所示。从根轨迹图可看出，当 K_t 取 1.25，$K>6.75$ 时，此多回路系统将有两个闭环极点分布在 s 平面的右半部，系统变为不稳定。

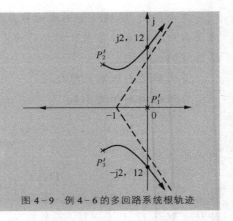

图 4-9　例 4-6 的多回路系统根轨迹

4.4　利用根轨迹法对控制系统的性能分析

根轨迹法在系统分析中的应用是多方面的，在参数已知的情况下求系统的特性；分析参数变化对系统特性的影响（即系统特性对参数变化的敏感度和添加零、极点对根轨迹的影响）；对于高阶系统，运用"主导极点"概念，快速估价系统的基本特性等。

系统的暂态特性取决于闭环零、极点的分布，因而和根轨迹的形状密切相关。而根轨迹的形状又取决于开环零、极点的分布。那么开环零、极点对根轨迹形状的影响如何，这是单变量系统根轨迹法的一个基本问题。知道了闭环极点以及闭环零点（通常闭环零点是容易确定的），就可以对系统的动态性能进行定性分析和定量计算。

4.4.1　增加开环极点对控制系统的影响

大量实例表明：增加位于 s 左半平面的开环极点，将使根轨迹向右半平面移动，系统的稳定性能降低。例如，设系统的开环传递函数为

$$G_k(s)=\frac{K^*}{s(s+a_1)}\quad a_1>0 \tag{4-15}$$

则可绘制系统的根轨迹，如图 4-10(a) 所示。增加一个开环极点 $p_3=a_2$，根据这时的开环传递函数

$$G_{k_1}(s)=\frac{K_1}{s(s+a_1)(s+a_2)}\quad a_2>0 \tag{4-16}$$

可绘制系统的根轨迹，如图 4-10(b) 所示。由图 4-10(b) 可见：增加开环极点，使根轨迹的复数部分向右半平面弯曲。若取 $a_1=1$、$a_2=2$，则渐近线的倾角由原来的 $\pm90°$ 变为 $\pm60°$；分离点由原来的 -0.5 向右移至 -0.422；与分离点相对应的开环增益，由原来的 0.25（即 $K^*=0.5\times0.5=0.25$）减少到 0.19（即 $K_1^*=\frac{1}{2}\times0.422\times0.578\times1.578=0.19$）这意味着，对于具有同样的振荡倾向，增加开环极点后使开环增益值下降。

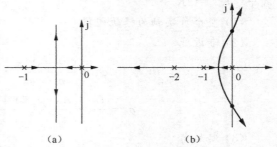

图 4-10　增加开环极点对根轨迹的影响

一般来说,增加的开环极点越靠近虚轴,其影响越大,使根轨迹向右半平面弯曲就越严重,因而系统稳定性能的降低便越明显。

4.4.2　增加开环零点对控制系统的影响

一般来说,开环传递函数 $G(s)H(s)$ 增加零点,相当于引入微分作用,使根轨迹向左半 s 平面移动,将提高系统的稳定性。例如,图 4-11(a)表示式(4-15)增加一个零点 $z=-2$,的根轨迹(并设 $a_1=1$),轨迹向左半 s 平面移动,且成为一个圆,结果使控制系统的稳定性提高。图 4-11(b)是式(4-15)增加一对共轭复数零点的根轨迹。

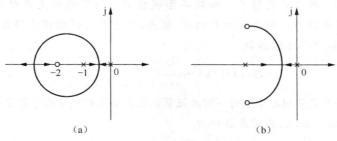

(a)　　　　　　　　(b)

图 4-11　增加开环零点对根轨迹的影响

4.4.3　利用根轨迹确定系统参数

首先讨论当闭环特征根已经选定在根轨迹的某特定位置时如何确定应取的参数值,由根轨迹的幅值条件,所有在根轨迹上的点必须满足式(4-4)。

$$\frac{K^* \prod_{i=1}^{m} |s-z_i|}{\prod_{j=1}^{n} |s-p_j|} = 1$$

因此根据要求的闭环极点 $s=s_0$ 可以由此求得应取的 K^* 值。

【例4-7】设开环传递函数为

$$G_k(s) = \frac{K^*}{s[(s+4)^2+16]}$$

它的根轨迹如图 4-12 所示,要求闭环极点位于使系统具有 $\xi=0.5$ 的阻尼比的位置,那么增益 K^* 应是多大?

解:在图 4-12 中画出 $\xi=0.5$ 的射线,与根轨迹相交得闭环极点的要求位置 s_0。再画出 $G_k(s)$ 的极点到 s_0 的 3 个向量——$s_0+p_1, s_0+p_2, s_0+p_3$,由幅值条件

$$|G_k(s_0)| = \left| \frac{K^*}{s_0(s_0+p_2)(s_0+p_3)} \right| = 1$$

得　　　　$K^* = |s_0| \cdot |s_0+p_2| \cdot |s_0+p_3|$

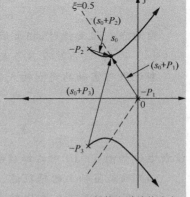

图 4-12　例 4-7 根轨迹增益的确定

由向量长度 $|s_0|=3.95, |s_0+p_2|=2.1, |s_0+p_3|=7.7$,可得

$$K^* = (4.0) \cdot (2.1) \cdot (7.7) = 65$$

换句话说,如果取 K^* 的值为 65,则 $1+G_k(s)$ 的一个根将位于 s_0,另一个根当然是和 s_0 共轭的。由根轨迹知道,第三条根轨迹在负实轴上,在一般情况下,可以取一试探点,计算相应的 K^* 值,然后修正试探点直到找出和 $K^*=65$ 相应的点为止。

开环传递函数的系统,因为有一个积分环节,因此是Ⅰ型系统,在跟踪斜坡输入时的稳态误差取决于速度增益 K_v,本例中

$$K_v = \lim_{s \to 0} s G_k(s) = \lim_{s \to 0} s \frac{K^*}{s[(s+4)^2+16]} = \frac{K^*}{32}$$

当 $K^*=65$ 时,$K_v=65/32 \cong 2$。如果上述闭环系统动态响应和稳态精度可以满足要求,则靠以上调整参数 K^* 的办法就够了。如果单靠调整 K^* 还不能满足系统的各种品质指标,则需要在原有传递函数的基础上附加新的零、极点,这方面的详细讨论将在第 6 章中进行。

【例 4-8】 已知开环传递函数

$$G(s)H(s) = \frac{2K^*}{s(s+1)(s+2)}$$

试绘制其根轨迹,并确定使闭环系统的一对共轭复数主导极点的阻尼比 ξ 等于 0.5 的 K^* 值。

解:对于上述给定系统,其幅角条件为

$$\angle G(s)H(s) = \frac{2K^*}{s(s+1)(s+2)} = -\angle s - \angle(s+1) - \angle(s+2)$$
$$= \pm(2k+1)\pi \qquad k=1,2,3,\cdots$$

其幅值条件为

$$|G(s)H(s)| = \left| \frac{2K^*}{s(s+1)(s+2)} \right| = 1$$

绘制根轨迹的典型步骤如下。

(1) 开环极点为 0,−1,−2,见图 4-13,它们是根轨迹各分支上的起点。由于开环无有限零点,故根轨迹各分支都将趋向无穷。

(2) 一共有三个分支。且根轨迹是对称于实轴的。

(3) 根轨迹的渐近线。3 根分支的渐近线方向,可按式(4-6)来求,即

$$\varphi_a = \frac{\pm(2k+1)\pi}{n-m} = \frac{\pm(2k+1)\pi}{3} \qquad (k=1,2,\cdots)$$

因为当 k 值变化时,相角值是重复出现的,所以渐近线不同的相角值只有 60°,−60° 和 180°。因此,该系统有 3 条渐近线,其中相角等于 180⁰ 的一条是负实轴。

渐近线与实轴的交点按式(4-7)求,即

$$\sigma_a = \frac{\sum\limits_{i=1}^{n} p_i}{n-m} - \frac{\sum\limits_{i=1}^{m} z_i}{n-m} = \frac{-2-1}{3} = -1$$

该渐近线如图 4-13 中的细虚线所示。

(4) 确定实轴上的根轨迹。在原点与−1点间,以及−2点的左边都有根轨迹。

(5) 确定分离点。在实轴上,原点与−1点间的根轨迹分支是从原点和−1点出发的,最后必然会相遇而离开实轴。分离点可按式(4-10)计算,即

$$\frac{1}{s} + \frac{1}{s-(-1)} + \frac{1}{s-(-2)} = 0$$

解得

$$s = -0.423 \text{ 和 } s = -1.577$$

因为 $0 > s > -1$，所以分离点必然是 $s = -0.423$（由于在 -1 和 -2 间实轴上没有根轨迹，故 $s = -1.577$ 显然不是要求的分离点）。

（6）确定根轨迹与虚轴的交点。应用劳斯稳定判据，可以确定这些交点。因为所讨论的系统特征方程式为

$$s^3 + 3s^2 + 2s + 2K^* = 0$$

所以其劳斯阵列为

$$
\begin{array}{c|cc}
s^3 & 1 & 2 \\
s^2 & 3 & 2K^* \\
s^1 & \dfrac{6-2K^*}{3} & \\
s^0 & 2K^* &
\end{array}
$$

使第一列中 s^1 项等于零，则求得 K^* 值为 $K^* = 3$。解由 s^2 行得到的辅助方程

$$3s^2 + 2K^* = 3s^2 + 6 = 0$$

可求得根轨迹与虚轴的交点

$$s = \pm \mathrm{j}\sqrt{2}$$

虚轴上交点的频率为 $\omega = \pm\sqrt{2}$，与交点相应的增益值为 $K^* = 3$。

（7）在 $\mathrm{j}\omega$ 轴与原点附近通过选取实验点，找出足够数量的满足相角条件的点。并根据上面所得结果，画出完整的根轨迹图，如图 4-13 所示。

（8）确定一对共轭复数闭环主导极点，使它的阻尼比 $\zeta = 0.5$。$\zeta = 0.5$ 的闭环极点位于通过原点，且与负实轴夹角为 $\beta = \pm\cos^{-1}\zeta = \pm\cos^{-1}0.5 = \pm60°$ 的直线上，由图 4-13 可以看出：当 $\zeta = 0.5$ 时，这一对闭环主导极点为

$$s_1 = -0.33 + \mathrm{j}0.58, \quad s_2 = -0.33 - \mathrm{j}0.58$$

与这对极点相对应的 K^* 值，可根据幅值条件求得

$$2K^* = |s(s+1)(s+2)|_{s=-0.33+\mathrm{j}0.58} = 1.06$$

所以

$$K^* = 0.53$$

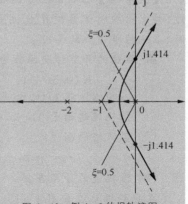

图 4-13　例 4-8 的根轨迹图

利用这一 K^* 值，可求得第 3 个极点为 $s = -2.33$。

这里应该注意的是，当 $K^* = 3$ 时，闭环主导极点位于虚轴上 $s = \pm\mathrm{j}\sqrt{2}$ 处。在这个 K^* 值时，系统将呈现等幅振荡。当 $K^* > 3$ 时，闭环主导极点位于右半 s 平面，因而将构成不稳定的系统。

最后还指出一点，如有必要，可以应用幅值条件很容易地在根轨迹上标出增益，这时只要在根轨迹上选择一点，并测量出 3 个复数量 s，$s+1$ 和 $s+2$ 的幅值大小，然后使它们相乘，由其乘积就可以求出该点上的增益 K^* 值，即

$$|s| \cdot |s+1| \cdot |s+2| = 2K^*$$

$$K^* = \frac{|s| \cdot |s+1| \cdot |s+2|}{2}$$

4.4.4 用根轨迹分析系统的动态性能

在第 3 章时域分析法中已知闭环系统极点和零点的分布对系统瞬态响应特性的影响。这里我们将介绍用根轨迹法来分析系统的动态性能。根轨迹法和时域分析法不同之处是它可以看出开环系统的增益 K^* 变化时，系统的动态性能如何变化。现以图 4-13 为例，当 $K^*=3$ 时，闭环系统有一对极点位于虚轴上，系统处于稳定极限。当 $K^*>3$ 时，则有一对极点将进入 s 平面的右半面，系统是不稳定的。当 $K^*\leqslant3$ 时，系统的 3 个极点都位于 s 平面的左半面，应用闭环主导极点概念可知系统响应是具有衰减振荡特性的。当 $K^*=0.2$ 时，两极点重合在实轴 $s=-0.423$ 上，当 $K^*\leqslant0.2$ 时，系统的 3 个极点都位于负实轴上，因而可知系统响应是具有非周期特性的。如 K^* 再小，有一极点将从该点向原点靠拢。如果闭环最小的极点 $|s|$ 值越大，则系统的反应就越快。

按根轨迹分析系统品质时，常常可以从系统的主导极点的分布情况入手。以图 4-13 为例，已知 $K^*=1$，这时一对复数极点为 $-0.25\pm j0.875$，而另一个极点为 -2.5。这时，由于该二极点到虚轴之间距离相差 $2.5/0.25=10$ 倍，则完全可以忽略极点 -2.5 的影响。于是量得复数极点的 $\omega_n=0.9$，$\zeta\omega_n=0.25$，故阻尼比 $\zeta=0.25/0.9=0.28$。根据第 3 章给出的关系式很方便地求出系统在单位阶跃作用下瞬态响应曲线的超调量 $\sigma=40\%$，调整时间 $t_s=\dfrac{3}{\zeta\omega_n}=\dfrac{3}{0.25}=11.8\text{ s}$。

【例 4-9】已知系统如图 4-14 所示，画出其根轨迹，并求出当闭环共轭复数极点呈现阻尼比 $\zeta=0.707$ 时，系统的单位阶跃响应。

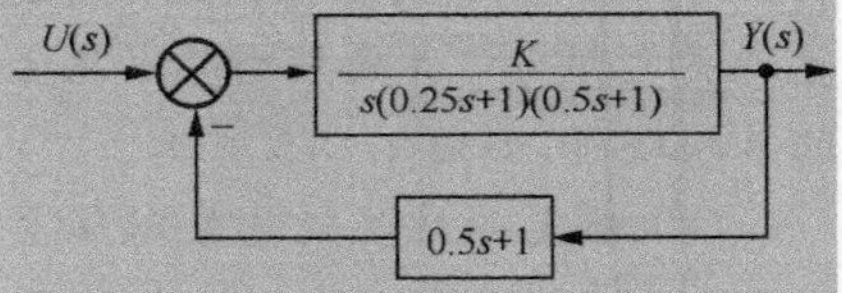

解：系统的开环传递函数为

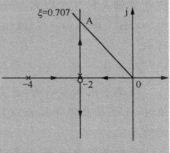

图 4-14 例 4-9 系统方块图

$$G_k(s)=\frac{K(0.5s+1)}{s(0.25s+1)(0.5s+1)}=\frac{K^*(s+2)}{s(s+2)(s+4)}$$

（1）根轨迹起始于 $0,-2,-4$，终止于 -2 和无穷远处。

（2）根轨迹的渐近线

$$\sigma_a=-2,\varphi_a=90°,270°$$

（3）根轨迹的分离点 $d=-2$。

系统的根轨迹如图 4-15 所示，$\xi=0.707$ 的等阻尼比线交根轨迹于 A 点，求得此时闭环共轭复数极点为：$s_{1,2}=-2\pm j2$，相应的 $K^*=8,K=2$，系统的闭环传递函数为

图 4-15 例 4-9 的根轨迹图

$$\Phi(s)=\frac{\dfrac{2}{s(0.25s+1)(0.5s+1)}}{1+\dfrac{2(0.5s+1)}{s(0.25s+1)(0.5s+1)}}$$

$$=\frac{16}{(s+2)(s+2+j2)(s+2-j2)}$$

单位阶跃响应的拉氏变换式为

$$Y(s)=\Phi(s)U(s)=\frac{1}{s}-\frac{2}{s+2}+\frac{s}{s^2+4s+8}$$ 相应的单位阶跃响应为

$$y(t)=1(t)-2e^{-2t}-\sqrt{2}\,e^{-2t}\sin(2t-45°)$$

习　题

4-1　画出下列开环传递函数的零、极点图,并指出它们的根轨迹增益是什么? 开环增益是什么?

(1) $G_k(s) = \dfrac{K^*(2s+1)}{s(4s+1)(s+3)}$ 　　(2) $G_k(s) = \dfrac{K^*(s^2+2s+1)}{s(4s+1)(s^2+2s+3)}$

(3) $G_k(s) = \dfrac{K^*}{s(4s+1)(2s+1)}$ 　　(4) $G_k(s) = \dfrac{K^*(2s+1)}{(4s+1)(s+3)(s^3+2s^2+1)}$

4-2　系统的开环传递函数如下,试确定分离点的坐标。

(1) $G(s)H(s) = \dfrac{K^*}{s(s+2)(s+5)}$ 　　(2) $G(s)H(s) = \dfrac{K^*(s+5)}{s(s+2)(s+3)}$

(3) $G(s)H(s) = \dfrac{K(s+1)}{s(2s+1)}$

4-3　已知系统的开环传递函数,画出 K^* 为正值时的根轨迹。确定根轨迹与虚轴的交点并求出相应的 K^* 值。

(1) $G_k(s) = \dfrac{K^*}{s(s+3)(s+5)^2}$ 　　(2) $G_k(s) = \dfrac{K^*(s+1)}{s^2(s+5)(s+12)}$

4-4　单位反馈系统的开环传递函数为

$$G_k(s) = \frac{K^*(s+2)}{s(s+1)}$$

试从数学上证明:复数根轨迹部分是以 $(2, j0)$ 为圆心,以 $\sqrt{2}$ 为半径的一个圆。

4-5　系统的开环传递函数为

$$G_k(s) = \frac{K^*(s+1)}{s(s+2)(s+4)}$$

试绘制闭环系统的概略根轨迹。

4-6　单位反馈控制系统的开环传递函数为

$$G_k(s) = \frac{0.5(s+b)}{s^2(s+1)}$$

其中,b 的变化范围为 $[0, +\infty]$,试绘制闭环系统的根轨迹。

4-7　设反馈控制系统中

$$G_k(s) = \frac{K^*}{s^2(s+2)(s+5)}, \quad H(s) = 1$$

(1)试绘制闭环系统的概略根轨迹,判断系统的稳定性。

(2)如果改变反馈通路传递函数使 $H(s) = 1 + 2s$,试判断 $H(s)$ 改变后系统的稳定性,研究 $H(s)$ 改变所产生的效应。

4-8　如图 4-16 所示,它为一控制系统的方块图。

(1)当开关 Q 打开时,试绘制它的根轨迹图,并根据根轨迹图确定使系统稳定的 K_1 的变化范围。

(2)当开关 Q 闭合时,令 $K_1 = 1$,试由根轨迹图来说明当 K_t 变化时系统仍是稳定的。

4-9　画出如下所列单位反馈控制系统的开环传递函数的根轨迹,求出主导极点阻尼

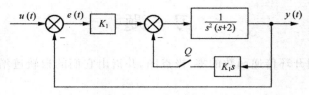

图 4-16　题 4-8 图

比为 0.5 时的 K^* 值。

(1) $G_k(s) = \dfrac{K^*}{s(s+2)}$　　　　　(2) $G_k(s) = \dfrac{K^*}{s(s+2)(s+4)}$

4-10　绘制系统 $G_{01}(s) = \dfrac{k^*}{s(s+1)(s+2)}$ 的根轨迹图,依此分析系统的性能。

在第 3 章的时域分析法中,虽然能直观、准确地获取控制系统的动态和稳态性能,但当系统内部的工作机理不明确,难以建立系统数学模型时,系统的性能分析将无法进行;或者当控制系统的性能不能满足设计指标的要求时,使用时域分析法,很难找到改善系统性能的途径。频域分析法是经典控制论中系统分析和系统设计的主要方法,是一种以系统的频率特性为数学模型,在频率域能进行系统研究的方法,由于能够通过实验的方法获得系统的数学模型,而且系统的分析、设计计算量小,方便实用,在实际工程中获得了广泛的应用。

频域分析法通过绘制系统的开环频率特性曲线来进行闭环系统性能分析与系统设计。系统的开环频率特性曲线,不仅能够直接反映系统的结构、参数,而且可以直接反映系统的稳态性能、动态性能和抗干扰性能,使得系统的设计能够兼顾动态响应和噪声抑制两方面的要求。本章主要介绍频率特性的概念,频率特性的图形表示法,频域稳定判据以及运用频率特性对系统进行定性分析和定量估算的方法等内容。

5.1　频率特性

5.1.1　频率特性的基本概念

以如图 5-1 所示 RC 网络为例,引入频率特性的基本概念。RC 网络的输入与输出之间的关系可以用式(5-1)微分方程描述。

$$RC\frac{\mathrm{d}u_o}{\mathrm{d}t} + u_o = u_i \qquad (5-1)$$

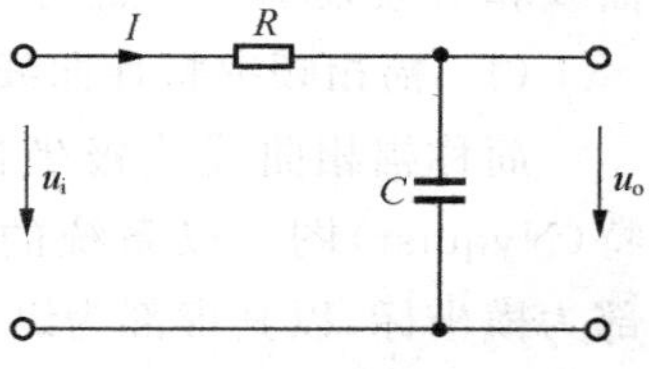

由电路的相关知识,对于线性的定常的系统,若输入信号为正弦信号,输出稳定后也是同频率的正弦信号,并且输出信号的振幅和相位均为输入信号频率的函数。设

$$u_i = A\sin\omega t \qquad (5-2)$$

图 5-1　RC 网络

则可用向量的形式表达输入量与输出的关系

$$\frac{\dot{U}_o}{\dot{U}_i} = \frac{\dot{I} \cdot \frac{1}{\mathrm{j}\omega C}}{\dot{I} \cdot (R + \frac{1}{\mathrm{j}\omega C})} = \frac{1}{\mathrm{j}\omega RC + 1} = \frac{1}{\sqrt{\omega^2 R^2 C^2 + 1}} \angle -\arctan(\omega RC) \qquad (5-3)$$

由式(5-1)可以得出 RC 网络的传递函数

$$G(s) = \frac{U_o(s)}{U_i(s)} = \frac{1}{RCs + 1} \qquad (5-4)$$

另 $s=j\omega$，则

$$G(j\omega)=G(s)\big|_{s=j\omega}=\frac{1}{j\omega RC+1}=\frac{1}{\sqrt{\omega^2R^2C^2+1}}\angle-\arctan(\omega RC)=\frac{\dot{U}_o}{\dot{U}_i}\qquad(5-5)$$

由式(5-5)可以看出 $G(j\omega)$ 反映了系统稳定时，输出量与输入量正弦函数的复数之比。定义

$$G(j\omega)=A(\omega)e^{j\varphi(\omega)}=A(\omega)\angle\varphi(\omega)\qquad(5-6)$$

称为系统的频率特性。其中 $A(\omega)=|G(j\omega)|$ 称为幅频特性，$\varphi(\omega)=\angle G(j\omega)$ 称为相频特性。

$G(j\omega)$ 可以看作 ω 的复变函数，

$$G(j\omega)=A(\omega)\angle\varphi(\omega)=P(\omega)+jQ(\omega)\qquad(5-7)$$

其中 $P(\omega)=\text{Re}[G(j\omega)]$ 称为系统的实频特性，$Q(\omega)=\text{Im}[G(j\omega)]$ 称为系统的虚频特性。

式(5-6)所定义的频率特性不仅适用于稳定的系统，也适用于不稳定的系统。对于稳定的系统，可以通过实验的方法获取，即给系统输入频率不同的正弦信号，测量输出端的稳态输出，通过输出与输入的幅值之比和相位之差，可以得到系统的频率特性曲线。

而对于不稳定的系统，虽然不能通过实验的方法得到其频率特性曲线，但可以通过将传递函数的复变量 s 用 $j\omega$ 代替，即可得到其频率特性 $G(j\omega)$。

频率特性与传递函数和微分方程一样，也反映了系统的运动规律，是频率域的数学模型，3 种模型之间的转换可以用图 5-2 来说明。

5.1.2　频率特性的表示方法

在工程上，常用图形法来表示系统的频率特性，再由所绘制的特性曲线对系统进行分析与研究。常用的频率特性曲线有幅相频率特性曲线和对数频率特性曲线。

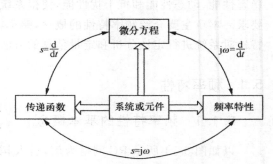

图 5-2　3 种模型之间的关系

（1）幅相频率特性曲线

简称幅相曲线或极坐标图，也称为奈奎斯特(Nyquist)图。以系统的开环频率特性的实部为横坐标，以其虚部为纵坐标，以 ω 为参变量的幅值与相位的图解表示法，如图 5-3 所示。在复平面上，向量的长度为频率特性的幅值，向量与正实轴的夹角等于频率特性的相位。

由于幅频特性是 ω 的偶函数，而相频特性是 ω 的奇函数，当信号的频率分为 $0\rightarrow+\infty$ 和 $0\rightarrow-\infty$ 两段时，所绘制的系统的幅相曲线是关于实轴对称的，一般只绘制 ω 由 $0\rightarrow+\infty$ 时系统

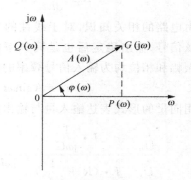

图 5-3　频率特性的极坐标表示

的幅相曲线，并用箭头表示随着 ω 的增加，幅相曲线的变化方向，图 5-4 为某系统的极坐标图。

如图 5-1 所示的 RC 网络的幅相曲线如图 5-5 所示。

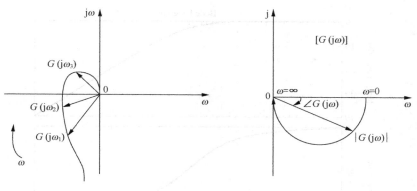

图 5 - 4 频率特性极坐标图（Nyquist 图）　　　　图 5 - 5 RC 网络幅相曲线

（2）对数频率特性曲线

对数频率特性曲线是由对数幅频特性曲线和对数相频特性曲线组成，也称为伯德（Bode）曲线或者伯德图，是工程上广泛使用的一组曲线。

对数频率特性曲线的横坐标是按 $\lg\omega$ 线性进行刻度划分的，但标注的数值是取对数之前的频率，单位是弧度/秒（rad/s）。对数幅频特性的纵坐标是以自然数线性分度的，只是要将数值先取对数，再放大 20 倍，即

$$L(\omega)=20\lg|G(\mathrm{j}\omega)|=20\lg A(\omega) \tag{5-8}$$

其单位为分贝（dB）。对数相频特性曲线的纵坐标是按 $\varphi(\omega)=\angle G(\mathrm{j}\omega)$ 的大小以自然数线性分度的，单位是度（°）。因此，对数频率特性曲线的坐标系称为半对数坐标系。

以自然数线性分度是变量每增加（或减小）1 时，坐标间的距离变化一个单位长度；而以对数线性分度则是变量每增加（或减小）10 时，坐标间的距离变化一个单位长度，称为十倍频程（dec），如图 5 - 6 所示。

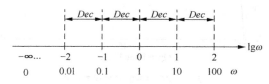

图 5 - 6 半对数坐标系横坐标的分度

一般将对数幅频特性和对数相频特性画在一张图上，使用同一个横坐标。图 5 - 1 所示的 RC 网络，当选择参数 $RC=0.1$ s 时，其对数频率特性如图 5 - 7 所示。

（3）对数幅相曲线

对数幅相曲线又称为尼科尔斯（Nichols）图。其横坐标为 $\varphi(\omega)$，单位为度（°），纵坐标为 $L(\omega)$，单位为分贝（dB）。横、纵坐标均为以自然数线性分度，ω 为参变量。图 5 - 1 所示的 RC 网络当选择参数 $RC=0.1$ s 时，其尼科尔斯图如图 5 - 8 所示。

在尼科尔斯坐标系下，可以根据系统开环和闭环的关系，绘制闭环系统的幅频特性的等 M 簇线和闭环相频特性的等 α 簇线，进而可以根据频率指标要求确定校正网络，简化控制系统的设计过程。

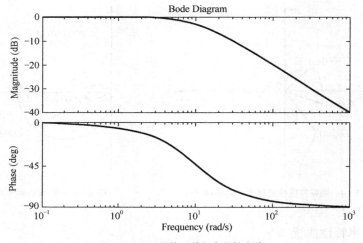

图 5 - 7 RC 网络对数频率特性曲线

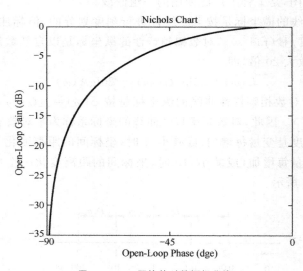

图 5 - 8 RC 网络的对数幅相曲线

5.2 系统的开环对数频率特性

对于线性定常的控制系统,一般具有如图 5 - 9 所示的结构,其开环传递函数为 $G(s)H(s)$,可以看成是由若干个典型环节串联而成,见式(5 - 9),典型环节又分为最小相位环节和非最小相位环节(最小相位环节的零极点均在 s 平面的左半平面),第 2 章讲述的典型环节是最小相位系统。

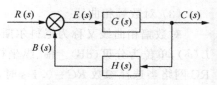

图 5 - 9 线性定常闭环系统

$$G(s)H(s) = \prod_{i=1}^{N} G_i(s) \tag{5-9}$$

5.2.1 典型环节的对数频率特性

最小相位环节如下：

（1）比例环节 $G(s)=K(K>0)$

比例环节的频率特性为 $G(j\omega)=K$，其幅频特性和相频特性为

$$\begin{cases} A(\omega)=K \\ \varphi(\omega)=0° \end{cases} \tag{5-10}$$

极坐标（Nyquist）图如图 5 - 10 所示，对数频率特性见式（5 - 11），对数频率特性曲线（Bode 图）如图 5 - 11 所示。

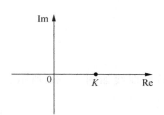

图 5 - 10 比例环节幅相曲线

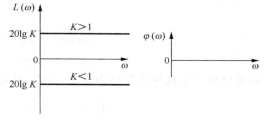

图 5 - 11 比例环节对数频率特性曲线

$$\begin{cases} L(\omega)=20\lg A(\omega)=20\lg K \\ \varphi(\omega)=0° \end{cases} \tag{5-11}$$

（2）惯性环节 $G(s)=\dfrac{1}{Ts+1}(T>0)$

惯性环节的频率特性为

$$G(j\omega)=\frac{1}{j\omega T+1} \tag{5-12}$$

其幅频特性和相频率特性由式（5 - 13）表示。

$$\begin{cases} A(\omega)=\dfrac{1}{\sqrt{\omega^2 T^2+1}} \\ \varphi(\omega)=-\arctan(\omega T) \end{cases} \tag{5-13}$$

由 $G(j\omega)=\dfrac{1}{j\omega T+1}=\dfrac{-j\omega T+1}{\omega^2 T^2+1}=P+jQ,\left(\text{其中 } P=\dfrac{1}{\omega^2 T^2+1},Q=-\dfrac{\omega T}{\omega^2 T^2+1}\right)$ 可得

$\left(P-\dfrac{1}{2}\right)^2+Q^2=\left(\dfrac{1}{2}\right)^2$，且 $Q<0$，故惯性环节的幅相频率特性曲线为下半圆如图 5 - 12 所示。

惯性环节的对数频率特性为式（5 - 14），其对数频率特性曲线（Bode 图）如图 5 - 13 所示。

$$\begin{cases} L(\omega)=-20\lg\sqrt{\omega^2 T^2+1} \\ \varphi(\omega)=-\arctan(\omega T) \end{cases} \tag{5-14}$$

（3）一阶微分环节 $G(s)=Ts+1$ （$T>0$）

一阶微分环节频率特性为 $G(j\omega)=j\omega T+1$，其幅频特性和相频特性为式（5 - 15），Nyquist 图如图 5 - 14 所示。

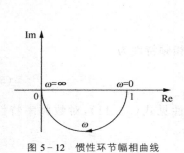

图 5 - 12 惯性环节幅相曲线

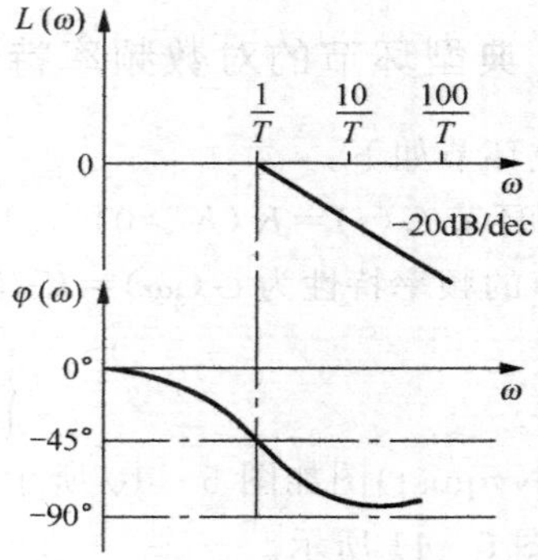

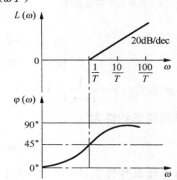

图 5 - 13 惯性环节对数频率特性曲线

$$\begin{cases} A(\omega) = \sqrt{\omega^2 T^2 + 1} \\ \varphi(\omega) = \arctan(\omega T) \end{cases} \tag{5-15}$$

一阶微分环节对数频率特性为式(5-16),对数频率特性曲线如图 5-15 所示。

$$\begin{cases} L(\omega) = 20\lg\sqrt{\omega^2 T^2 + 1} \\ \varphi(\omega) = \arctan(\omega T) \end{cases} \tag{5-16}$$

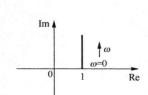

图 5 - 14 一阶微分环节幅相曲线

图 5 - 15 一阶微分环节对数频率特性曲线

(4) 微分环节 $G(s) = s$

微分环节的频率特性 $G(j\omega) = j\omega$,其幅频特性和相频特性为式(5-17),Nyquist 图如图 5-16 所示。

$$\begin{cases} A(\omega) = \omega \\ \varphi(\omega) = \dfrac{\pi}{2} \end{cases} \tag{5-17}$$

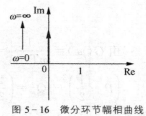

图 5 - 16 微分环节幅相曲线

微分环节的对数频率特性为式(5-18),对数频率特性曲线如图 5-17 所示。

$$\begin{cases} L(\omega) = 20\lg\omega \\ \varphi(\omega) = \dfrac{\pi}{2} \end{cases} \tag{5-18}$$

(5) 积分环节 $G(s) = \dfrac{1}{s}$

积分环节频率特性 $G(j\omega) = \dfrac{1}{j\omega}$,其幅频特性和相频特性为式(5-19),其幅相曲线如图 5-18 所示。

$$\begin{cases} A(\omega)=\dfrac{1}{\omega} \\[2mm] \varphi(\omega)=-\dfrac{\pi}{2} \end{cases} \tag{5-19}$$

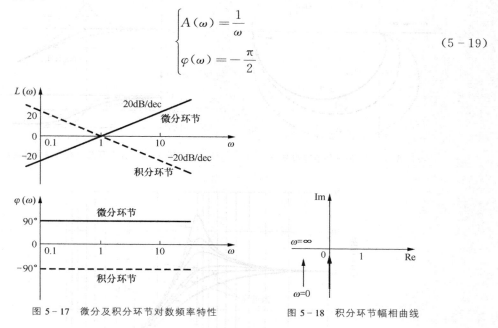

图 5-17 微分及积分环节对数频率特性   图 5-18 积分环节幅相曲线

积分环节对数频率特性为式(5-20),其 Bode 图如图 5-17 所示。

$$\begin{cases} L(\omega)=-20\lg\omega \\[2mm] \varphi(\omega)=-\dfrac{\pi}{2} \end{cases} \tag{5-20}$$

(6) 振荡环节 $G(s)=\dfrac{1}{T^2s^2+2\xi Ts+1}=\dfrac{\omega_n^2}{s^2+2\xi\omega_n s+\omega_n^2}(\omega_n>0,0<\xi<1)$

振荡环节的幅频特性和相频特性为式(5-21),其幅相曲线如图 5-19 所示。

$$\begin{cases} A(\omega)=\dfrac{1}{\sqrt{(1-T^2\omega^2)^2+(2\xi\omega T)^2}}=\dfrac{1}{\sqrt{\left(1-\dfrac{\omega^2}{\omega_n^2}\right)^2+\left(2\xi\dfrac{\omega}{\omega_n}\right)^2}} \quad\quad (\omega_n=\dfrac{1}{T}) \\[6mm] \varphi(\omega)=\begin{cases} -\arctan\dfrac{2\xi\omega/\omega_n}{1-\omega^2/\omega_n^2} \\[4mm] -\left(\pi-\arctan\dfrac{2\xi\omega/\omega_n}{1-\omega^2/\omega_n^2}\right) \end{cases} \end{cases} \tag{5-21}$$

振荡环节的对数频率特性为式(5-22),对数频率特性曲线如图 5-20 所示,当 ξ 不同时,对数频率特性曲线的模样也不同,如图 5-21 所示。

$$\begin{cases} L(\omega)=L(\omega)=-20\lg\sqrt{\left(1-\dfrac{\omega^2}{\omega_n^2}\right)^2+\left(2\xi\dfrac{\omega}{\omega_n}\right)^2} \\[6mm] \varphi(\omega)=\begin{cases} -\arctan\dfrac{2\xi\omega/\omega_n}{1-\omega^2/\omega_n^2} \\[4mm] -\left(\pi-\arctan\dfrac{2\xi\omega/\omega_n}{1-\omega^2/\omega_n^2}\right) \end{cases} \end{cases} \tag{5-22}$$

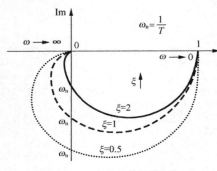

图 5-19　振荡环节幅相曲线

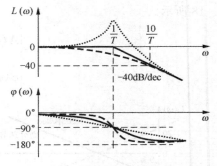

图 5-20　振荡环节对数频率特性曲线

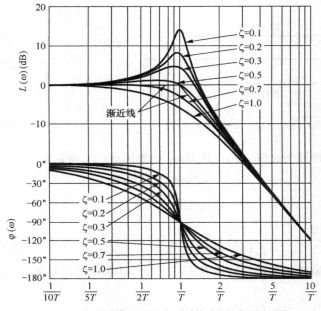

图 5-21　振荡环节 ξ 不同取值时的对数频率特性曲线

（7）二阶微分环节 $G(s)=T^2s^2+2\xi Ts+1(T>0,0<\xi<1)$

二阶微分环节的幅频特性和相频特性为

$$\begin{cases}A(\omega)=\sqrt{(1-T^2\omega^2)^2+(2\xi\omega T)^2}\\ \varphi(\omega)=\arctan\dfrac{2\xi\omega T}{1-T^2\omega^2}\end{cases}\tag{5-23}$$

对数频率特性为

$$\begin{cases}L(\omega)=20\lg\sqrt{(1-T^2\omega^2)^2+(2\xi\omega T)^2}\\ \varphi(\omega)=\arctan\dfrac{2\xi\omega T}{1-T^2\omega^2}\end{cases}\tag{5-24}$$

由于二阶微分环节与振荡环节互为逆运算，其幅相曲线和 Bode 图与振荡环节的相关曲线是关于横轴对称的，这里不再绘制。

（8）延迟环节 $G(s)=\mathrm{e}^{-Ts}$

延迟环节的频率特性为 $G(\mathrm{j}\omega)=\mathrm{e}^{-\mathrm{j}\omega T}$，其幅频特性和相频特性为式（5-25），幅相特性

曲线如图 5 - 22 所示，Bode 图如图 5 - 23 所示。

$$\begin{cases} A(\omega) = 1 \\ \varphi(\omega) = -\omega T \end{cases} \tag{5-25}$$

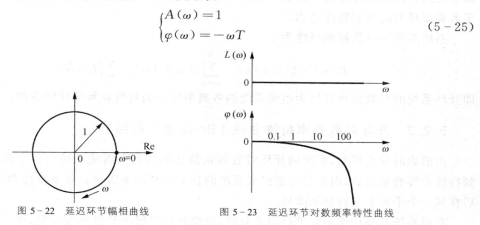

图 5 - 22　延迟环节幅相曲线　　　　　图 5 - 23　延迟环节对数频率特性曲线

非最小相位环节有 5 种：

（1）比例环节 $G(s) = K (K < 0)$；

（2）惯性环节 $G(s) = \dfrac{1}{-Ts+1} (T > 0)$；

（3）一阶微分环节 $G(s) = -Ts + 1 (T > 0)$；

（4）二阶微分环节 $G(s) = T^2 s^2 - 2\xi Ts + 1 (T > 0, 0 < \xi < 1)$

（5）振荡环节 $G(s) = \dfrac{1}{T^2 s^2 - 2\xi Ts + 1} = \dfrac{\omega_n^2}{s^2 - 2\xi \omega_n s + \omega_n^2} (\omega_n > 0, 0 < \xi < 1)$。

除比例环节外，最小相位环节的零极点均在 s 平面的左半平面，非最小相位环节的零极点在 s 平面的右半平面。每一个非最小相位环节都有一个最小相位环节与之对应，其幅频特性相同，但相频特性不同，非小相位环节的频率特性求解过程和绘制方法与最小相位近似，在此略去。

5.2.2　开环对数频率特性

一般地，系统的开环传递函数可以进行因式分解成若干典型环节相乘，可用式(5 - 26)表示。

$$G(s)H(s) = \prod_{i=1}^{N} G_i(s) \tag{5-26}$$

设典型环节的频率特性为

$$G_i(j\omega) = A_i(\omega) e^{j\varphi(\omega)} \tag{5-27}$$

则系统的开环频率特性为

$$G(j\omega)H(j\omega) = \prod_{i=1}^{N} G_i(j\omega) = \left[\prod_{i=1}^{N} A_i(\omega) \right] e^{j \left[\sum_{i=1}^{N} \varphi_i(\omega) \right]} \tag{5-28}$$

系统的开环幅频特性和开环相频特性为

$$\begin{cases} A(\omega) = \prod_{i=1}^{N} A_i(\omega) \\ \varphi(\omega) = \sum_{i=1}^{N} \varphi_i(\omega) \end{cases} \tag{5-29}$$

即系统的开环幅频特性等于组成系统各典型环节的幅频特性相乘,系统的开环相频特性等于各典型环节的相频特性之和。

系统的开环对数幅频特性为

$$L(\omega) = 20\lg A(\omega) = \sum_{i=1}^{N} 20\lg A_i(\omega) = \sum_{i=1}^{N} L_i(\omega) \qquad (5-30)$$

即开环系统的对数幅频特性为组成系统的各典型环节的对数幅频特性的叠加。

5.2.3 开环对数频率特性曲线(Bode 图)的绘制

由前面的分析可知,系统的开环对数幅频特性曲线是由组成系统的各个典型环节的幅频特性曲线叠加而成,因而只要把组成系统的各个典型环节的对数频率特性曲线画出来,然后在同一个平面上进行叠加即可。

在对系统开环传递函数进行因式分解,所得到的典型环节可分为 3 类,第一类是比例环节与积分环节,其对数幅频特性曲线是一条直线;第二类是惯性环节和一阶微分环节,其对数幅频曲线近似于折线,发生转折的频率为 $\frac{1}{T}$;第三类为二阶微分和振荡环节,其对数幅频特性曲线亦近似为折线,对应的转折频率也为 $\frac{1}{T}$。

绘制 Bode 图的步骤如下(对最小相位系统而言)。

(1)确定开环传递函数由哪些典型环节组成,并化成标准形式(各环节常数项为 1)。

(2)确定所有典型环节的转折频率(又称交接频率),并按由小到大的顺序依次标注在横轴上。

(3)绘制低频段渐近线,找一个点 $(1, 20\lg K)$,过此点做斜率为 -20ν dB/dec 的斜线,ν 为系统开环传递函数中所含积分环节的个数。

(4)若遇转折频率依以下规则改变线段斜率:

若遇惯性环节的转折频率,斜率 -20 dB/dec;若遇一阶微分环节的转折频率,斜率 $+20$ dB/dec;若遇振荡环节转折频率,斜率 -40 dB/dec。

(5)若存在振荡环节,且 $\xi \notin (0.5, 0.8)$ 时,需要对渐近线进行修正,修正量为 $-20\lg 2\xi$。

【例 5-1】已知系统开环传递函数为 $G(s)H(s) = \dfrac{40(s+0.5)}{s(s+0.2)(s^2+s+1)}$,试绘制系统的开环幅频特性曲线。

解:(1)将系统的开环传递函数分解为典型环节的形式

$$G(s)H(s) = \frac{40(s+0.5)}{s(s+0.2)(s^2+s+1)} = \frac{100\left(\dfrac{s}{0.5}+1\right)}{s\left(\dfrac{s}{0.2}+1\right)(s^2+s+1)}$$

可见开环系统由 5 个典型环节串联而成,分别为:比例环节、一阶微分环节、积分环节、惯性环节和振荡环节。

(2)确定转折频率:惯性环节的转折频率 $\omega_1 = 0.2$,一阶微分环节转折频率 $\omega_2 = 0.5$,振荡环节转折频率 $\omega_3 = 1$。

(3)绘制低频段的渐近线,$20\lg K = 40$,系统有一个积分环节,则低频段的渐近线的斜率

为 $-20\ \text{dB/dec}$,过点$(1,40)$作斜率为 $-20\ \text{dB/dec}$ 的斜线。

（4）先遇到惯性环节的转折频率,斜线 $-20\ \text{dB/dec}$,然后遇到一阶微分环节的转折频率,斜线再 $+20\ \text{dB/dec}$,最后遇到振荡分环节的转折频率,斜线再 $-40\ \text{dB/dec}$。

（5）由于振荡环节的 $\xi=0.5$,因此不需要修正。

系统开环对数幅频特性曲线如图 5-24 所示。

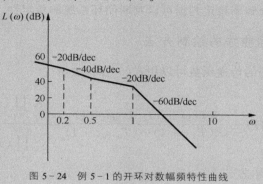

图 5-24 例 5-1 的开环对数幅频特性曲线

5.2.4 由频率特性曲线确定系统的传递函数

对最小相位系统而言,其对数幅频特性曲线与其传递函数存在着一一对应的关系,因此可以从对数幅频特性曲线反推其数学模型,特别是对用分析法难以确定数学模型的系统,可以先通过频率响应实验来获取其频率特性,然后建立其传递函数。

由对数幅频特性曲线确定其传递函数,是绘制 Bode 图的步骤的一种应用,由低频段确定系统的积分环节个数以及开环增益,对比线段在转折频率附近的斜率,判断是哪一种典型环节,最后确定每一个参数。

【**例 5-2**】已知某最小相位系统的开环幅频渐近线如图 5-25 所示,试确定系统的开环传递函数。

解：

首先确定系统所具有的各环节：

系统幅频特性曲线的低频段的斜率为 $-40\ \text{dB/dec}$,说明系统有 2 个积分环节,在 $\omega=1$ 时,高度为 20 dB,说明 $K=10$,在 $\omega=2$ 时,斜线由 $-40\ \text{dB/dec}$ 转为 $-20\ \text{dB/dec}$,说明 $\omega=2$ 是一级微分环节的转折频率,同样的方法,$\omega=10$ 是惯性环节的转折频率。

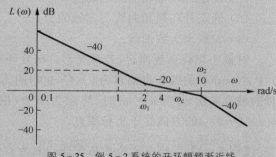

图 5-25 例 5-2 系统的开环幅频渐近线

然后确定参数,写出传递函数

$$G(s)=\frac{10(0.5s+1)}{s^2(0.1s+1)}=\frac{50(s+2)}{s^2(s+10)}$$

需要说明的是,在参数确定过程中可以利用图中的直角三角形,只是使用横轴数值时一定要取对数。例如例 5-2 中不给点$(1,20)$,而给出 $\omega_c=5$,读者可以试一试,如何得到开环增益 K。

5.3 控制系统开环幅相曲线与频域稳定判据

控制系统的开环幅相曲线(Nyquist 图),主要是用来判断闭环系统的稳定性。由开环传递函数的频率特性的表达式,可以通过取点、计算、画图来绘制出开环幅相曲线。根据所画出的开环幅相曲线,结合频率稳定判据可以判断闭环系统的稳定性。

5.3.1 开环幅相曲线的绘制方法

一般地,设开环系统的传递函数可以用式(5-31)表示。

$$G(s)H(s) = \frac{K(\tau_1 s+1)\cdots(\tau_m s+1)}{s^v(T_1 s+1)\cdots(T_{n-v}s+1)} = \frac{K\prod_{i=1}^{m}(\tau_i s+1)}{s^v\prod_{j=1}^{n-v}(T_j s+1)} \tag{5-31}$$

开环幅相频率特性可表示为

$$A(\omega) = |G(j\omega)H(j\omega)| = \frac{K\prod_{i=1}^{m}|1+j\tau_i\omega|}{|\omega|^v\prod_{j=1}^{n-v}|1+jT_j\omega|} = \frac{K\prod_{i=1}^{m}\sqrt{1+\tau_i^2\omega^2}}{\omega^v\prod_{j=1}^{n-v}\sqrt{1+T_j^2\omega^2}} \tag{5-32}$$

$$\varphi(\omega) = \angle G(j\omega)H(j\omega) = \sum_{i=1}^{m}\angle(1+j\tau_i\omega) - \nu\times 90° - \sum_{j=1}^{n}\angle(1+jT_j\omega) \tag{5-33}$$

开环幅相频率特性的 3 个重要因素有:起点 $\omega=0+$ 与终点 $\omega=\infty$,开环幅相曲线与实轴的交点,开环幅相曲线所在区域(象限)。绘制概略开环幅相频率特性曲线的步骤如下:

(1) 将系统的开环频率特性函数 $G(j\omega)H(j\omega)$ 写成指数式 $A(\omega)e^{j\varphi(\omega)}$ 或代数式 $P(\omega)+jQ(\omega)$;

(2) 确定开环幅相曲线的起点 $\omega=0+$ 和终点 $\omega=\infty$;

(3) 确定开环幅相曲线与实轴的交点;

(4) 勾画出大致曲线。

对最小相位系统而言,若系统不含积分环节,起点为实轴上的点 K,若系统含积分环节 ν 个,Nyquist 曲线起自幅角为 $\nu\times(-90°)$ 的无穷远处;终点取决于分子的最高阶次 m 和分母的最高阶次 n,当 $n=m$ 时,终点为 K^*(根轨迹增益),$n>m$ 时,Nyquist 曲线从 $(n-m)\times(-90°)$ 的方向终于坐标原点。

【例 5-3】已知系统的开环传递函数为 $G(s)H(s) = \dfrac{5}{s(s+1)(2s+1)}$,试绘制系统的开环幅相曲线。

解:(1)系统的开环频率特性为

$$G(j\omega)H(j\omega) = \frac{5}{j\omega(1+j\omega)(1+j2\omega)}$$

$$= \frac{-15}{(1+\omega^2)(1+4\omega^2)} - j\frac{5(1-2\omega^2)}{\omega(1+\omega^2)(1+4\omega^2)}$$

(2) 开环幅相曲线的起点

$$\omega = 0 : A(\omega) = \infty, \varphi(\omega) = -90°$$

终点

$$\omega = \infty : A(\omega) = 0, \varphi(\omega) = -270°$$

（3）与实轴的交点 $\mathrm{Im}[G(\mathrm{j}\omega)H(\mathrm{j}\omega)] = 0$，则 $1 - 2\omega^2 = 0$ 得

$$\omega_x = \frac{1}{\sqrt{2}} = 0.707$$

$$\mathrm{Re}[G(\mathrm{j}\omega_x)H(\mathrm{j}\omega_x)] = G(\mathrm{j}\omega_x)H(\mathrm{j}\omega_x)$$

$$= \frac{-15}{(1+0.5)(1+4 \times 0.5)} = -\frac{10}{3}$$

开环概略幅相频率曲线如图 5-26 所示。

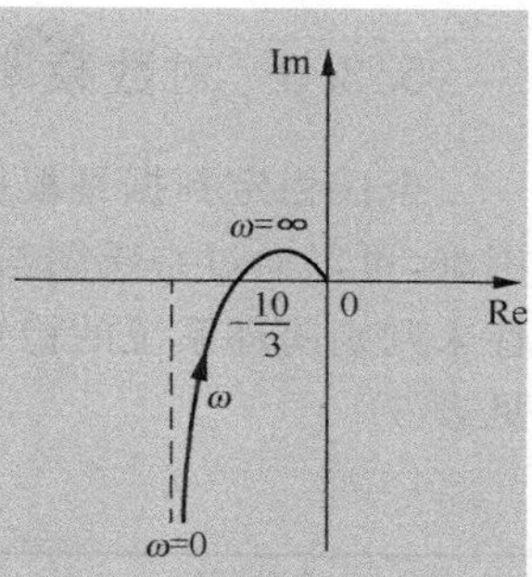

图 5-26 例 5-3 的开环概略幅相频率曲线

5.3.2 频率稳定判据

控制系统的稳定性是系统分析和设计的首要问题，在频率域内，常用奈奎斯特（Nyquist）稳定判据和对数频率稳定判据来判断闭环系统稳定性。

频率域的稳定判据是根据系统的开环频率特性曲线来判断闭环系统的稳定性，便于研究系统参数和结构的改变对稳定性的影响，而且可以推广到含有延时环节的系统和非线性系统。

奈氏稳定判据：反馈控制系统闭环稳定的充分必要条件是半闭合曲线 Γ_{GH} 不穿过$(-1, \mathrm{j}0)$ 且逆时针包围$(-1, \mathrm{j}0)$ 的圈数 R 等于开环传递函数具有正实部的极点个数 P。

奈奎斯特（Nyquist）稳定判据的理论依据是幅角原理，判据中，Γ_{GH} 为系统的开环幅相曲线，对最小相位系统而言，$P = 0$，奈奎斯特（Nyquist）稳定判据可描述为：反馈控制系统闭环稳定的充分必要条件是系统的开环幅相曲线 Γ_{GH} 不包围$(-1, \mathrm{j}0)$。

当系统含有积分环节时，需要做一条半径为无穷大，角度为 $-90° \times \nu$ 的一段圆弧，将开环幅相曲线转化为半封闭曲线。

【**例 5-4**】已知系统开环传递函数为 $G(s)H(s) = \dfrac{K}{s(T_1 s + 1)(T_2 s + 1)}$ $(T_1 > 0, T_2 > 0)$，开环的幅相曲线如图 5-27 所示，试判断闭环系统的稳定性。

解：因系统含有积分环节，先做辅助线：半径为无穷大，角度为 $-90°$ 的一段圆弧，将开环幅相曲线转化为封闭曲线。这里需要计算系统开环幅相曲线与实轴的交点，系统的频率特性为

$$G(\mathrm{j}\omega)H(\mathrm{j}\omega) = \frac{K[-(T_1 + T_2)\omega + \mathrm{j}(-1 + T_1 T_2 \omega^2)]}{\omega(1 + T_1^2 \omega^2)(1 + T_2^2 \omega^2)}$$

若与实轴相交，则 $\mathrm{Im}[G(\mathrm{j}\omega)H(\mathrm{j}\omega)] = 0$，与实轴相交处的频率为

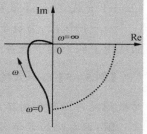

图 5-27 例 5-4 系统的开环的幅相曲线

$\omega = \dfrac{1}{\sqrt{T_1 T_2}}$，与实轴相交处的值为 $\mathrm{Re}[G(\mathrm{j}\omega)H(\mathrm{j}\omega)] = -\dfrac{KT_1 T_2}{T_1 + T_2}$

当 $\dfrac{KT_1 T_2}{T_1 + T_2} > 1$ 时，系统开环的幅相曲线包围$(-1, \mathrm{j}0)$，闭环系统不稳定；当 $\dfrac{KT_1 T_2}{T_1 + T_2} < 1$ 时，系统开环的幅相曲线不包围$(-1, \mathrm{j}0)$，闭环系统稳定；当 $\dfrac{KT_1 T_2}{T_1 + T_2} = 1$ 时，系统开环的幅相曲线穿过$(-1, \mathrm{j}0)$点，闭环系统临界稳定。

5.3.3 对数频率稳定判据

奈氏稳定判据是根据奈奎斯特图来判断系统的稳定性的,但绘制精确的奈氏曲线比较困难,可以通过奈氏图与伯德图的对应关系,将奈氏判据转化为依据系统的开环对数频率特性来判别闭环系统的稳定性,即对数频率判据。奈奎斯特图与伯德图存在一定的对应关系,见表5-1。

表5-1 奈奎斯特图与伯德图的对应关系

奈奎斯特图	伯德图
以原点为圆心的的单位圆	幅频特性上的0 dB线
单位圆以外	$L(\omega)>0$的部分
单位圆以内	$L(\omega)<0$的部分
Nyquist图上的负实轴	相频特性上的$\varphi(\omega)=-180°$线
正穿越:从上往下穿越-1之左的负实轴,系统相位增大	正穿越:在$L(\omega)>0$时,从下往上穿越$\varphi(\omega)=-180°$线,相角增大
负穿越:从下往上穿越-1之左的负实轴,系统相位减小	负穿越:在$L(\omega)>0$时,从上往下穿越$\varphi(\omega)=-180°$线,相角减小

对数频率稳定判据:若系统开环传递函数有P个位于s右半平面的特征根,则闭环系统稳定的充要条件是:对数相频曲线$\varphi(\omega_c)\neq(2k+1)\pi(k=0,\pm1,\pm2,\cdots)$,在$L(\omega)>0$的频率范围内,对数相频曲线$\varphi(\omega)$穿越$(2k+1)\pi$线次数为$N=N_+-N_-$,满足$Z=P-2N=0$。

对数频率稳定判据与奈氏稳定判据在本质上是相同的,只是对数稳定判据在判断穿越次数的时候,是通过$L(\omega)>0$的频率范围内,由对数相频特性曲线判断。值得注意的是,在穿越次数N的计算中,若遇到$G(j\omega)H(j\omega)$轨迹起始或终止于负实轴的$(-\infty,-1)$区段,则穿越次数为半次,即由上向下起于,或者由上向下止于负实轴的$(-\infty,-1)$区段,为正半次穿越,对应到伯德图上,在$L(\omega)>0$时,相频特性曲线由下向上起于或者由下向上止于$(2k+1)\pi$线,为正半次穿越;相反的,奈氏曲线由下向上起于,或者由下向上止于负实轴的$(-\infty,-1)$区段,为负半次穿越,对应到伯德图上,负半次穿越为在$L(\omega)>0$时,相频特性曲线由上向下起于或者由上向下止于$(2k+1)\pi$线。

【例5-5】已知系统开环传递函数为$G(s)H(s)=\dfrac{10}{(0.25s+1)(0.25s^2+0.4s+1)}$,试用对数稳定判据判断闭环系统的稳定性。

解:由系统的开环传递函数可得,系统没有开环右半平面的极点,即$P=0$;做系统的开环对数频率特性,如图5-28所示(Matlab做图),由图知,在$L(\omega)>0$的频率范围内,对数相频曲线由上向下穿越了$-180°$一次,即$N=N_+-N_-=1\neq\dfrac{P}{2}$。所以闭环系统不稳定。

【例5-6】已知系统开环传递函数为$G(s)=\dfrac{10^{-3}(1+100s)^2}{s^2(1+10s)(1+0.125s)(1+0.05s)}$

解:由系统的开环传递函数知,系统无开环右半平面的极点,即$P=0$;作系统的开环对数频率特性,如图5-29所示(Matlab做图),由图知,在$L(\omega)>0$的频率范围内,对数相频曲线没有穿越$-180°$即$N=N_+-N_-=0=P$,所以闭环系统稳定。

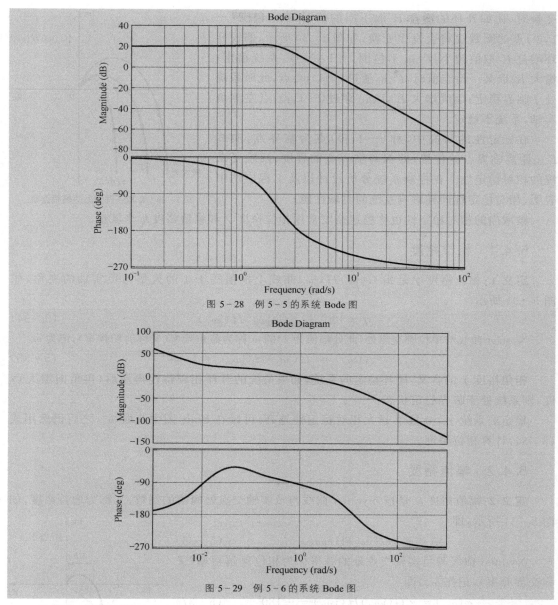

图 5 - 28　例 5 - 5 的系统 Bode 图

图 5 - 29　例 5 - 6 的系统 Bode 图

通过前面的例题不难发现,有些系统,开环传递函数没有右半平面的极点,即开环系统稳定,但组成了闭环系统不一定稳定,反之亦然。有一些系统在满足一定的条件时是稳定的,称为条件稳定系统;还有一些系统,例如 $G(s)H(s) = \dfrac{K}{s^2(Ts+1)}$ 系统,不管系统的参数如何调整,闭环系统总是不稳定的,称为结构不稳定系统。

5.4　控制系统相对稳定性分析

应用奈氏稳定判据判断系统闭环稳定性,是由开环传递函数的右半平面的极点数和闭合曲线 Γ_{GH} 包围 $(-1, j0)$ 点的圈数是否相同决定。而当开环传递函数的某些参数发生变换时,比如开环的增益 K 取不同的值时,Γ_{GH} 包围(－1,j0)点的圈数也将会发生变换,如图 5－30 所示,假设开环增益 K 取值较小,Γ_{GH1} 不包围(－1,j0)点,系统稳定;增大 K 取某一特定值时,Γ_{GH2} 通过(－1,j0)点,此时系统处于临界稳定;继续增大 K,Γ_{GH3} 穿过(－1,j0)点左侧负实轴,系统不稳定。

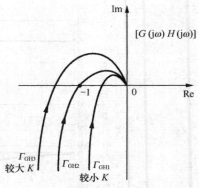

图 5－30 K 取不同值时的幅相曲线

在稳定性的研究中,称(－1,j0)点为临界点,曲线 Γ_{GH} 距离临界点的位置,即偏离临界点的程度,反映了系统的相对稳定性。在控制系统分析设计以及工程应用中表明,相对稳定性同样影响系统的时域性能。

频域内的相对稳定性也称稳定裕度常用相位裕度 γ 和幅值裕度 h 来度量。

5.4.1 相位裕度

定义 1:相位裕度 γ 是指 $G(j\omega)H(j\omega)$ 曲线上模值等于 1 的矢量与负实轴的夹角,如图 5－31 所示。

$$\gamma = 180° + \angle G(j\omega_c)H(j\omega_c) \tag{5-34}$$

Nyquist 曲线与单位圆交点处(此处幅值为 1)的 ω 称为截止频率(又称剪切频率),记为 ω_c。

$$A(\omega_c) = |G(j\omega_c)H(j\omega_c)| = 1 \tag{5-35}$$

相角裕度 γ 的含义:闭环稳定的系统,如果系统的开环相频特性再滞后(再负向增大)γ 度,则系统处于临界稳定状态。

稳定的系统 $\gamma > 0$ 且 γ 越大相对稳定性越高,可以在 Bode 图中获取 ω_c,之后仍然用式(5-34)计算相位裕度。

5.4.2 幅值裕度

定义 2:幅值裕度 h 是指 Nyquist 曲线与负实轴交点处幅值的倒数,又称为增益裕度,如图 5－31 所示,即

$$h = 1/|G(j\omega_x)H(j\omega_x)| \tag{5-36}$$

Nyquist 曲线与负实轴交点处的频率称为相位穿越频率(又称交界频率),记作 ω_x,即

$$\varphi(\omega_x) = \angle G(j\omega_x)H(j\omega_x) = -180° \tag{5-37}$$

幅值裕度 h 的含义:如果系统的开环传递系数增大到原来的 h 倍,则系统处于临界稳定状态。

幅值裕度 h 与相角裕度 γ 分别是系统在幅值和相角的稳定储备量,系统稳定则 $h > 1$,$\gamma > 0$。在 Bode 图中,幅值裕度定义为

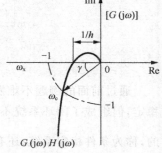

图 5－31 相角裕度和幅值裕度

$$h = 20\lg \frac{1}{|G(j\omega_x)H(j\omega_x)|} = -20\lg|G(j\omega_x)H(j\omega_x)| \tag{5-38}$$

【例 5-7】已知某单位反馈控制系统 $G(s) = \dfrac{5}{s\left(\dfrac{s}{2}+1\right)\left(\dfrac{s}{10}+1\right)} = \dfrac{100}{s(s+2)(s+10)}$,求系统的相角裕度 γ 和幅值裕度 h。

解:(1)由相角裕度的定义,令

$$|G(j\omega_c)| = 1 \ 得 \ \frac{100}{\omega_c \sqrt{\omega_c^2 + 2^2} \ \sqrt{\omega_c^2 + 10^2}} = 1$$

$$\omega_c^2 [\omega_c^4 + 104\omega_c^2 + 400] = 10000$$

解得:$\omega_c = 2.9$,则

$$\gamma = 180° + \angle G(j\omega_c) = 180° - 90° - \arctan\frac{2.9}{2} - \arctan\frac{2.9}{10} = 90° - 55.4° - 16.1° = 18.5°$$

(2)由幅值裕度的定义,令

$$\varphi(\omega_x) = -180°, \varphi(\omega_x) = -90° - \arctan\frac{\omega_x}{2} - \arctan\frac{\omega_x}{10} = -180°$$

$$\arctan\frac{\omega_x}{2} + \arctan\frac{\omega_x}{10} = 90°, \frac{\dfrac{\omega_x}{2} + \dfrac{\omega_x}{10}}{1 - \dfrac{\omega_x^2}{20}} = \tan 90°$$

解得:$\omega_x^2 = 20$,$\omega_x = 4.47$

$$h = \frac{1}{|G(j\omega_x)|} = \frac{\omega_x \sqrt{\omega_x^2 + 2^2} \ \sqrt{\omega_x^2 + 10^2}}{100} = 2.4$$

【例 5-8】某系统如图 5-32 所示,试分析该系统的稳定性并求出相位裕度和幅值裕度。

解:(1)绘制出系统开环的 Bode 图,如图 5-33 所示。

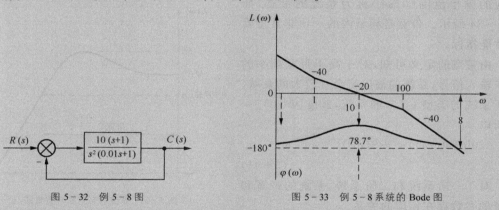

图 5-32　例 5-8 图　　　　　　　　　　图 5-33　例 5-8 系统的 Bode 图

由相频曲线可见,在 $L(\omega) = 20\lg|G(j\omega)| > 0$ 的范围内,相频曲线没有穿越-180°线,系统没有开环右极点,故闭环系统稳定。

(2)由频率曲线可见,$\omega_c = 10$,相角裕度为 $\gamma = 180° + \angle G(j10) = 78.7°$

(3)频率曲线不存在 $\omega_x = -180°$,所以幅值裕度为 $h \to \infty$。

仅用相位裕量或幅值裕量都不足以充分说明系统的稳定性。对于最小相位系统,只有当 $\gamma > 0$ 且 $h > 1$,系统才是稳定的。为了确保系统的相对稳定性,使系统具有满意的性能,γ 和 h 都应该有合适的取值。

从控制工程实践得出,系统应具有 30°~60° 的相位裕量,幅值裕量大于 6dB(即 $h > 2$)。对于最小相位系统,开环对数幅频特性和相频特性之间有确定的对应关系。

要求相位裕量应在 30°~60° 之间,意味着开环对数幅频特性在穿越频率 ω_c 上的斜率必须小于-40 dB/dec,通常取-20 dB/dec,且具有一定的宽度。

5.5 系统的闭环频域性能指标

如图 5-9 所示的闭环控制系统,其闭环传递函数 $\Phi(s)$ 可整理为

$$\Phi(s) = \frac{G(s)}{1+G(s)H(s)} = \frac{G(s)H(s)}{1+G(s)H(s)} \cdot \frac{1}{H(s)} \tag{5-39}$$

由于 $H(s)$ 为系统中主反馈通道上的函数,通常情况下为常数,因此 $H(s)$ 取值对于系统闭环频率特性的形状没有影响。系统的闭环频域性能,可以通过研究单位反馈,即 $H(s)$ =1 的闭环控制系统的频域性能得到。

在控制系统中,系统中的信号不仅只有有用的控制信号,往往在系统的输入端和输出端还会伴有一定的不确定性和扰动,可能是系统的结构和参数变化,也可能是随机的噪声等,这些都会影响系统的性能。因而控制系统的闭环频域性能指标不仅应反映系统跟踪输入信号能力,还应反映系统抗干扰的能力。

5.5.1 闭环控制系统频率特性

系统的带宽频率 ω_b 定义:设系统的闭环频率特性为 $\Phi(j\omega)$,当闭环幅频特性下降到频率为零时的分贝值以下 3 分贝时,对应的频率称为带宽频率,记作 ω_b。即当 $\omega > \omega_b$ 时

$$20\lg|\Phi(j\omega)| < 20\lg|\Phi(j0)| - 3 \tag{5-40}$$

相应的频率范围 $(0, \omega_b)$ 称为系统的带宽,如图 5-34 所示。带宽是频域内的一项非常重要的性能指标。

由带宽的定义可知,对于高于带宽频率的正弦输入信号,系统的输出将会有较大的衰减。对于系统的类型 $\nu \geqslant 1$ 的系统,$20\lg|\Phi(j0)| = 0$,所以

$$20\lg|\Phi(j\omega)| < -3(\text{dB}), \quad \omega > \omega_b$$
$$\tag{5-41}$$

对于一阶系统和二阶系统,系统的带宽和系统的参数存在相应的关系。

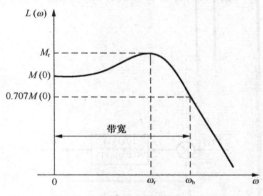

图 5-34 系统的带宽和带宽频率

设一阶系统的闭环传递函数 $\quad \Phi(s) = \dfrac{1}{1+Ts}$

$\Phi(j0) = 1$,由带宽的定义可知

$$20\lg|\Phi(j\omega_b)| = 20\lg\frac{1}{\sqrt{1+T^2\omega_b^2}} = 20\lg|\Phi(j0)| - 3 = -3 = 20\lg\frac{1}{\sqrt{2}}$$

可得带宽频率

$$\omega_b = \frac{1}{T} \tag{5-42}$$

可见 ω_b 与系统的时间常数 T 成反比。在时域性能指标中,上升时间和调节时间与系统在单位阶跃下的响应的速度是成反比的,即时间越长,系统响应越慢,进而可得系统的响应速度与带宽是成正比的,即带宽越宽系统的响应速度越快。对于任意阶次的控制系统,这个关

系仍然成立。

设二阶系统的闭环传递函数为

$$\Phi(s) = \frac{\omega_n^2}{s^2 + 2\xi\omega_n s + \omega_n^2}$$

系统的频率特性为

$$\Phi(j\omega) = \frac{\omega_n^2}{-\omega^2 + j2\xi\omega_n\omega + \omega_n^2} = \frac{1}{1 - \left(\frac{\omega}{\omega_n}\right)^2 + j2\xi\frac{\omega}{\omega_n}} \qquad (5-43)$$

其中 $\Phi(j0) = 1$。

幅频特性为

$$|\Phi(j\omega)| = \frac{1}{\sqrt{\left(1 - \frac{\omega^2}{\omega_n^2}\right)^2 + 4\xi^2\frac{\omega^2}{\omega_n^2}}}$$

由带宽的定义可得

$$20\lg|\Phi(j\omega_b)| = 20\lg\frac{1}{\sqrt{\left(1 - \frac{\omega_b^2}{\omega_n^2}\right)^2 + 4\xi^2\frac{\omega_b^2}{\omega_n^2}}} = 20\lg|\Phi(j0)| - 3 = -3 = 20\lg\frac{1}{\sqrt{2}}$$

所以 $\sqrt{\left(1 - \frac{\omega_b^2}{\omega_n^2}\right)^2 + 4\xi^2\frac{\omega_b^2}{\omega_n^2}} = \sqrt{2}$ 通过求解此式可以解得

$$\omega_b = \omega_n\sqrt{1 - 2\xi^2 + \sqrt{(1 - 2\xi^2)^2 + 1}}$$

令：$W = \left(\frac{\omega_b}{\omega_n}\right)^2$，

则：$W = 1 - 2\xi^2 + \sqrt{(1 - 2\xi^2)^2 + 1}$，$\dfrac{dW}{d\xi} = \dfrac{-4\xi}{\sqrt{(1 - 2\xi^2)^2 + 1}}\left(\sqrt{(1 - 2\xi^2)^2 + 1} + 1 - 2\xi^2\right)$

由 $\sqrt{(1 - 2\xi^2)^2 + 1} + 1 - 2\xi^2 > 0$，得 $\dfrac{dW}{d\xi} < 0$，即 W 随着 ξ 的增加而减小，则 ω_b 亦随着 ξ 的增加而减小，即 ω_b 与系统阻尼比 ξ 成反比。由第 3 章的相关概念知，二阶系统在阶跃下的响应速度与 ξ 成反比，所以 ω_b 与系统的响应速度成正比，带宽越宽系统的响应速度越快。

5.5.2 控制系统闭环频域性能指标与时域性能指标的转换

系统的时域的性能指标 t_s，$\sigma\%$ 等具有很明确的物理意义，但是仅能应用于系统在阶跃信号的作用下的响应，不能应用于频域的分析与设计。而系统的闭环频域性能指标 ω_b 虽能反映系统的跟踪速度和抗干扰的能力，但前提是系统闭环频率特性已确定，而当校正环节的形式和参数没有确定时，ω_b 无法求出。由前述内容，系统的开环频域性能指标相角裕度 γ 和截止频率 ω_c 可以由开环对数频率特性曲线确定，并且 γ 和 ω_c 很大程度上决定了系统的性能，因而工程上常用 γ 和 ω_c 来估算系统的时域性能指标。

（1）系统闭环频域指标与开环频域指标

系统开环的频域性能指标截止频率 ω_c 与系统的带宽频率 ω_b 有着紧密的联系。若两个系统稳定性近似，则 ω_c 越大的系统，其带宽频率 ω_b 也越大；反之，若系统的 ω_c 小的系统，其

ω_b 也越小。因此系统的响应速度与 ω_c 的大小成正比。

频域的另外一个性能指标相角裕度 $\gamma = 180° + \varphi(\omega)$，可改写为 $\varphi(\omega) = -180° + \gamma$

系统的开环频率特性为

$$G(j\omega) = A(\omega)e^{j\varphi(\omega)} = A(\omega)e^{j\varphi(\omega)} = A(\omega)e^{j(-180° + \gamma)} = A(\omega)(-\cos\gamma - j\sin\gamma)$$

则单位反馈的闭环系统的幅频特性为

$$M(\omega) = \left| \frac{G(j\omega)}{1 + G(j\omega)} \right| = \frac{A(\omega)}{\sqrt{1 + A^2(\omega) - 2A(\omega)\cos\gamma}} = \frac{1}{\sqrt{\left[\frac{1}{A(\omega)} - \cos\gamma\right]^2 + \sin^2\gamma}}$$

$$(5-44)$$

一般在 $M(\omega)$ 的极大值附近，γ 的变化较小，且使 $M(\omega)$ 为极值的谐振频率 ω_r 常在截止频率 ω_c 的附近，则有 $\cos\gamma(\omega_r) \approx \cos\gamma(\omega_c) \approx \cos\gamma$

由式(5-44)可知，当 $\frac{1}{A(\omega)} = \cos\gamma$ 时，$M(\omega)$ 为极值，且谐振的峰值

$$M(\omega_r) = \frac{1}{|\sin\gamma(\omega_r)|} \approx \frac{1}{|\sin\gamma|}$$

$$(5-45)$$

（2）开环频域性能指标与时域性能指标的关系

在时域的分析中，对于典型的二阶系统，系统的时域性能指标：上升时间、调节时间及超调量等都可以由系统的阻尼比 ξ 求解。而要分析频域的性能指标和时域性能指标之间的关系，则可以通过确定相角裕度 γ 和截止频率 ω_c，$\sigma\%$ 与阻尼比 ξ 的关系来确定。

典型的二阶系统的开环传递函数为 $G(s) = \frac{\omega_n^2}{s^2 + 2\xi\omega_n s}$

其频率特性可写为 $G(j\omega) = \frac{\omega_n^2}{j\omega(j\omega + 2\xi\omega_n)} = \frac{\omega_n^2}{\omega\sqrt{\omega^2 + 4\xi^2\omega_n^2}} \angle -90° - \arctan\frac{\omega}{2\xi\omega_n}$

开环在截止频率处的幅频特性为 $A(\omega_c) = \frac{\omega_n^2}{\omega_c\sqrt{\omega_c^2 + 4\xi^2\omega_n^2}} = 1$ 解得

$$\left(\frac{\omega_c}{\omega_n}\right)^2 = \sqrt{4\xi^4 + 1} - 2\xi^2 \Rightarrow \frac{\omega_c}{\omega_n} = (\sqrt{4\xi^4 + 1} - 2\xi^2)^{\frac{1}{2}}$$

$$(5-46)$$

而此处的相角裕度为

$$\gamma = 180° + \angle G(j\omega_c) = 180° - 90° - \arctan\frac{\omega_c}{2\xi\omega_n}$$

$$(5-47)$$

$$= 90° - \arctan\frac{\omega_c}{2\xi\omega_n} = \arctan\frac{2\xi\omega_n}{\omega_c} = \arctan\left[2\xi(\sqrt{4\xi^4 + 1} - 2\xi^2)^{-\frac{1}{2}}\right]$$

由式(5-47)可见，γ 与 ξ 存在一一对应的关系。一般为了使系统具有良好的动态性能，通常系统 $30° \leqslant \gamma \leqslant 70°$。选定 γ 后，可以由函数关系式(5-47)或者所作的图来确定 ξ，进而确定时域指标 $\sigma\%$，t_s 等。

（3）高阶系统开环频域指标与时域指标之间的关系

高阶系统的开环频域指标（γ、ω_c）与时域指标（$\sigma\%$，t_s）之间的对应关系比较复杂，通常采用经验公式来近似。这样在实际应用中，仍然可以用开环频域指标去估算系统的时域性能。

高阶系统的超调量与相角裕度的关系通常用下述近似公式估算

$$\sigma\% = \left[0.16 + 0.4\left(\frac{1}{\sin\gamma} - 1\right)\right] \times 100\%, \qquad 35° \leqslant \gamma \leqslant 90° \qquad (5-48)$$

高阶系统的调节时间与相角裕度的关系通常用下述近似公式估算

$$t_s = \frac{\pi}{\omega_c}\left[2 + 1.5\left(\frac{1}{\sin\gamma} - 1\right) + 2.5\left(\frac{1}{\sin\gamma} - 1\right)^2\right], \qquad 35° \leqslant \gamma \leqslant 90° \qquad (5-49)$$

习　题

5-1　已知系统的单位阶跃响应为 $c(t) = 1 - 1.8e^{-4t} + 0.8e^{-9t}$，试求系统的频率特性。

5-2　已知系统的开环传递函数为 $G(s)H(s) = \dfrac{10}{s(2s+1)(s^2+0.5s+1)}$，试求开环系统的频率性并求当 $\omega = 2$ 时开环频率特性的幅值 $A(\omega)$ 和相频 $\varphi(\omega)$。

5-3　已知系统的开环传递函数为 $G(s)H(s) = \dfrac{5}{s(s+1)(2s+1)}$，试概略绘出系统的开环幅相曲线。

5-4　已知系统的开环传递函数为 $G(s)H(s) = \dfrac{5}{s^\nu(s+1)(s+2)}$，试分别绘出 $\nu = 0, 1, 2, 3$ 时，系统开环幅相曲线。

5-5　已知系统的开环传递函数为 $G(s)H(s) = \dfrac{(s+1)}{s\left(\frac{s}{2}+1\right)\left(\frac{s^2}{9}+\frac{s}{3}+1\right)}$，试求开环幅相频率特性，并绘制对数频率特性曲线。

5-6　已知系统的开环传递函数为 $G(s)H(s) = \dfrac{5 \times 0.25(s+2)}{s(s^2+2\times0.5\times0.5s+0.5^2)}$，试绘制系统开环对数频率特性曲线。

5-7　经实验测得某最小相位系统的开环奈氏图如图 5-35 所示，试判断闭环系统的稳定性。

5-8　控制系统如图 5-36 所示。

(1) $K = 10$ 时，判断系统的稳定性，并求出相角裕量和幅值裕量；

(2) $K = 100$ 时，判断系统的稳定性。

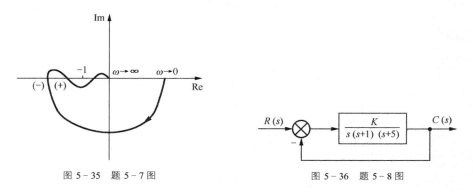

图 5-35　题 5-7图　　　　　　　　　图 5-36　题 5-8图

5-9　设系统的开环传递函数为 $G(s)H(s) = \dfrac{K}{(T_1s+1)(T_2s+1)}$，$T_1 > T_2$，系统开环

对数频率特性曲线如图 5-37 所示,试判别闭环系统的稳定性。

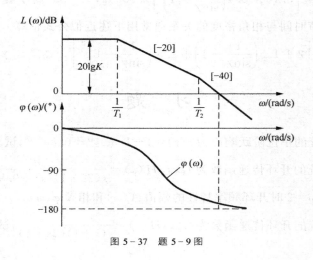

图 5-37 题 5-9 图

5-10 已知系统的开环传递函数为 $G(s)H(s) = \dfrac{K}{s(Ts+1)(s+1)}K, T > 0$ 试根据奈氏稳定判据确定其闭环稳定的条件:

(1) $T = 2$ 时,K 的取值范围;

(2) $K = 10$ 时,T 的取值范围;

(3) K,T 值的范围。

5-11 已知二阶系统的 $\omega_n = 3, \xi = 0.7$ 试求系统的截止频率 ω_c 和相角裕度 γ。

5-12 已知二阶系统时域性能指标 $\sigma\% = 15\%, t_s = 3s$,求此二阶系统的相角裕度。

第 **6** 章　线性系统的校正与设计

　　对自动控制系统的工程研究就是通过对系统的性能分析,找到与控制目标的差距,提出系统性能改进的实施方案,即系统的校正与设计。本章主要介绍系统校正的一般概念以及串联校正、反馈校正和复合校正的一般方法与特点。

6.1　系统校正的概念与一般方法

　　自动控制系统的基本任务是实现一定的功能,根据功能要求去选择被控对象、执行机构等所必需的元部件,组成系统的固有部分,如炉温控制系统,要根据生产工艺的要求,选择加热炉的类型及大小、加热方式和热量供给机构、给定信号的物理性质和赋值范围。当系统的固有部分元部件确定之后就可以建立系统数学模型了,并进行定性和定量的分析,分析的结果往往不满足实际生产过程对系统性能的要求,需要设计人员根据系统性能指标的要求设计控制器加入系统,即系统的校正。因此,所谓校正,就是在系统中添加一些机构或装置,从而改变系统的结构或参数,以提高系统的性能,满足实际生产过程需要。

　　系统的工程设计过程可用图 6-1 描述。期望性能指标来自于实际生产过程对系统的要求,固有性能指标通过对系统固有部分进行性能分析获得,对比二者之间的差距,确定校正装置(即控制器)的结构和参数,经系统仿真满足要求后进行现场调试,对校正装置进行参数微调,使系统达到最佳状态。

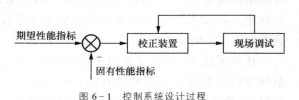

图 6-1　控制系统设计过程

6.1.1　期望性能指标的提出

　　期望性能指标(简称性能指标)是由实际生产工艺的要求转化而来的,既要满足生产需求,又不能追求高性能,若一味地追求高性能会增加系统成本。性能指标通常由设计人员会同系统的使用单位或制造单位一起提出,不同的控制系统对性能要求的侧重点不同,如调速系统对平稳性和稳态精度要求较高,而随动系统对快速性要求较高。

　　在控制系统设计中,采用的设计方法一般依据性能指标的提出形式而定,若性能指标以时域指标的形式提出,则一般采用根轨迹校正,若性能指标以频域指标的形式提出,则一般采用频率法校正。目前,工程技术界习惯采用频率法,因此当性能指标以时域指标的形式提出时,通常通过近似公式进行两种指标的转换。

　　(1)二阶系统频域指标与时域指标的关系

谐振峰值 $$M_r = \frac{1}{2\xi\sqrt{1-\xi^2}}, \xi \leqslant 0.707 \qquad (6-1)$$

谐振频率 $\qquad \omega_r = \omega_n \sqrt{1 - 2\xi^2},\xi \leqslant 0.707$ $\qquad\qquad$ (6-2)

带宽频率 $\qquad \omega_b = \omega_n \sqrt{1 - 2\xi^2 + \sqrt{2 - 4\xi^2 + 4\xi^4}}$ $\qquad$ (6-3)

截止频率 $\qquad \omega_c = \omega_n \sqrt{\sqrt{1 + 4\xi^4} - 2\xi^2}$ $\qquad\qquad$ (6-4)

相位裕度 $\qquad \gamma = \arctan \dfrac{\xi}{\sqrt{\sqrt{1 + 4\xi^4} - 2\xi^2}}$ $\qquad\qquad$ (6-5)

超调量 $\qquad \sigma\% = e^{-\xi\pi/\sqrt{1-\xi^2}} \times 100\%$ $\qquad\qquad$ (6-6)

调整时间 $\qquad t_s = \dfrac{3.5}{\xi\omega_n}$ 或 $\quad \omega_c t_s = \dfrac{7}{\tan\gamma}$ $\qquad\qquad$ (6-7)

（2）高阶系统频域指标与时域指标的关系

谐振峰值 $\qquad M_r = \dfrac{1}{\sin\gamma}$ $\qquad\qquad$ (6-8)

超调量 $\qquad \sigma = 0.16 + 0.4(M_r - 1),1 \leqslant M_r \leqslant 1.8$ $\qquad$ (6-9)

调整时间 $\qquad t_s = \dfrac{k\pi}{\omega_c}$ $\qquad\qquad$ (6-10)

$$k = 2 + 1.5(M_r - 1) + 2.5(M_r - 1)^2, 1 \leqslant M_r \leqslant 1.8$$

6.1.2 系统带宽的确定

性能指标中的带宽 ω_b 是一项重要的技术指标，无论采用何种校正方式，都希望系统即能以所需的精度跟踪输入信号，又能抑制扰动信号。一般地，系统的输入信号为低频信号，而扰动信号为高频信号，故又称高频噪声信号，一方面希望系统的带宽大一些，以实现输入信号的准确复现，但另一方面若系统的带宽过大，易引入高频噪声信号，影响系统对输入信号的跟踪精度，因此，合理选择控制系统的带宽，是控制系统设计过程中必须解决的一个重要问题。ω_b 是指当闭环幅频特性的值下降到频率为零的幅值的 0.707 倍时所对应的频率，通常取为 ω_M 的 5～10 倍。

在频率法中，通常又是以系统的开环对数频率特性来进行分析和设计的，在性能分析时，一般将系统的开环对数幅频特性曲线划分为 3 个频段，即低频段、中频段和高频段，如图 6-2 所示。

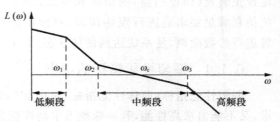

图 6-2　开环频率特性的 3 个频段

系统的低频段通常是指系统开环对数幅频特性的渐近线第一个转折频率（又称交接频率）ω_1 左边的频段，此段的高度和斜率由系统的开环增益和开环传递函数中的积分环节个数决定，反映了系统的稳态性能，当低频段越高，低频段的斜率数值越小，说明系统的开环增益越大，所含积分环节的个数越多，该系统的稳态精度越高，因此，一个性能较好的系统的低频段斜率应为 $-20\ dB/dec$ 或 $-40\ dB/dec$，并具有一定的高度。

系统的中频段通常是指系统开环对数幅频特性曲线中截止频率 ω_c 所在频段，即图 6-2 中的 ω_2 与 ω_3 之间的频段，此频段反映了系统的动态性能，此频段的斜率和频段宽度 $h = \omega_3/\omega_2$ 与平稳性相关，ω_c 的大小决定了系统的快速性。经验表明，一个性能较好的系统的中频段斜率应为 $-20\ dB/dec$，且 $h = 5\sim10$，系统具有较大的稳定裕度（45°～70°），ω_c 要尽量大一些,以提高系统的快速性。

系统的高频段是指中频段之后的频段,即 ω_3 之右的频段,此频段的幅频特性在零分贝线之下,说明系统对此频段的信号是衰减的,因此该频段反映的是系统的抗干扰性能。要提高系统的高频抗干扰能力,就要求其幅频特性曲线在零分贝线之下且越远越好,所以一个性能较好的系统的高频段斜率应为 -40 dB/dec 或 -60 dB/dec。

根据系统的性能指标,构建系统的期望对数幅频特性,从而确定系统校正后的数学模型(只适用于最小相位系统),通过对比系统的固有对数幅频特性,就能获取校正装置的数学模型,为校正装置的物理实现奠定基础。

6.1.3　校正方式

按照校正装置与系统固有部分的连接方式,控制系统的校正方式可分为串联校正、反馈校正、前馈校正和复合校正 4 种。

（1）串联校正

串联校正是将校正装置放在系统的前向通道上的校正方式,一般接在误差测量点之后、放大器之前,与系统固有部分形成串联关系,故称串联校正,如图 6-3 所示。串联校正是系统校正的一种基本方式,在较大程度上可满足系统性能指标的要求。按照校正装置对系统开环频率特性相位的影响,串联校正又可分为串联超前校正、串联滞后校正和串联滞后-超前校正。

（2）反馈校正

反馈校正是将校正装置放在系统的局部反馈通道上的校正方式,与固有部分或其一个环节形成反馈联接关系,故称反馈校正。在图 6-4 中,系统的固有部分分为两部分:$G_1(s)$ 和 $G_2(s)$,反馈校正装置 $G_c(s)$ 与 $G_2(s)$ 形成反馈联接。反馈校正主要用于改变被包围环节的结构和参数,也可以与串联校正一起使用。根据是否含有微分环节,反馈校正又可分为软反馈和硬反馈。

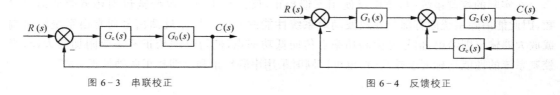

图 6-3　串联校正　　　　　　　　　　　　图 6-4　反馈校正

（3）前馈校正

前馈校正是将校正装置放在系统主反馈回路之外的一种校正方式,根据补偿采样源的不同,前馈校正又分为两种,一种是将校正装置放在系统输入量之后与主反馈作用点之前的通道上,如图 6-5(a)所示,其作用相当于先对输入量进行了变换,之后被送入反馈系统;另一种是将校正装置放在系统可测扰动作用点与误差测量点之间,如图 6-5(b)所示,通过构建扰动量的第二条通道,以减小扰动量对系统的影响,但前提是扰动量要能够直接或间接地被测量出来。前馈校正可以单独在开环系统中使用,也可以作为辅助校正方式在闭环系统中使用,构成复合校正。

（4）复合校正

复合校正是将串联校正与前馈校正相结合的一种校正方式,以满足控制系统较高的性

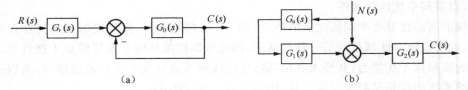

图 6-5 前馈校正

能指标要求,因前馈校正有两种,故复合校正也有两种,如图 6-6 所示,其中,(a)为按输入补偿的复合校正,(b)为按扰动补偿的复合校正。复合校正的结构更加复杂,但其抗干扰能力(尤其是抗低频干扰能力)很强,在武器系统和航天控制系统中经常用到。

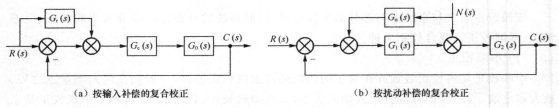

（a）按输入补偿的复合校正　　　　　　　（b）按扰动补偿的复合校正

图 6-6 复合校正

在上述校正方式中,串联校正因其设计简单,工程实现容易,被设计人员广泛采用,成为控制系统设计的常用方式。串联校正装置又分为无源串联校正装置和有源串联校正装置两种,无源串联校正装置通常由 RC 网络构成,结构简单,成本低,但其本身要消耗能量,会使通过无源串联校正装置的信号产生幅值衰减,且输入阻抗较低,输出阻抗较高,因此常常需要附加放大器,以补偿幅值衰减和进行阻抗匹配;为了避免较大的功率损耗,无源串联校正装置一般被安置在前向通道中能量较低的位置上。有源串联校正装置一般由运算放大器和 RC 网络构成,其参数可根据需要进行调整,因此在工业自动化设备中广泛采用由运算放大器构成的各种控制器,常用的有 P 控制器、PI 控制器、PD 控制器和 PID 控制器等。

在实际的控制系统中,还广泛使用反馈校正,反馈校正可以改变被包围环节的结构和参数,因此能消除系统固有部分参数波动对系统性能的影响;另外,反馈信号通常由系统输出端或放大器输出即给出,信号是由高功率点传向低功率点,使得反馈校正不需要附加放大器,当控制系统的性能指标要求较高时,也可以同时采用串联校正和反馈校正两种校正方式。

6.2 常用串联校正装置及其特性

串联校正是系统设计经常使用的一种基本方式,串联在系统前向通道中的校正装置,按照其对系统开环频率特性相位的影响,串联校正装置又可分为串联超前校正装置、串联滞后校正装置和串联滞后-超前校正装置;按照校正装置正常工作时是否需要外加电源,串联校正装置又可分为无源串联校正装置和有源串联校正装置。

6.2.1 串联超前校正装置

串联超前校正装置的传递函数为

$$G_c(s) = \frac{1 + aTs}{1 + Ts}, \ a > 1 \tag{6-11}$$

通常 a 称为分度系数，T 称为时间常数，其零极点分布如图 6-7 所示，其对数频率特性如图 6-8 所示。

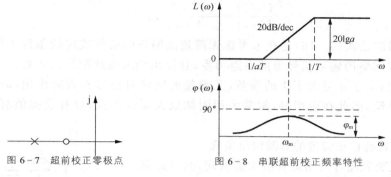

图 6-7　超前校正零极点　　　　图 6-8　串联超前校正频率特性

从图 6-7 可以看出，串联超前校正装置的零点总是位于极点的右边，改变 a 和 T 的值，可以得到不同的校正效果，从图 6-8 可以看到，串联超前校正装置在 $\dfrac{1}{aT} - \dfrac{1}{T}$ 频段对输入信号有微分作用，具有正的相位。

（1）最大超前角

串联超前校正装置的相频特性为

$$\varphi_c(\omega) = \arctan aT\omega - \arctan T\omega = \arctan \frac{(a-1)T\omega}{1 + aT^2\omega^2} \tag{6-12}$$

令 $\dfrac{\mathrm{d}\varphi_c(\omega)}{\mathrm{d}\omega} = 0$，求得

$$\omega_m = \frac{1}{\sqrt{a}\,T} \tag{6-13}$$

将式(6-13)带入式(6-12)，最大超前角为

$$\varphi_m = \arctan \frac{a-1}{2\sqrt{a}} = \arcsin \frac{a-1}{a+1} \tag{6-14}$$

式(6-14)表明，最大超前角 φ_m 只与分度系数 a 有关，a 值越大，串联超前校正装置的微分效果越强，但为了系统能保持较高的信噪比，实际选用的 a 值一般不超过 20，即采用串联超前校正装置的最大补偿相位一般不超过 65°。

（2）串联超前校正装置的无源网络实现

串联超前校正装置可以用无源 RC 网络实现，其电路联接如图 6-9 所示。

无源超前 RC 网络的传递函数为

$$\frac{U_o(s)}{U_i(s)} = \frac{R_2}{R_2 + \dfrac{R_1\dfrac{1}{Cs}}{R_1 + \dfrac{1}{Cs}}} = \frac{R_2}{R_2 + \dfrac{R_1}{R_1Cs + 1}}$$

$$= \frac{R_2 + R_1R_2Cs}{R_1 + R_2 + R_1R_2Cs} = \frac{R_2}{R_1 + R_2} \cdot \frac{1 + R_1Cs}{1 + \dfrac{R_1R_2}{R_1 + R_2}Cs}$$

$$\tag{6-15}$$

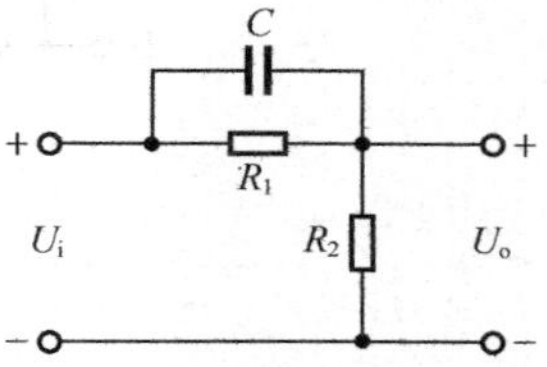

图 6-9　无源超前校正网络

令
$$a = \frac{R_1 + R_2}{R_2}, T = \frac{R_1 R_2}{R_1 + R_2} C$$

则
$$\frac{U_o(s)}{U_i(s)} = \frac{1}{a} \frac{1 + aTs}{1 + Ts}, a > 1 \quad\quad (6-16)$$

需要说明的是式(6-16)是在未考虑无源超前网络的负载效应的条件下推导出来,即假定无源超前网络的输入信号源的内阻为零,且输出端的负载阻抗为无穷大,应用时需要考虑阻抗匹配;由于 a 是大于1的参数,无源超前网络对信号有衰减作用,需要提高放大器增益加以补偿;因此在应用时,常常采用附加放大器的方式,以补偿幅值衰减和进行阻抗匹配。

(3) 串联超前校正装置的有源网络实现

串联校正装置还可以用运算放大器实现,其电路联接如图6-10所示。

在图6-10中,运算放大器的反相输入端为"虚地"点,所以有 $i_0 = -i_1$,又因 $i_1 + i_3 = i_2$,所以有
$$\frac{U_o(s) - U_A(s)}{R_2} = \frac{U_A(s)}{R_1} + \frac{U_A(s)}{R_3 + 1/Cs}$$

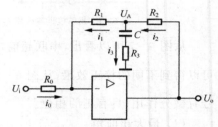

图6-10 有源超前校正网络

整理得
$$\frac{U_o(s)}{U_A(s)} = R_2 \left[\frac{1}{R_1} + \frac{1}{R_2} + \frac{R_3 Cs}{R_3 Cs + 1} \right] = \frac{R_2}{R_1} + 1 + \frac{R_2 R_3 Cs}{R_3 Cs + 1} \quad\quad (6-17)$$

由 $i_0 = -i_1$ 可推出 $U_A = -\frac{R_1}{R_0} U_i$,带入式(6-17),得

$$\frac{U_o(s)}{U_i(s)} = -\frac{R_1 + R_2}{R_0} \left[\frac{\dfrac{R_1 R_3 + R_2 R_3 + R_1 R_2 R_3}{R_1 + R_2} Cs + 1}{R_3 Cs + 1} \right] \quad\quad (6-18)$$

令 $K = -\dfrac{R_1 + R_2}{R_0}, T = R_3 C, aT = \dfrac{R_1 R_3 + R_2 R_3 + R_1 R_2 R_3}{R_1 + R_2} C$,且 $a > 1$,则有源串联超前网络的传递函数为

$$\frac{U_o(s)}{U_i(s)} = K \frac{1 + aTs}{1 + Ts} \quad (a > 1) \quad\quad (6-19)$$

有源串联超前网络兼顾了放大器和超前校正装置的双重功能,但需要串联一个反相器,以调整信号的极性。在实际的工程设计中,还经常用到 PD 控制器,其电路如图6-11所示,其传递函数为

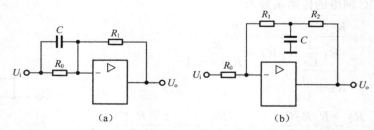

图6-11 PD 调节器电路

$$G_c(s) = K(1 + Ts) \quad\quad (6-20)$$

其中:图 6 – 11(a) $\qquad K=-\dfrac{R_1}{R_0} \qquad T=R_0C$

$\qquad$ 图 6 – 11(b) $\qquad K=-\dfrac{R_1+R_2}{R_0} \qquad T=\dfrac{R_1R_2}{R_1+R_2}C$

PD 控制器的频率特性曲线如图 6 – 12 所示。

从图 6 – 12 可以看出,PD 控制器的对数幅频特性在 $\dfrac{1}{T}-\infty$ 频段对输入信号有微分作用,具有正相位,能对系统进行相位补偿,但易引入高频干扰信号。

6.2.2　串联滞后校正装置

串联滞后校正装置的传递函数为

$$G_c(s)=\frac{1+bTs}{1+Ts},b<1 \qquad\qquad (6-21)$$

通常 b 称为滞后网络的分度系数,表示滞后深度,其对数频率特性如图 6 – 13 所示。

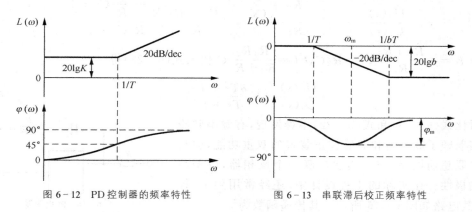

图 6 – 12　PD 控制器的频率特性　　　　图 6 – 13　串联滞后校正频率特性

由图 6 – 13 可见,串联滞后校正装置的对数幅频特性曲线在 $\dfrac{1}{T}-\dfrac{1}{bT}$ 频段呈积分效应,对应的对数相频特性曲线呈滞后特性。串联滞后校正装置对低频输入信号不产生衰减作用,对高频噪声信号进行衰减,且 b 值越小,衰减效果越好。

采用串联滞后校正装置进行串联校正时,主要利用其高频幅值衰减特性,以降低系统的开环截止频率,提高系统的相位裕度,因此,为避免串联滞后校正装置的负相位对系统有较大的影响,选择串联滞后校正装置参数时,应尽量使 $\dfrac{1}{bT}$ 远离系统校正后的截止频率。

(1) 串联滞后校正装置的无源网络实现

串联滞后校正装置可以用无源 RC 网络实现,其电路连接如图 6 – 14 所示。

无源滞后 RC 网络的传递函数为

$$\frac{U_o(s)}{U_i(s)}=\frac{R_2+\dfrac{1}{Cs}}{R_2+R_1+\dfrac{1}{Cs}}=\frac{R_2Cs+1}{(R_2+R_1)Cs+1}$$

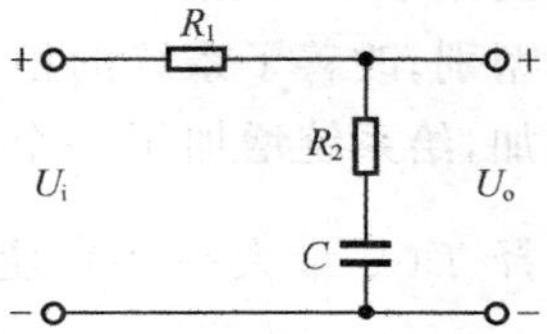

令 $T=(R_2+R_1)C,b=\dfrac{R_2}{(R_2+R_1)}<1,$ 则

图 6 – 14　无源滞后校正网络

$$\frac{U_o(s)}{U_i(s)} = \frac{1 + bTs}{1 + Ts} \tag{6-22}$$

值得注意的是,与无源超前 RC 网络相同,无源滞后 RC 网络的传递函数也是在未考虑无源超前网络的负载效应的条件下推导出来,即假定无源超前网络的输入信号源的内阻为零,且输出端的负载阻抗为无穷大;虽然无源滞后 RC 网络的环节增益为 1,但由于网络的组成元件电阻、电容本身也需要耗能,因此,一般也需要附加放大器,以补偿信号衰减和进行阻抗匹配。

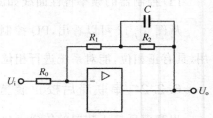

图 6 - 15 有源滞后校正网络

(2)串联滞后校正装置的有源网络实现

串联滞后校正装置也可以用有源 RC 网络实现,其电路联接如图 6 - 15 所示。其传递函数为

$$\frac{U_o(s)}{U_i(s)} = -\frac{R_1 + \dfrac{R_2 \dfrac{1}{Cs}}{R_2 + \dfrac{1}{Cs}}}{R_0} = -\frac{R_2 + R_1}{R_0} \frac{\dfrac{R_1 R_2}{R_1 + R_2} Cs + 1}{R_2 Cs + 1} \tag{6-23}$$

令 $K = -\dfrac{R_2 + R_1}{R_0}, T = R_2 C, bT = \dfrac{R_1 R_2}{R_1 + R_2} C$ 代入式(6-23)得

$$\frac{U_o(s)}{U_i(s)} = K \frac{bTs + 1}{Ts + 1}, b < 1 \tag{6-24}$$

对比式(6 - 24)和式(6 - 22)不难发现,有源串联滞后网络兼顾了放大器和滞后校正装置的双重功能,但与有源串联超前网络一样,需要串联一个反相器,以调整信号的极性。在实际的工程设计中,还经常用到 PI 控制器,其电路如图 6 - 16 所示。其传递函数为

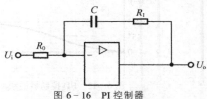

图 6 - 16 PI 控制器

$$\frac{U_o(s)}{U_i(s)} = -\frac{R_1 + \dfrac{1}{Cs}}{R_0} = -\frac{R_1 Cs + 1}{R_0 Cs} = -\frac{R_1}{R_0} \frac{R_1 Cs + 1}{R_1 Cs} \tag{6-25}$$

令 $K = -\dfrac{R_1}{R_0} \quad T = R_1 C$ 代入式(6 - 25)得

$$\frac{U_o(s)}{U_i(s)} = K \frac{Ts + 1}{Ts} \tag{6-26}$$

PI 控制器的频率特性曲线如图 6 - 17 所示。

从图 6 - 17 可以看出,PI 控制器对低频信号存在积分作用,具有负的相位,属于串联滞后校正,由于 PI 控制器给系统增加了一个位于原点的极点,提高了系统的型别,改善了系统的稳态性能;但位于原点的极点的增加,给系统增加了一个 $-90°$ 的相位,使用时,要合理选择 T(尽量大一些),使系统校正后的截止频率在 $\dfrac{1}{T}$ 之右,且有一定的距离。在工程设计中,PI 控制器主要用

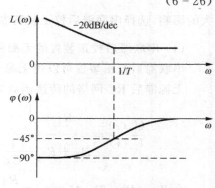

图 6 - 17 PI 控制器频率特性

来改善系统的稳态性能。

6.2.3 串联滞后–超前校正装置

串联滞后–超前校正装置的传递函数为

$$G_c(s) = \frac{(1+T_a s)(1+T_b s)}{(1+\beta T_a s)\left(1+\dfrac{T_b}{\beta}s\right)}, \ \beta > 1, \ T_a > T_b \tag{6-27}$$

其中，$(1+T_a s)/(1+\beta T_a s)$ 为校正装置的滞后部分，$(1+T_b s)/\left(1+\dfrac{T_b}{\beta}s\right)$ 为校正装置的超前部分，其对数频率特性如图 6-18 所示，其低频部分和高频部分均与零分贝线重合，在对数幅频特性曲线的低频部分有 -20 dB/dec 的斜线，中频部分有 20 dB/dec 的斜线，即串联滞后–超前校正装置对系统的作用是先滞后后超前，其名由此而得。

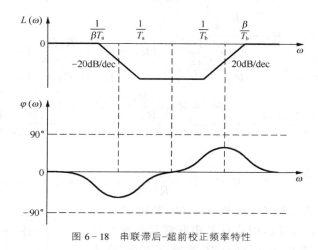

图 6-18 串联滞后–超前校正频率特性

采用串联滞后超前校正装置进行串联校正时，主要利用其 -20 dB/dec 的斜线将低频段抬高，使系统的开环增益增大，从而改善系统的稳态性能，同时，利用 20 dB/dec 的斜线所对应的正相位，提高系统的相位裕度，因此在使用时，应适当选取 T_b 和 β，使得校正后系统的截止频率在 $\dfrac{1}{T_b}$ 和 $\dfrac{\beta}{T_b}$ 中点位置上。

（1）串联滞后超前校正装置的无源网络实现

串联滞后超前校正装置可以用无源 RC 网络实现，其电路联接如图 6-19 所示。

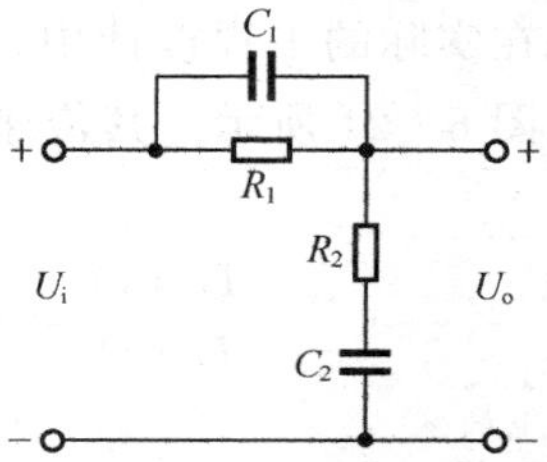

图 6-19 无源滞后–超前校正网络

$$\frac{U_o(s)}{U_i(s)} = \frac{R_2 + \dfrac{1}{C_2 s}}{R_2 + \dfrac{1}{C_2 s} + \dfrac{R_1\dfrac{1}{C_1 s}}{R_1 + \dfrac{1}{C_1 s}}} = \frac{(R_1 C_1 s + 1)(R_2 C_2 s + 1)}{1 + (R_2 C_2 + R_1 C_1 + R_1 C_2)s + R_1 C_1 R_2 C_2 s^2}$$

$$\tag{6-28}$$

令 $T_b = R_1C_1$，$T_a = R_2C_2$，$\dfrac{T_b}{\beta} + \beta T_a = R_1C_1 +$

$R_2C_2 + R_1C_2$，$\beta > 1$，当合理选取 R_1、C_1、R_2、C_2 的数值
以保证 $T_a > T_b$ 时，网络就是串联滞后超前校正装置，
其传递函数为式（6 - 27）。

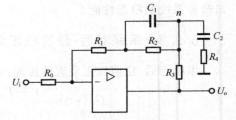

图 6 - 20　有源滞后-超前校正网络

（2）串联滞后超前校正装置的有源网络实现

串联滞后超前校正装置也可以用有源 RC 网络实
现，其电路联接如图 6 - 20 所示。当 R_1 和 R_2 均远远大于 R_3 和 R_4 时，有

$$\frac{U_o(s)}{U_n(s)} = \frac{R_3 + R_4 + \dfrac{1}{C_2s}}{R_4 + \dfrac{1}{C_2s}} = \frac{(R_3 + R_4)C_2s + 1}{R_4C_2s + 1} \tag{6-29}$$

$$\frac{U_n(s)}{U_i(s)} = -\frac{R_1 + \dfrac{R_2\dfrac{1}{C_1s}}{R_2 + \dfrac{1}{C_1s}}}{R_0} = -\frac{(R_1 + R_2)\left(\dfrac{R_1R_2}{R_1 + R_2}C_1s + 1\right)}{R_0(R_2C_1s + 1)} \tag{6-30}$$

$$\frac{U_o(s)}{U_i(s)} = \frac{U_o(s)}{U_n(s)}\frac{U_n(s)}{U_i(s)} = -\frac{(R_1 + R_2)\left(\dfrac{R_1R_2}{R_1 + R_2}C_1s + 1\right)}{R_0(R_2C_1s + 1)}\frac{(R_3 + R_4)C_2s + 1}{R_4C_2s + 1} \tag{6-31}$$

令 $K = -\dfrac{(R_1 + R_2)}{R_0}$，$\beta T_a = R_2C_1$，$T_a = \dfrac{R_1R_2}{R_1 + R_2}C_1$，$\dfrac{T_b}{\beta} = R_4C_2$，$T_b = (R_3 + R_4)C_2$，由
于 R_1、R_2 远远大于 R_3、R_4（一般地，R_1、R_2 要比 R_3、R_4
大 10 倍以上）确保 $T_a > T_b$，网络就是串联滞后超前校正
装置，与式（6 - 27）不同的是网络还兼顾了信号放大
作用。

在实际的工程设计中，还经常用到 PID 控制器，其电
路如图 6 - 21 所示。其传递函数为

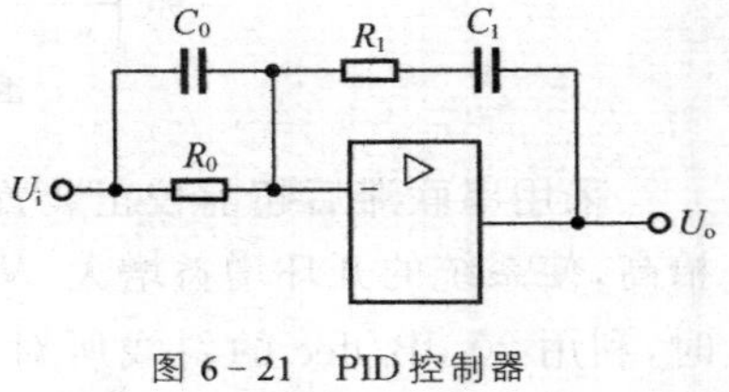

图 6 - 21　PID 控制器

$$\frac{U_o(s)}{U_i(s)} = -\frac{R_1 + \dfrac{1}{C_1s}}{\dfrac{R_0\dfrac{1}{C_0s}}{R_0 + \dfrac{1}{C_0s}}} = -\frac{R_1}{R_0}\frac{(R_1C_1s + 1)(R_0C_0s + 1)}{R_1C_1s} \tag{6-32}$$

令 $K = -\dfrac{R_1}{R_0}$（$R_1 > R_0$），$T_1 = R_1C_1$，$T_2 = R_0C_0$，则 PID 控制器的传递函数为

$$\frac{U_o(s)}{U_i(s)} = K\frac{(T_1s + 1)(T_2s + 1)}{T_1s} \tag{6-33}$$

从式（6 - 33）可以看出，PID 控制器兼顾放大器的作用，可以给系统补一个位于原点的
极点，提高了系统的型别，有益于系统的稳态精度的提高，但其缺点是高频段为微分效果，易
引入高频干扰，其频率特性如图 6 - 22 所示。

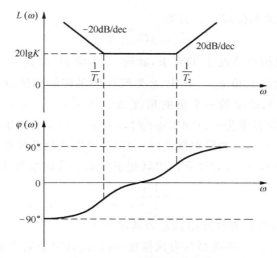

图 6－22　PID 控制器频率特性

6.3　串联校正

频域法串联校正是经典控制理论中的一种基本方法，它以系统的开环对数频率特性为数学模型，以频域指标形式提出系统的期望性能指标，设计过程简单易行，应用较为广泛。当系统的期望性能指标是时域指标时，需要将其转化为频域指标。

6.3.1　串联超前校正设计

串联超前校正的设计思想是，利用串联超前校正装置的相位超前特性，来增加系统的相位裕度，利用串联超前校正装置幅频特性的正斜率频段来增加系统的截止频率，从而改善系统的平稳性和快速性。为了最大限度地提高系统的相位裕度，一般选择校正装置的最大超前相角 φ_m 出现在校正后系统的截止频率 ω'_c 处。闭环系统的稳态性能要求，可通过选择校正后系统的开环增益来保证。串联超前校正的频域法设计步骤如下。

第一步：根据稳态误差要求，确定校正后系统的开环增益 K。

第二步：利用已确定的 K，对校正前系统进行性能分析，并与要求的性能指标进行比对。

第三步：根据校正后系统的截止频率 ω'_c 要求，计算串联超前校正装置的参数 a 和 T。

根据性能指标要求的不同，计算参数 a 和 T 的方法有两种：一种是按照给定校正后系统的截止频率来计算，另一种是按照给定的相位裕度进行计算。

方法一　按照给定校正后系统的截止频率计算

根据校正后系统的截止频率的数值要求，选定 ω'_c，在伯德图上查找（或计算）校正前系统的对数幅频特性在 ω'_c 处的值 $L_o(\omega'_c)$，取

$$\omega_m = \frac{1}{T\sqrt{a}} = \omega'_c \qquad (6-34)$$

充分利用串联超前校正装置的相位超前特性，则

$$L_o(\omega'_c) = -L_c(\omega'_c) = -10\lg a \qquad (6-35)$$

从而求出参数 a 和 T。

方法二 按照给定的相位裕度 γ' 计算

$$\varphi_m = \gamma' - \gamma + \varepsilon \tag{6-36}$$

根据校正后系统的相位裕度 γ' 的要求,此时 ω_c' 未确定,由式(6-36)估算出串联超前校正装置所提供的最大超前角 φ_m。其中,γ 为校正前系统的相位裕度,ε 为一个正的补偿角,以弥补由于 $\omega_c < \omega_c'$ 而产生的一个负的角度 $\Delta = \gamma(\omega_c') - \gamma(\omega_c)$,通常按照以下原则选取:当校正前系统中频段斜率为 -20 dB/dec 时,$\varepsilon = 5° \sim 10°$,当校正前系统中频段斜率为 -40 dB/dec 时,$\varepsilon = 10° \sim 15°$。然后根据式(6-37)求得串联超前校正装置的参数 a,再根据式(6-35)计算出 ω_c',由式(6-34)计算出串联超前校正装置的参数 T。

$$a = \frac{1 + \sin\varphi_m}{1 - \sin\varphi_m} \tag{6-37}$$

第四步:验算校正后系统的性能指标是否满足要求。

因为在第三步中 ω_c' 或 φ_m 的选择具有试探性,所以设计完成后需要进行验算。如果校正后系统的相位裕度 γ' 不满足性能指标要求,则要重新选择 ω_c'(一般要增大一些),再重新设计。

校正后系统(最小相位系统)的开环传递函数为

$$G(s) = G_c(s)G_o(s)$$

校正后系统的相位裕度为 $\gamma' = 180° + \varphi_c(\omega_c') + \varphi_o(\omega_c')$

第五步:串联超前校正装置的物理实现。

在此,可根据 $G_o(s)$ 和 $G_c(s)$ 选择超前网络的类型及电路参数。

【例 6-1】 设单位反馈控制系统的开环传递函数为

$$G_o(s) = \frac{K}{s(s+1)}$$

若要求系统在单位斜坡输入信号作用下,位置输出稳态误差 $e_{ss} \leqslant 0.1$ rad,开环系统截止频率 $\omega_c' \geqslant 4.4$ rad/s,相位裕度 $\gamma' \geqslant 45°$,幅值裕度 $h' \geqslant 10$ dB,试分析系统的性能,并进行串联校正。

解:第一步:根据系统稳态性能的要求,确定校正后系统的开环增益。

因要求系统在单位斜坡输入信号作用下,$e_{ss} = \dfrac{1}{K} \leqslant 0.1$,所以 $K = 10$,则校正前系统的开环传递函数为

$$G_o(s) = \frac{10}{s(s+1)}$$

第二步:对校正前系统进行性能分析。

绘制系统的对数幅频特性曲线,如图 6-23 的 $L_o(\omega)$ 所示。由 $L_o(\omega)$ 可得校正前系统

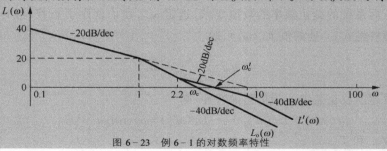

图 6-23 例 6-1 的对数频率特性

的截止频率 $\omega_c = \sqrt{1 \times 10} = 3.1$ rad/s,相位裕度 $\gamma = 180° - 90° - \arctan 1 \times 3.1 = 17.6°$,幅值裕度 $h = \infty$,显然,截止频率和相位裕度不满足性能指标要求。

第三步:确定校正装置的参数。

由系统性能指标要求的 $\omega'_c \geq 4.4$,可选取 $\omega'_c = 4.4$。在图 6-23 中可查到 $L_o(\omega'_c) = -6$ dB,由式(6-35)可计算出 $a = 4$,再由式(6-34)计算出 $T = 0.114$。故串联超前校正装置的传递函数为

$$G_c(s) = \frac{1 + 0.456s}{1 + 0.114s}$$

第四步:系统性能校验。

校正后系统的开环传递函数为

$$G(s) = G_c(s)G_o(s) = \frac{1 + 0.456s}{1 + 0.114s} \times \frac{10}{s(s+1)}$$

其对数幅频特性曲线如图 6-23 的 $L'(\omega)$ 所示,相位裕度为

$$\gamma' = 180° + \arctan 0.456\omega'_c - 90° - \arctan 0.114\omega'_c - \arctan \omega'_c = 49.7° > 45°$$

校正后系统仍满足 $h = \infty$,系统经过串联超前校正设计,所有性能指标均已满足。

第五步:串联超前校正装置的物理实现。

因为要调整系统的开环增益,在此选择有源校正网络,电路如图 6-10 所示,各参数关系为

$$K = -\frac{R_1 + R_2}{R_0}, \quad T = R_3C, \quad aT = \frac{R_1R_3 + R_2R_3 + R_1R_2R_3}{R_1 + R_2}C$$

合理选择各电阻、电容的大小,就可将串联超前校正装置由数学模型转化为具体电路。

当然也可以选择无源校正网络,但要注意在其前级增加一个放大环节,以补偿其增益衰减,同时还要考虑阻抗匹配问题。

【例 6-2】某单位反馈控制系统的开环传递函数为

$$G_o(s) = \frac{K}{s(0.1s+1)(0.001s+1)}$$

若要求校正后系统的静态速度误差系数 $K_v = 1000 s^{-1}$,相位裕度 $\gamma' \geq 45°$,试分析系统的性能,并进行串联校正。

解:第一步:根据系统稳态性能的要求,确定校正后系统的开环增益。

因要求系统的的静态速度误差系数 $K_v = 1000 s^{-1}$,所以,$K = K_v = 1000$,则校正前系统的开环传递函数为

$$G_o(s) = \frac{1000}{s(0.1s+1)(0.001s+1)}$$

第二步:对校正前系统进行性能分析。

绘制系统的对数幅频特性曲线,如图 6-24 的 $L_o(\omega)$ 所示。由 $L_o(\omega)$ 可得

校正前系统的截止频率 $\omega_c = \sqrt{10 \times 1000} = 100$ rad/s

校正前系统的相位裕度 $\gamma = 180° - 90° - \arctan 0.1 \times 100 - \arctan 0.001 \times 100 = 0.01°$

显然,相位裕度不满足性能指标要求。

第三步:确定校正装置的参数。

由于校正前系统中频段斜率为 -40dB/dec,故取 $\varepsilon = 10°$,由式(6-36)得

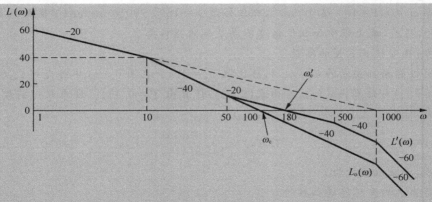

图6-24 例6-2的对数频率特性

$$\varphi_m = \gamma' - \gamma + \varepsilon = 45° - 0.01° + 10° = 55°$$

然后根据式(6-37)得

$$a = \frac{1 + \sin\varphi_m}{1 - \sin\varphi_m} = \frac{1 + 0.819}{1 - 0.819} = 10.05$$

最后根据式(6-35)得

$$L_o(\omega'_c) = 20\lg \frac{1000}{\omega'_c \times 0.1\omega'_c} = -10\lg a$$

即 $20\lg1000 - 20\lg0.1\omega'_c - 40\lg\omega'_c = -10.02$

解之得 $\omega'_c = 180$

根据式(6-34)得

$$T = \frac{1}{\omega_m \sqrt{a}} = \frac{1}{\omega'_c \sqrt{a}} = 0.002$$

故串联超前校正装置的传递函数为

$$G_c(s) = \frac{1 + 0.02s}{1 + 0.002s}$$

第四步：系统性能校验。

校正后系统的开环传递函数为

$$G(s) = G_c(s)G_o(s) = \frac{1 + 0.02s}{1 + 0.002s} \times \frac{1000}{s(0.1s + 1)(0.001s + 1)}$$

其对数幅频特性曲线如图6-24的 $L'(\omega)$ 所示，相位裕度为

$\gamma' = 180° + \arctan0.02\omega'_c - \arctan0.002\omega'_c - 90° - \arctan0.1\omega'_c - \arctan0.001\omega'_c$

$= 180° + 74.48° - 19.80° - 90° - 86.82° - 10.20° = 47.66° > 45°$

满足系统性能指标的要求。

第五步：串联超前校正装置的物理实现。

因为要调整系统的开环增益，在此选择有源校正网络，电路如图6-10所示，各参数关系为

$$K = -\frac{R_1 + R_2}{R_0}, \quad T = R_3C, \quad aT = \frac{R_1R_3 + R_2R_3 + R_1R_2R_3}{R_1 + R_2}C$$

合理选择各电阻、电容的大小,就可将串联超前校正装置由数学模型转化为具体电路。

当然也可以选择无源校正网络,但要注意在其前级增加一个放大环节,以补偿其增益衰减,同时还要考虑阻抗匹配问题。

通过例 6 - 1、例 6 - 2 可以看出,串联超前校正主要用来改善系统的动态性能,但以牺牲系统的抗扰性能($L'(\omega)$ 在 $L_o(\omega)$ 的上方,对高频信号的幅值衰减能力降低)为代价。由于其最大补偿角一般不超过 65°(a 值一般不超过 20),因此,当校正前系统的中频段斜率为 -60 dB/dec(此时系统不稳定,其相位裕度为负值)时,采用串联超前校正将无法实现性能指标的要求;另外,若校正前系统的截止频率附近存在两个或更多的惯性环节,导致截止频率之后的相位迅速减小,不宜采用串联超前校正。

6.3.2　串联滞后校正设计

串联滞后校正的设计思想是,利用滞后校正装置在中、高频段的幅值衰减特性,使校正后系统的截止频率左移,从而使系统的相位裕度提高。由于校正后系统的截止频率左移,系统的快速性降低,但抗干扰能力提高了。因此,串联滞后校正适用于快速性要求不高,但抑制高频噪声信号能力要求较高的系统;如果系统仅稳态性能不满足性能指标要求时,也可以采用串联滞后校正。串联滞后校正的频域法设计步骤如下。

第一步:根据稳态误差要求,确定校正后系统的开环增益 K。

第二步:利用已确定的 K,对校正前系统进行性能分析,并与要求的性能指标进行比对。

第三步:根据校正后系统相位裕度 γ' 的要求,确定系统的截止频率 ω'_c。

考虑到串联滞后校正装置在 ω'_c 处的相位 $\varphi_c(\omega'_c)$ 为负值,为保证确实满足系统的相位裕度的要求,一般将 $\varphi_c(\omega'_c)$ 的取值范围设定在 $(-6°,-14°)$ 之内,ω'_c 的计算由式(6 - 38)完成。

$$\gamma' = 180° + \varphi_o(\omega'_c) + \varphi_c(\omega'_c) \tag{6 - 38}$$

第四步:计算串联滞后校正装置的参数 b 和 T。

为避免串联滞后校正装置的负相位在 ω'_c 处影响系统的相位裕度,要将串联滞后校正装置的第二个转折频率 $\dfrac{1}{bT}$ 放在 ω'_c 的左边,并且要有一定的距离,通常取 $\dfrac{1}{bT} = (0.1 - 0.25)\omega'_c$,以保证 $\varphi_c(\omega'_c)$ 的取值范围在 $(-6°,-14°)$ 之内;由于在 ω'_c 处,串联滞后校正装置的对数幅频特性曲线斜率为 0 dB/dec,其值为 $20\lg b$,因此可以用式(6 - 39)和式(6 - 40)进行参数 b 和 T 的计算。

$$\frac{1}{bT} = 0.1\omega'_c \tag{6 - 39}$$

$$L_o(\omega'_c) + 20\lg b = 0 \tag{6 - 40}$$

第五步:验算校正后系统的性能指标是否满足要求。

在第三步和第四步都使用了经验数据,因此设计完成后要进行系统性能校验。

第六步:串联滞后校正装置的物理实现。

与串联超前校正相同,在此可根据 $G_o(s)$ 和 $G_c(s)$ 选择滞后网络的类型及电路参数。

【例 6 - 3】某单位反馈控制系统的开环传递函数为

$$G_o(s) = \frac{K}{s(s+1)(0.5s+1)}$$

若要求校正后系统的静态速度误差系数 $K_v = 5s^{-1}$,相位裕度 $\gamma' \geqslant 40°$,幅值裕度 $h' \geqslant$

10 dB,试分析系统的性能,并进行串联校正。

解:第一步:根据系统稳态性能的要求,确定校正后系统的开环增益。

因要求系统的静态速度误差系数 $K_v = \lim\limits_{s \to 0} sG(s) = K$,所以 $K = 5$,则校正前系统的开环传递函数为

$$G_o(s) = \frac{5}{s(s+1)(0.5s+1)}$$

第二步:对校正前系统进行性能分析。

绘制系统的对数幅频特性曲线,如图 6-25 的 $L_o(\omega)$ 所示,图 6-25 中

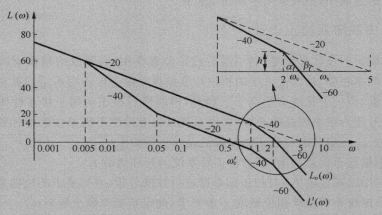

图 6-25 例 6-3 的对数频率特性

$$20\lg K = 14 \text{ dB}, \omega_x^2 = 1 \times 5, \tan\alpha = \frac{h}{\lg\omega_c - \lg 2} = 60, \tan\beta = \frac{h}{\lg\omega_x - \lg 2} = 40$$

所以 $\omega_c = \sqrt[3]{10} = 2.15$

相位裕度 $\gamma = 180° - 90° - \arctan 1 \times 2.15 - \arctan 0.5 \times 2.15 = -22.2°$

显然,系统不稳定,相位裕度不满足性能指标要求,由于校正前系统的 $\gamma = -22.2°$,而性能指标的相位裕度 $\gamma' \geqslant 40°$,若用串联超前校正,则需提供的最大超前相位为 $62.2°$,接近其最大值,由于在本例中,截止频率未做要求,因此选择串联滞后校正较为适宜。

第三步:根据校正后系统相位裕度 γ' 的要求,确定系统的截止频率 ω_c'。

取 $\varphi_c(\omega_c') = -10°$,代入式(6-38)得

$$\varphi_o(\omega_c') = \gamma' - 180° - \varphi_c(\omega_c') = -130°$$

而 $\varphi_o(\omega_c') = -90° - \arctan\dfrac{1.5\omega_c'}{1 - 0.5\omega_c'^2} = -130°$,可计算出 $\omega_c' = 0.5$ rad/s。

第四步:利用式(6-39)和式(6-40)计算串联滞后校正装置的参数 b 和 T 的计算。

由 $20\lg b = -L_o(\omega_c') = -20\lg\dfrac{K}{|j\omega_c'|} = -20$,可得 $b = 0.1$,代入式(6-39)

$\dfrac{1}{bT} = \dfrac{1}{0.1T} = 0.1\omega_c' = 0.05$,$T = 200$,于是串联滞后校正装置的传递函数为

$$G_c(s) = \frac{1 + 20s}{1 + 200s}$$

第五步：系统性能校验。

校正后系统的开环传递函数为

$$G(s) = G_c(s)G_o(s) = \frac{1+20s}{1+200s} \times \frac{5}{s(s+1)(0.5s+1)}$$

其对数幅频特性曲线如图 6-25 的 $L'(\omega)$ 所示，相位裕度为

$$\gamma' = 180° + \arctan 20\omega'_c - \arctan 200\omega'_c - 90° - \arctan\omega'_c - \arctan 0.5\omega'_c$$
$$= 180° + 84.29° - 89.43° - 90° - 26.57° - 14.04° = 44.25° > 40°$$

满足系统性能指标的要求。

第六步：串联超前校正装置的物理实现。

因为要调整系统的开环增益，在此选择有源校正网络，电路如图 6-15 所示，各参数关系为

$$K = -\frac{R_2 + R_1}{R_0}, \quad T = R_2C, \quad bT = \frac{R_1 R_2}{R_1 + R_2}C$$

合理选择各电阻、电容的大小，就可将串联超前校正装置由数学模型转化为具体电路。当然也可以选择无源校正网络，但要考虑阻抗匹配问题。

6.3.3　串联滞后-超前校正设计

串联超前校正能提供正的相位，并使系统的截止频率右移，从而改善了系统的平稳性和快速性，但系统的抗扰性能下降，串联滞后校正能改善系统的平稳性、稳态性能和抗扰性能，但由于使系统的截止频率左移，而是系统的快速性下降，当校正前系统不稳定，而且校正后系统各方面性能的要求都较高时，单独使用串联超前校正或串联滞后校正将无法实现，应选择串联滞后-超前校正。串联滞后-超前校正是超前校正和滞后校正的综合应用，兼顾了二者的优点，其设计思想是，利用校正装置的滞后部分来改善系统的稳态性能，同时利用校正装置的超前部分来提高系统的相位裕度。串联滞后-超前校正的频域法设计步骤如下。

第一步：根据稳态误差要求，确定校正后系统的开环增益 K。

第二步：利用已确定的 K，对校正前系统进行性能分析，并与要求的性能指标进行比对。

第三步：在校正前系统的对数幅频特性曲线上，选择 -20 dB/dec 变为 -40 dB/dec 的转折频率（又称交接频率）为 $\frac{1}{T_b} = \omega_b$。

这样选择 ω_b 的原因，一是降低校正后系统的阶次，二是保证校正后系统的中频段斜率为 -20 dB/dec，且具有一定的宽度。

第四步：根据系统快速性的要求，选择系统的截止频率 ω'_c 和串联滞后-超前校正装置的参数 β。

校正后系统在 ω'_c 处的对数幅频特性曲线的值为零，因此可由式(6-41)计算 β。

$$-20\lg\beta + L_o(\omega'_c) + 20\lg T_b\omega'_c = 0 \tag{6-41}$$

在式(6-41)中，$L_o(\omega'_c)$ 为校正前系统的对数幅频特性曲线在 ω'_c 处的值，$-20\lg\beta$ 是串联滞后-超前校正装置的对数幅频特性曲线的滞后部分在 ω'_c 处的值，$20\lg T_b\omega'_c$ 是串联滞后-超前校正装置的对数幅频特性曲线的超前部分在 ω'_c 处的值。

第五步：根据相位裕度的要求，估算串联滞后-超前校正装置的 T_a。

第六步：验算校正后系统的性能指标是否满足要求。

在前面步骤中，T_b 是设计者选择的，因此设计完成后要进行系统性能校验。

第七步：串联滞后校正装置的物理实现。

【例 6-4】 某单位反馈系统的开环传递函数为

$$G_o(s) = \frac{K_v}{s\left(\frac{1}{6}s+1\right)\left(\frac{1}{2}s+1\right)}$$

试设计串联校正，使系统的性能指标要求如下：

(1) 在最大指令速度为 $180°/s$ 时，位置滞后误差不超过 $1°$；

(2) 相位裕度为 $45°\pm3°$；

(3) 幅值裕度不低于 $10\,dB$；

(4) 动态过程调节时间不超过 $3\,s$。

解：第一步：根据系统稳态性能的要求，确定校正后系统的开环增益。

由"在最大指令速度为 $180°/s$ 时，位置滞后误差不超过 $1°$"可知，系统在输入信号为 $r(t)=180t$ 时，其最大稳态误差 $e_{ss}\leqslant1$，故得 $e_{ss}=\frac{180}{K_v}\leqslant1$，取 $K_v=180$；则校正前系统的开环传递函数为

$$G_o(s) = \frac{180}{s\left(\frac{1}{6}s+1\right)\left(\frac{1}{2}s+1\right)}$$

第二步：对校正前系统进行性能分析。

绘制校正前系统的对数幅频特性曲线，如图 6-26 的 $L_o(\omega)$ 所示，图 6-26 中

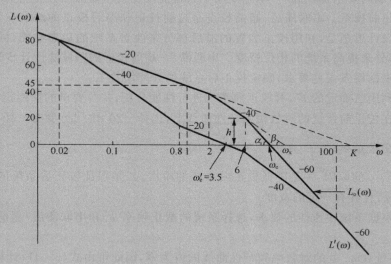

图 6-26　例 6-4 的对数频率特性

$20\lg K=45.1\,dB$，$\omega_x^2=2\times180$，$\tan\alpha=\dfrac{h}{\lg\omega_c-\lg6}=60$，$\tan\beta=\dfrac{h}{\lg\omega_x-\lg6}=40$

所以 $\omega_c=\sqrt[3]{6\times2\times180}=12.9$

$$\gamma=180°-90°-\arctan\frac{1}{6}\times12.9-\arctan\frac{1}{2}\times12.9=-56°$$

显然,系统不稳定,相位裕度不满足性能指标要求,由于校正前系统的 $\gamma = -56°$,而性能指标的相位裕度 $\gamma' = 45°$,无法使用串联超前校正,若使用串联滞后校正,很可能会不满足快速性的要求,故采用串联滞后-超前校正较为适宜。

第三步:在校正前系统的对数幅频特性曲线上,选择 $-20\,\mathrm{dB/dec}$ 变为 $-40\,\mathrm{dB/dec}$ 的转折频率 2 为 ω_b,即 $\omega_b = \dfrac{1}{T_b} = 2\,(T_b = 0.5)$。

第四步:选择系统的截止频率 ω'_c 和参数 β。

因为要求 $\gamma' = 45°$,$M_r = \dfrac{1}{\sin\gamma'} = 1.414 > 1$,所以可用式(6-10)将时域指标转化为频域指标

$$k = 2 + 1.5(M_r - 1) + 2.5(M_r - 1)^2 = 3.05,\quad \omega'_c \geqslant \frac{k\pi}{t_s} = 3.2$$

又因为 ω'_c 必须在 2~6 之间,故 $\omega'_c \in [3.2, 6]$,这里取 $\omega'_c = 3.5$。接下来由式(6-41)计算 β。

$$L_o(\omega'_c) = 20\lg\left|\frac{180}{\omega'_c\sqrt{1 + \left(\frac{1}{6}\omega'_c\right)^2}\sqrt{1 + \left(\frac{1}{2}\omega'_c\right)^2}}\right| = 20\lg 21.95$$

$-20\lg\beta + 20\lg 21.95 + 20\lg 0.5 \times 3.5\omega'_c = 0$ 解之得 $\beta = 38.4$

第五步:由 $\gamma' = 45°$ 确定 $\omega_a(T_a)$。

$$\gamma' = 180° + \varphi_o(\omega'_c) + \varphi_c(\omega'_c)$$

$$\varphi_o(\omega'_c) = -90° - \arctan\frac{1}{6}\omega'_c - \arctan\frac{1}{2}\omega'_c = -180.6° \tag{6-42}$$

$$\varphi_c(\omega'_c) = \arctan T_a\omega'_c - \arctan\beta T_a\omega'_c + \arctan T_b\omega'_c - \arctan\frac{T_b}{\beta}\omega'_c$$

$$= \arctan T_a\omega'_c - \arctan\beta T_a\omega'_c + 60.3° - 2.0° \tag{6-43}$$

在式(6-43)中,$\arctan\beta T_a\omega'_c \approx 90°$,代入式(6-42),解之得 $T_a = 1.29\,(\omega_a = 0.79)$。串联滞后-超前校正装置的传递函数为

$$G_c(s) = \frac{(1.27s + 1)}{(48.8s + 1)} \times \frac{(0.5s + 1)}{(0.01s + 1)}$$

第六步:校正后系统的性能指标验算。

校正后系统的开环传递函数为

$$G(s) = G_c(s)G_o(s) = \frac{180}{s\left(\frac{1}{6}s + 1\right)\left(\frac{1}{2}s + 1\right)} \times \frac{(1.27s + 1)}{(48.8s + 1)}\frac{(0.5s + 1)}{(0.01s + 1)}$$

其对数频率特性曲线如图 6-26 的 $L'(\omega)$,相位裕度为

$$\gamma' = 180° + \varphi_o(\omega'_c) + \varphi_c(\omega'_c) = 45.3°$$

最后用计算的方法或用 Matlab 仿真的方法可得 $h' = 27\,\mathrm{dB}$。

第七步:串联滞后校正装置的物理实现。

选择有源串联滞后-超前校正装置,其电路如图 6-20 所示,各参数关系

$$K = -\frac{(R_1 + R_2)}{R_0},\quad \beta T_a = R_2 C_1,\quad T_a = \frac{R_1 R_2}{R_1 + R_2}C_1,\quad T_b = R_4 C_2,\quad \frac{T_b}{\beta} = (R_3 + R_4)C_2$$

合理选择电阻、电容,就可将串联滞后-超前校正装置由数学模型转化为实际电路,当然也可选择无源校正网络,但要考虑阻抗匹配。

6.4 反馈校正

在工程实践中,当被控对象的数学模型比较复杂,有重大缺陷,即微分方程的阶次较高、延迟和惯性较大或参数不稳定时,采用串联校正的方法一般无法满足设计要求,此时,通常先采用反馈校正,改变被反馈校正所包围的环节的结构或参数,然后再进行串联校正。

6.4.1 反馈校正的原理

设反馈校正系统的结构如图 6-4 所示,其开环传递函数为

$$G(s) = G_1(s) \frac{G_2(s)}{1 + G_2(s)G_c(s)} \tag{6-44}$$

如果在对系统性能有主要影响的频率范围内,下列关系成立

$$|G_2(j\omega)G_c(j\omega)| \gg 1 \tag{6-45}$$

则 $\dfrac{G_2(s)}{1 + G_2(s)G_c(s)} \approx \dfrac{1}{G_c(s)}$,即通过选择合适的 $G_c(s)$,来近似取代原系统的环节 $G_2(s)$。

反馈校正的基本原理是,用反馈校正装置包围未校正系统中结构或参数有重大缺陷的的环节,形成一个局部反馈,在局部反馈回路的开环幅值远大于 1 的条件下,局部反馈回路的特性主要取决于反馈校正装置,而与被包围环节无关。

需要说明的是,要利用反馈校正装置 $\dfrac{1}{G_c(s)}$ 取代原系统的环节 $G_2(s)$,如果 $G_2(s)$ 中需要有积分环节的存在,在 $G_c(s)$ 中就会出现微分环节,而微分环节在物理实现上存在困难,通常用时间常数较大的比例微分环节替代,因此只能用 $\dfrac{1}{G_c(s)}$ 近似地取代 $G_2(s)$,还需要加入串联校正以满足系统性能指标的要求。

6.4.2 反馈校正的分类

反馈校正校正环节中依据是否含微分环节,可分为硬反馈和软反馈两种,硬反馈的校正装置以比例环节为主体(有时会有含有滤波的小惯性环节),它在系统的动态和稳态过程中都起作用;软反馈的校正装置以微分环节为主体(有时也会有含有滤波的小惯性环节),它的特点是只在系统的动态过程中起作用,而在稳态时形同开路,不起作用。

6.4.3 反馈校正对系统的影响

(1)反馈校正改善系统被包围环节的结构或参数

例如在图 6-4 中,若 $G_2(s) = \dfrac{K_2}{s}$,$G_c(s) = K_f$,则局部反馈环的等效传递函数为

$$\frac{G_2(s)}{1 + G_2(s)G_c(s)} = \frac{\dfrac{K_2}{s}}{1 + \dfrac{K_2}{s}K_f} = \frac{\dfrac{1}{K_f}}{\dfrac{1}{K_2 K_f}s + 1} \tag{6-46}$$

从式(6-46)中可以看到,经反馈校正后,该环节由积分环节变为惯性环节,通过调整 K_f,可

改变此惯性环节的时间常数和增益。

又例如,若 $G_2(s)$ 代表伺服电动机,其传递函数为 $G_2(s)=\dfrac{K_m}{s(1+T_m s)}$, $G_c(s)=K_f s$,则局部反馈环的等效传递函数为

$$\frac{G_2(s)}{1+G_2(s)G_c(s)}=\frac{K'_m}{s(T'_m s+1)} \tag{6-47}$$

式(6-47)中,$K'_m=\dfrac{K_m}{1+K_m K_f}$,$T'_m=\dfrac{T_m}{1+K_m K_f}$,通过选择 K_f,可以将环节的增益和时间常数调整到理想的数值。

(2)反馈校正降低系统对参数变化的敏感性

例如,设 $G_2(s)=\dfrac{K_2}{(1+Ts)}$,$G_c(s)=K_f$,若无反馈校正时,当 K_2 发生变化 $K_2\rightarrow K_2+\Delta K_2$,其相对增量为 $\dfrac{\Delta K_2}{K_2}$;若采用反馈校正时,则局部反馈环的等效传递函数为

$$\frac{G_2(s)}{1+G_2(s)G_c(s)}=\frac{K'_2}{(T's+1)}$$

其中,$K_2'=\dfrac{K_2}{1+K_2 K_f}$,$T'=\dfrac{T}{1+K_2 K_f}$,对环节增益而言,其变化量为

$$\Delta K'_2=\frac{\partial K'_2}{\partial K_2}\Delta K_2=\frac{\Delta K_2}{(1+K_2 K_f)^2}$$

反馈校正后环节增益的增量为

$$\frac{\Delta K'_2}{K'_2}=\frac{1}{1+K_2 K_f}\frac{\Delta K_2}{K_2} \tag{6-48}$$

从式(6-48)可以看出,增加反馈校正装置后,该环节增益变化量比未使用反馈校正系统的增益变化量小 $(1+K_2 K_f)$ 倍,系统对环节参数变化敏感性降低。

在工程实践中,控制系统固有部分的参数无法被设计者控制,使用反馈校正后可以降低系统对参数变化的敏感性,设计者只需控制校正装置的参数,以满足控制系统性能的要求。

(3)反馈校正削弱非线性特性对系统的影响

当系统由线性工作区进入到非线性工作区,相当于系统的参数发生变化,而反馈校正可以改变被包围环节的参数,从而降低了系统对参数变化的敏感性,因此,反馈校正在一般情况下也可以消弱非线性特性对系统的影响。

(4)反馈校正有利于抑制系统噪声

在控制系统中使用反馈校正,通过选择校正装置的形式,可以起到与串联校正一样的作用,同时可削弱噪声对系统的影响。

应当指出,进行反馈校正设计时,要注意局部闭合回路的稳定性,如果反馈校正装置的参数选择不当,而使局部闭合回路不稳定,则整个系统也将难以稳定可靠地工作,且不便于对系统进行开环调试。

6.5　复合校正

复合校正是指在串联校正或局部反馈校正的前提下,对控制系统存在的给定值实施前

馈补偿,或对可测量的干扰信号实施前馈补偿,组成一个前馈控制与反馈控制相结合的控制模式。复合校正的一种模式是,利用开环的方式补偿系统的任何一种可以测量的输入信号对系统输出量的影响,可以在不提高系统型别或开环增益的前提下,减小甚至消除误差,这种提高稳态性能的方法不影响系统的动态性能,解决了单独使用串联校正时动、静态性能指标的矛盾;复合校正的另一种模式是,对扰动信号构建双通道,利用干扰信号来补偿干扰信号对系统输出量的影响,解决了系统的快速跟踪与系统的抗扰性能之间的矛盾。因此,复合校正适用于存在强干扰,尤其是低频干扰,或动静态性能要求都较高的系统。

6.5.1 按扰动补偿的复合校正

按扰动补偿的复合校正的结构如图 6-27 所示,对扰动信号而言存在两条通道,要消除干扰信号对系统的影响,应满足$[G_n(s)G_1(s)+1]N(s)=0$,即

$$G_n(s) = -\frac{1}{G_1(s)} \tag{6-49}$$

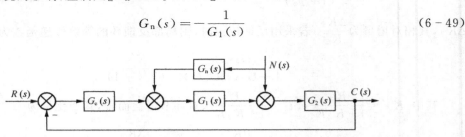

图 6-27 按扰动补偿的复合校正

按扰动补偿的复合校正的原理就是针对干扰信号构建双通道,利用干扰补偿干扰,以消除扰动对系统的影响。式(6-49)为误差全补偿条件,但由于$G_1(s)$的分母阶次一般高于分子的,在物理实现上往往无法准确实现,因此在实际工程实践中,多采用对系统性能起主要作用的频率近似全补偿,或采用稳态全补偿。

值得指出的是,在采用按扰动补偿的复合校正时,扰动信号要能够直接或间接地被测量,同时由于构建的扰动补偿通道相当于开环控制,$G_n(s)$必须要有较高的参数稳定性。

【例 6-5】已知系统的动态结构图如图 6-27 所示,若 $G_1(s) = \dfrac{K_1}{T_1 s + 1}$,试选择 $G_n(s)$,使系统不受扰动信号的影响。

解:由题意,扰动信号对系统输出的影响为

$$C(s) = \frac{[1 + G_n(s)G_1(s)]G_2(s)}{1 + G_c(s)G_1(s)G_2(s)} N(s)$$

若要系统的输出不受扰动信号的影响,则 $C(s)=0$,即

$$G_n(s) = -\frac{1}{G_1(s)} = -\frac{T_1 s + 1}{K_1}$$

$G_n(s)$可以用一个 PD 控制器实现。

6.5.2 按输入补偿的复合校正

按输入补偿的复合校正的结构如图 6-6(a)所示,则系统的闭环传递函数为

$$\Phi(s) = \frac{C(s)}{R(s)} = [1 + G_r(s)] \frac{G_c(s)G_o(s)}{1 + G_c(s)G_o(s)} \tag{6-50}$$

令

$$\Phi(s) = \frac{C(s)}{R(s)} = \frac{b_m s^m + b_{m-1}s^{m-1} + \cdots + b_1 s + b_0}{a_n s^n + a_{n-1}s^{n-1} + \cdots + a_1 s + a_0}$$

将其等效为一个单位反馈系统,其开环传递函数为

$$G'(s) = \frac{\Phi(s)}{1-\Phi(s)} = \frac{b_m s^m + b_{m-1}s^{m-1} + \cdots + b_1 s + 1}{a_n s^n + \cdots + (a_2 - b_2)s^2 + (a_1 - b_1)s + (a_0 - b_0)} \quad (6-51)$$

若要系统对阶跃信号实现无静差,则系统必须为 Ⅰ 型系统,即在 $G'(s)$ 的分母中常数项系数 $(a_0 - b_0)$ 为 0;若要系统对斜坡信号实现无静差,则系统必须为 Ⅱ 型系统,即在 $G'(s)$ 的分母中的常数项系数 $(a_0 - b_0)$ 和 s 的系数 $(a_1 - b_1)$ 同时为 0,以此类推。在设计时,先进行系统的串联校正 $G_c(s)$ 设计,以满足系统动态性能的要求,然后通过 $G_r(s)$ 的设计,来改善系统的稳态性能,这就是按输入补偿的复合校正能够实现系统较高的动、静态性能指标的原因。

6.6 控制系统的工程设计方法

前面介绍的校正方法是先根据要求的性能指标,结合未校正系统的实际情况,选择校正装置的结构与参数,由于系统性能指标是依据实际生产设备或生产过程的功能或工艺流程而提出的,个性突出,要得到系统校正后的数学模型比较困难,存在一些设计者主观选择的参数,具有一定的试探性。

在实际应用中还有一种设计方法,以成熟的、性能指标优化配合的控制系统为模型,对系统进行设计,称为工程设计方法。使用工程设计方法时,先要根据系统的性能指标要求,确定校正后系统的模型,并转化为预期的对数频率特性,通过与系统固有部分对数频率特性的比较,得出校正装置的频率特性,最后转化为实际电路。常用的控制系统模型有典型 Ⅰ 型系统和典型 Ⅱ 型系统。

6.6.1 系统固有部分的简化处理

在使用工程设计方法时,首先要对系统固有部分数学模型进行合理简化处理,不仅可以适应控制系统模型的需要,而且可以减小数学模型过于复杂给分析和设计带来的不便。

（1）小惯性环节的近似处理

当小惯性环节的时间常数比其他惯性环节的时间常数小很多时,可以将此小惯性环节忽略,例如某系统的开环传递函数为

$$G(s) = \frac{K}{(T_1 s + 1)(T_2 s + 1)} \approx \frac{K}{(T_2 s + 1)} \quad (T_1 \ll T_2)$$

（2）小惯性群的近似处理

在自动控制系统中,经常存在多个小惯性环节（其时间常数相差不多）相串联,当校正后系统的截止频率在这些小惯性环节的转折频率之左,且具有较大的距离时,可将这些小惯性环节合并为一个惯性环节。例如某系统的开环传递函数为

$$G(s) = \frac{K}{(T_1 s + 1)(T_2 s + 1)(T_3 s + 1)} \approx \frac{K}{(Ts + 1)} \quad (T = T_1 + T_2 + T_3)$$

（3）高阶系统的降阶处理

在高阶系统中,若 s 的最高次的系数比其他项的系数小得多时,则可以略去此项。例

如,若某系统的开环传递函数中参数 a_n 比其他参数要小很多时,其开环传递函数可做如下化简

$$G(s) = \frac{K}{a_n s^n + a_{n-1} s^{n-1} + \cdots + a_1 s + a_0} \approx \frac{K}{a_{n-1} s^{n-1} + \cdots + a_1 s + a_0}$$

6.6.2 典型 I 型系统模型

典型 I 型系统(又称典型二阶系统)的开环传递函数为

$$G(s) = \frac{K}{s(Ts+1)} \qquad (6-52)$$

对比二阶系统的传递函数可以得到

$$\omega_n = \sqrt{\frac{K}{T}} \qquad \xi = \frac{1}{2\sqrt{KT}}$$

典型 I 型系统的开环对数频率特性如图 6-28 所示,其中 $\omega_c = K$,$\omega_1 = \frac{1}{T}$。显然,为了保证 ω_c 所在频段的斜率为 $-20\ dB/dec$,应有 $\omega_c < \frac{1}{T}$,即 $KT < 1$。

典型 I 型系统的结构简单,在选择参数时,若系统要求快速性好一些,可选取 $\xi = 0.5 \sim 0.6$,若要求超调量小一些,可取 $\xi = 0.8 \sim 1.0$;若无特殊要求,一般取 $\zeta = 0.707$,此时是二阶系统最佳状态。典型 I 型系统的性能指标与参数之间的关系见表 6-1。

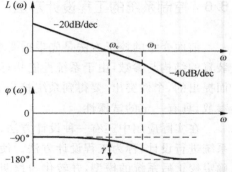

图 6-28 典型 I 性系统频率特性

表 6-1 典型 I 型系统的性能指标与参数之间的关系

参数 KT		0.25	0.31	0.39	0.5	0.69	1.0
阻尼比 ξ		1.0	0.9	0.8	0.707	0.6	0.5
超调量 $\sigma\%$		0	0.15%	1.5%	4.3%	9.5%	16.3%
调整时间 t_s	(5%)	9.4T	7.2T	6T			
	(2%)	11T	8.5T	8T			
相位裕度 γ		76.3°	73.5°	69.9°	65.5°	59.2°	51.8°
截止频率 ω_c		0.234/T	0.292/T	0.367/T	0.455/T	0.596/T	0.786/T

【**例 6-6**】某单位反馈系统的开环传递函数为

$$G_o(s) = \frac{35}{s(0.2s+1)(0.01s+1)}$$

若将其校正成典型 I 型系统,并要求系统在单位斜坡信号作用下的稳态误差不大于 0.02,试选择校正装置 $G_c(s)$。

解:

$$G(s) = G_c(s) G_o(s) = G_c(s) \frac{35}{s(0.2s+1)(0.01s+1)} = \frac{K}{s(Ts+1)}$$

由系统稳态精度的要求,$e_{ss} = \frac{1}{K} \leqslant 0.02$,得 $K \geqslant 50$,取 $K = 50$。

取 $T=0.01$(保留 $G_o(s)$ 中的小惯性环节,以保证校正后系统具有较大的频宽),则

$$G_c(s)=1.43(0.2s+1)$$

$G_c(s)$ 可用一个 PD 控制器实现,见图 6-11(a),其中,$K_c=-\dfrac{R_1}{R_0}=-1.43$,$\tau=$

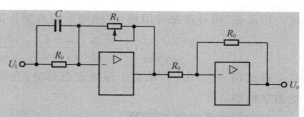

图 6-29 例 6-6 的校正装置电路

$R_0C=0.2$,选择 $R_0=20$ kΩ,则 $R_1=28.6$ kΩ,$C=10$ μF,为了调整信号极性,PD 控制器之后应加一个反相器,校正装置的电路如图 6-29 所示。校正前后系统的对数幅频特性如图 6-30 所示,$L_o(\omega)$ 为校正前系统的开环对数幅频特性曲线,$L'(\omega)$ 为校正前系统的开环对数幅频特性曲线,校正前,系统的截止频率 $\omega_c=\sqrt{5\times35}=13.2$,相位裕度 $\gamma=13.2°$,校正后,系统的截止频率 $\omega'_c=50$,相位裕度 $\gamma'=63.4°$。对比校正前后系统的性能可知,通过加入 PD 控制器,系统的平稳性和快速性都得到了提高,但系统的抗干扰性能下降了。

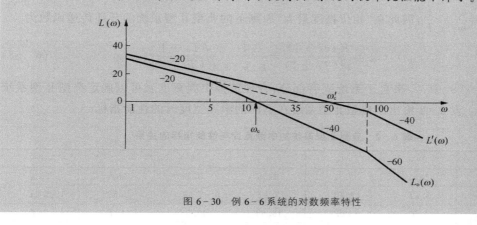

图 6-30 例 6-6 系统的对数频率特性

6.6.3 典型 Ⅱ 型系统模型

典型 Ⅱ 型系统(又称典型三阶系统)的开环传递函数为

$$G(s)=\frac{K(\tau s+1)}{s^2(Ts+1)} \qquad (\tau > T) \tag{6-53}$$

式(6-53)中,参数 T 一般来自系统固有部分,参数 τ 和 K 需要确定,常用"闭环谐振峰值最小"原则或"相位裕度最大"原则,来约束二者之间的关系。其对数幅频特性如图 6-31 所示。

(1)"闭环谐振峰值最小"原则

可以证明,当满足式(6-54)和式(6-55)时,系统的闭环谐振峰值最小,因此称为三阶最佳频比状态。

$$\frac{\omega_2}{\omega_c}=\frac{2h}{h+1} \tag{6-54}$$

$$\frac{\omega_c}{\omega_1}=\frac{h+1}{2} \tag{6-55}$$

其中,$\omega_1=\dfrac{1}{\tau}$,$\omega_2=\dfrac{1}{T}$,$h=\dfrac{\omega_2}{\omega_1}=\dfrac{\tau}{T}$,$h$ 称为中频宽

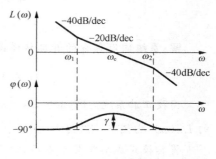

图 6-31 典型 Ⅱ 型系统的对数频率特性

度。因此在"闭环谐振峰值最小"原则下的典型Ⅱ型系统的开环传递函数为

$$G(s)=\frac{K(\tau s+1)}{s^2(Ts+1)}=\frac{h+1}{2h^2T^2}\frac{hTs+1}{s^2(Ts+1)} \tag{6-56}$$

在式(6-56)中，T来自于系统固有部分，合理选择中频宽度就可以确定典型Ⅱ型系统的数学模型。

（2）"相位裕度最大"原则

典型Ⅱ型系统的相位裕度为

$$\gamma'=\arctan\tau\omega'_c-\arctan T\omega'_c=\arctan\frac{(\tau-T)\omega'_c}{1-T\tau\omega'^2_c}$$

要使相位裕度最大，则令$\dfrac{\mathrm{d}\gamma'}{\mathrm{d}\omega'_c}=0$，由此可得

$$\omega'_c=\sqrt{\frac{1}{\tau T}} \tag{6-57}$$

由于$h=\dfrac{\omega_2}{\omega_1}=\dfrac{\tau}{T}$，因此在"相位裕度最大"原则下的典型Ⅱ型系统的开环传递函数为

$$G(s)=\frac{K(\tau s+1)}{s^2(Ts+1)}=\frac{1}{h\sqrt{h}T^2}\frac{hTs+1}{s^2(Ts+1)} \tag{6-58}$$

在式(6-58)中，T来自于系统固有部分，合理选择中频宽度就可以确定典型Ⅱ型系统的数学模型。表6-2给出了典型Ⅱ型系统在不同的中频宽度时的性能指标。

表6-2 典型Ⅱ型系统的中频宽度与性能指标的关系

中频宽度 h	2.5	3	4	5	7.5	10
超调量 $\sigma\%$	58%	53%	43%	37%	28%	23%
上升时间 t_r	2.5T	2.7T	3.1T	3.5T	4.4T	5.2T
调整时间 t_s	21T	19T	16.6T	17.5T	19T	26T
相位裕度 γ	25°	30°	37°	42°	50°	55°

【例6-7】已知系统的结构如图6-32所示，要求系统在斜坡信号作用下实现无静差，相位裕度$\gamma'\geqslant50°$。试设计串联校装置。

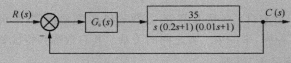

图6-32 例6-7系统结构

解：系统固有部分的开环传递函数为

$$G_o(s)=\frac{35}{s(0.2s+1)(0.01s+1)}$$

因校正前系统为Ⅰ型系统，不能对斜坡信号实现无静差，其对数幅频特性曲线如图6-33中的$L_o(\omega)$，由图6-33可知，$\omega_c=\sqrt{5\times35}=13.2$，$\gamma=13.2°$，不满足相位裕度的要求。

将其校正成典型Ⅱ型系统，取$T=0.01$，在表6-2中，若要满足$\gamma'\geqslant50°$，$h\geqslant7.5$，选择$h=10$，则校正后系统的开环传递函数为

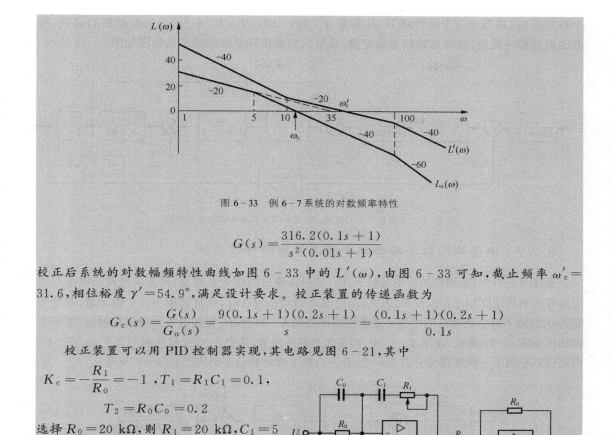

图 6-33　例 6-7 系统的对数频率特性

$$G(s) = \frac{316.2(0.1s+1)}{s^2(0.01s+1)}$$

校正后系统的对数幅频特性曲线如图 6-33 中的 $L'(\omega)$，由图 6-33 可知，截止频率 $\omega_c' = 31.6$，相位裕度 $\gamma' = 54.9°$，满足设计要求。校正装置的传递函数为

$$G_c(s) = \frac{G(s)}{G_o(s)} = \frac{9(0.1s+1)(0.2s+1)}{s} = \frac{(0.1s+1)(0.2s+1)}{0.1s}$$

校正装置可以用 PID 控制器实现，其电路见图 6-21，其中

$$K_c = -\frac{R_1}{R_0} = -1 \ , \ T_1 = R_1 C_1 = 0.1,$$

$$T_2 = R_0 C_0 = 0.2$$

选择 $R_0 = 20 \text{ k}\Omega$，则 $R_1 = 20 \text{ k}\Omega$，$C_1 = 5$ μF（用 4.7 μF），$C_0 = 10$ μF，为了调整信号极性，PD 控制器之后应加一个反相器，其电路如图 6-34 所示。

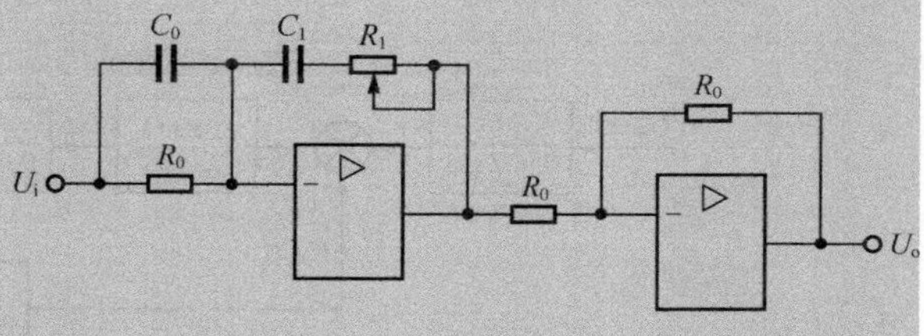

图 6-34　例 6-7 校正装置电路

6.7　控制系统设计综合实例

转速、电流双闭环调速系统的原理如图 2-39 所示，其中，ASR 为速度调节器。由 PI 控制器实现，ACR 为电流调节器，也由 PI 控制器实现，TG 为测速发电机，与 RP₂ 一起构成系统的速度反馈环节，TA 为电流互感器，与 RP₃ 一起构成系统的电流反馈环节，触发器与整流电路一起为系统的功率放大环节。被控对象为直流电动机，L_a 是其等效电感。

6.7.1　系统数学模型建立

转速、电流双闭环调速系统的组成环节有 ASR、ACR、功率放大、直流电动机以及反馈环节，其动态结构图如图 2-40 所示。由图 2-40 可知，该系统有两个反馈回路，一个是以电流为被控量的电流环，另一个是以转速作为被控量的速度环，电流环为内环，速度环为外环。电流调节器 ACR 和速度调节器 ASR 的输入端都设有滤波电路，电流环的滤波时间常数取为 0.002，速度环的滤波时间常数取为 0.01，α 为速度反馈系数，β 为电流反馈系数，其数值均通过实验测定，K_s 是功率放大环节的放大倍数，由于整流电路采用了三相全控桥，存在一个时间滞后,相当于一个惯性环节,其参数 T_s 为 0.0017,T_a、R_a、C_e、C_m 为电动机的参数,当电动机选型完成后,这些参数就是确定值,赋值后的双闭环系统的动态结构图如图 6-35 所示。

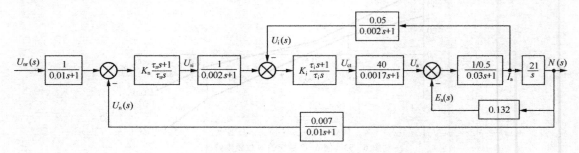

图 6-35 参数代入后的转速、电流双闭环调速系统动态结构图

6.7.2 电流环的数学模型与电流调节器的参数设计

在图 6-35 中,电动机的反电动势 $E_a(s)$ 是与转速呈线性关系的量,其变化速度与电流对给定信号的响应速度相比要慢得多,因此,在电流环的动态设计时,可将其作为一个恒定量,其变化量为 0,忽略不计。处理后的电流环动态结构图如图 6-36 所示,将其等效为单位反馈时,其动态结构图如图 6-37 所示,在图 6-37 中,存在 3 个惯性环节,其中 0.03 比其他两个大了 10 倍以上,因此将其它两个小惯性环节合并为一个,合并后的电流环的动态结构图如图 6-38 所示。

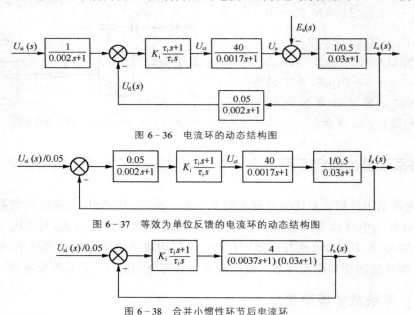

图 6-36 电流环的动态结构图

图 6-37 等效为单位反馈的电流环的动态结构图

图 6-38 合并小惯性环节后电流环

在图 6-38 中,系统固有部分的传递函数为

$$G_{0i}(s) = \frac{4}{(0.03s + 1)(0.0037s + 1)}$$

电流调节器作为校正装置,其传递函数为

$$G_{ci}(s) = K_i \frac{\tau_i s + 1}{\tau_i s}$$

为了实现对阶跃信号的无静差,一般将电流环校正成典型I型系统,为了使系统具有较大的相位裕度,保留固有部分的小惯性环节,所以取 $\tau_i=0.03$,校正后电流环的开环传递函数为

$$G_i(s)=G_{ci}(s)G_{0i}(s)=\frac{4K_i}{\tau_i s(0.0037s+1)}=\frac{K}{s(Ts+1)}$$

式中,$K=\dfrac{4K_i}{\tau_i}=133.3K_i$,$T=0.0037$,按照二阶最佳模型进行设计,即 $K=\dfrac{1}{2T}=135(\xi=0.707)$,可得 $K_i=1.01$。校正后,电流环的结构图如图 6-39 所示,其等效的开环传递函数为

$$G_i(s)=\frac{135}{s(0.0037s+1)}$$

电流环的对数幅频特性曲线如图 6-40 所示,图 6-40 中,$L_{0i}(s)$ 为校正前电流环的开环对数幅频特性曲线,$L'_i(s)$ 为校正后电流环的开环对数幅频特性曲线,校正后,电流环的截止频率 $\omega'_{ci}(s)=135$,相位裕度为 $\gamma'_i=63.5°$。

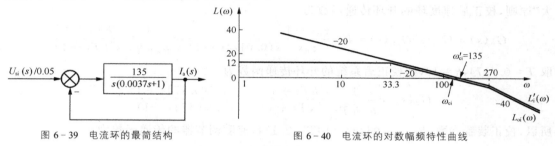

图 6-39 电流环的最简结构   图 6-40 电流环的对数幅频特性曲线

6.7.3 速度环的数学模型与速度调节器的参数设计

电流环的等效闭环传递函数为

$$\frac{0.05I_d(s)}{U_{si}(s)}=\frac{135}{s(0.0037s+1)+135}=\frac{1}{0.000027s^2+0.0074s+1}$$

由于 0.000027 远远小于 0.0074,可将电流环的闭环传递函数由二阶近似处理为一阶,其闭环传递函数为

$$\frac{I_d(s)}{U_{si}(s)}=\frac{20}{0.0074s+1}$$

此时双闭环调速系统的动态结构图如图 6-41 所示,等效为单位反馈时其结构图如图 6-42 所示。在图 6-42 中,存在两个惯性环节(时间常数接近),合并为一个惯性环节,合并后的电流环的动态结构图如图 6-43 所示。

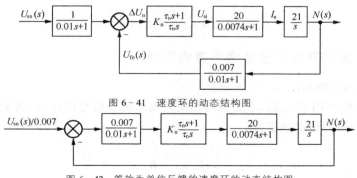

图 6-41 速度环的动态结构图

图 6-42 等效为单位反馈的速度环的动态结构图

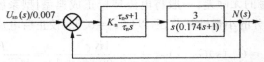

$$U_{sn}(s)/0.007 \quad K_n\frac{\tau_n s+1}{\tau_n s} \quad \frac{3}{s(0.174s+1)} \quad N(s)$$

图 6-43 合并小惯性环节的速度环的动态结构图

在图 6-43 中,系统固有部分的传递函数为

$$G_{0n}(s) = \frac{3}{s(0.0174s+1)}$$

电流调节器作为校正装置,其传递函数为

$$G_{cn}(s) = K_n\frac{\tau_n s+1}{\tau_n s}$$

为了实现系统对斜坡信号的无静差,一般将速度环校正成典型 Ⅱ 型系统,依据"相位裕度最大"原则,校正后速度环的开环传递函数为

$$G_n(s) = G_{cn}(s)G_{0n}(s) = K_n\frac{\tau_n s+1}{\tau_n s}\frac{3}{s(0.0174s+1)} = \frac{1}{h\sqrt{h}T^2}\frac{hTs+1}{s^2(Ts+1)}$$

取 $T=0.0174$, $h=10$,则校正后系统的开环传递函数为

$$G_n(s) = \frac{1}{h\sqrt{h}T^2}\frac{hTs+1}{s^2(Ts+1)} = \frac{104.5(0.174s+1)}{s^2(0.0174s+1)}$$

所以,校正装置参数: $K_n=6.06$, $\tau_n=10T=0.174$,速度调节器的传递函数为

$$G_{cn}(s) = \frac{6.06(0.174s+1)}{0.174s}$$

校正后系统的性能指标为: $\sigma\%=23\%$, $t_s=0.45$, $\gamma'=55°$。校正后速度环的对数幅频特性曲线如图 6-44 所示,图 6-44 中, $L_{on}(s)$ 为校正前速度环的开环对数幅频特性曲线, $L'_n(s)$ 为校正后速度环的开环对数幅频特性曲线。

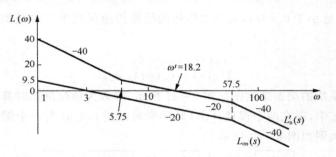

图 6-44 速度环的对数频率特性曲线

6.7.4 电流调节器和速度调节器的实现

速度调节器的电路如图 6-45 所示。

因系统用了两个 PI 控制器,不需要再加反向器来调整信号的极性,为叙述方便,忽略信号极性,速度调节器的传递函数为

$$\frac{U_{si}(s)}{U_{nr}(s)} = \frac{1}{1+\frac{R_0 C_{0n}}{4}s} \times \frac{R_1}{R_0} \times \frac{R_1 C_1 s+1}{R_1 C_1 s}$$

其中，$\dfrac{R_1}{R_0}=6.06$，$\dfrac{R_0 C_{0n}}{4}=0.01$，$R_1 C_1=0.174$，取 $R_0=20\ \text{k}\Omega$，则 $R_1=121\ \text{k}\Omega$，$C_{0n}=2\ \mu\text{F}$，$C_1=8.7\ \mu\text{F}$，考虑到现场调试，这 3 个元件可使用可变电阻器和可变电容器。

电流调节器的电路如图 6-46 所示。

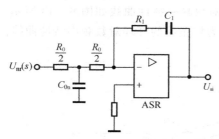

图 6-45　速度调节器的电路

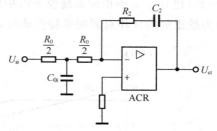

图 6-46　电流调节器的电路

其传递函数为

$$\frac{U_{\text{ct}}(s)}{U_{\text{si}}(s)}=\frac{1}{1+\dfrac{R_0 C_{0i}}{4}s}\times\frac{R_2}{R_0}\times\frac{R_2 C_2 s+1}{R_2 C_2 s}$$

其中，$\dfrac{R_2}{R_0}=1.01$，$\dfrac{R_0 C_{0i}}{4}=0.002$，$R_2 C_2=0.03$，取 $R_0=20\ \text{k}\Omega$，则：$R_2=20\ \text{k}\Omega$，$C_{0i}=0.4\mu\text{F}$，$C_2=1.5\ \mu\text{F}$，考虑到现场调试，这三个元件也使用可变电阻器和可变电容器。

习　题

6-1　设某单位反馈的火炮指挥车伺服系统的开环传递函数为

$$G_o(s)=\frac{K}{s(0.2s+1)(0.5s+1)}$$

若要求系统最大输出速度为 $12°/\text{s}$，输出位置的容许误差小于 $2°$，试求：

(1) 确定满足上述指标的最小 K 值，计算该 K 值下的相位裕度和幅值裕度。

(2) 若在前向通路中串联超前校正装置，其传递函数为

$$G_c(s)=\frac{(0.4s+1)}{(0.08s+1)}$$

计算校正后系统的相位裕度和幅值裕度，并说明校正装置对系统性能的影响。

6-2　已知单位反馈系统的开环传递函数为

$$G_o(s)=\frac{K}{s(0.1s+1)(0.01s+1)}$$

试设计串联超前校正装置，使校正后系统的相位裕度不小于 $30°$，静态速度误差系数不小于 100。

6-3　已知一最小相位系统的开环对数频率特性曲线如图 6-47 所示，其中，$L_o(\omega)$ 为校正前的开环对数频率特性

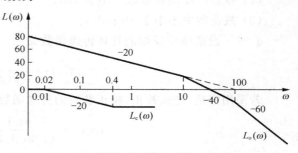

图 6-47　题 6-3 图

曲线,$L_c(\omega)$为校正装置的对数频率特性曲线。

(1) 求校正前系统的开环传递函数 $G_o(s)$ 和校正装置的传递函数 $G_c(s)$;

(2) 在图中画出校正后系统的开环对数频率特性曲线,并求校正前、后系统的相位裕度。

6-4 已知一最小相位系统校正前后的开环对数频率特性曲线如图 6-48 所示,其中, $L_o(\omega)$ 为校正前的开环对数频率特性曲线,$L'(\omega)$ 为校正后的开环对数频率特性曲线。

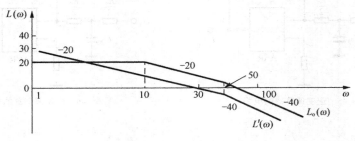

图 6-48 题 6-4 图

(1) 写出校正前后系统的开环传递函数 $G_o(s)$ 和 $G(s)$;

(2) 在图中画出校正装置的开环对数频率特性曲线,并写出其传递函数;

(3) 并求校正前后系统的相位裕度;

(4) 分析校正装置对系统动、静态性能的影响。

6-5 设某单位反馈的开环传递函数为

$$G_o(s) = \frac{K}{s(s+1)}$$

试设计一个串联超前校正装置,使系统满足如下性能指标:

(1) 相位裕度大于或等于 $45°$。

(2) 在单位斜坡输入下的稳态误差小于 0.067 rad。

(3) 截止频率不小于 7.5 rad/s。

6-6 已知单位反馈系统的开环传递函数为

$$G_o(s) = \frac{K}{s(0.02s+1)}$$

试设计串联滞后校正装置,使校正后系统满足:

(1) 相位裕度大于或等于 $60°$;

(2) 静态速度误差系数不小于 100;

(3) 截止频率不小于 10 rad/s。

6-7 设某单位反馈的开环传递函数为

$$G_o(s) = \frac{8}{s(2s+1)}$$

若采用滞后-超前校正,校正装置的传递函数为

$$G_c(s) = \frac{(10s+1)(2s+1)}{(100s+1)(0.2s+1)}$$

试绘制系统校正前后的对数幅频特性曲线,并计算系统校正前后的相位裕度。

6-8 某机器人手臂的数学模型为

$$G_o(s) = \frac{250}{s(s+2)(s+40)(s+45)}$$

若采用图 6-49 的控制方案,使系统的超调量小于 20%,上升时间小于 0.5 s,调整时间小于 1.2s($\Delta=2\%$),静态速度误差系数不小于 10,试问:采用超前校正装置

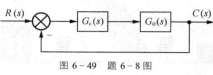

图 6-49 题 6-8 图

$$G_c(s) = 1483.7 \frac{s+3.5}{s+33.75}$$

是否合适?为什么?

6-9 已知单位反馈系统的开环传递函数为

$$G_o(s) = \frac{K}{s(s+1)(0.01s+1)}$$

试设计串联校正装置,使校正后系统满足:相位裕度不小于 45°,截止频率大于 2,单位斜坡输入下稳态误差小于 0.0625。

6-10 采用反馈校正的系统结构如图 6-50 所示,其中,$G_o(s) = \frac{2}{s(0.5s+1)}$,$K=10$,$G_c(s) = 0.15s$,试比较校正前后系统的相位裕度

6-11 采用复合校正的系统结构如图 6-51 所示,其中:$G_1(s) = \frac{K}{s+1}$,$G_2(s) = \frac{2}{s(0.5s+1)}$,试确定 K 和 $G_r(s)$ 使校正后系统超调量不大于 20%,对斜坡信号实现无静差。

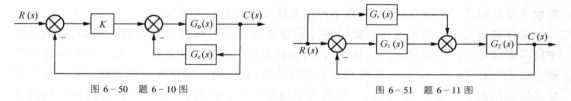

图 6-50 题 6-10 图   图 6-51 题 6-11 图

6-12 设复合控制系统如图 6-52 所示,其中,$N(s)$ 为可测量干扰信号,$G_c(s) = K_t s$,$G_1(s) = K_1$,$G_2(s) = 1/s^2$,试确定 $G_n(s)$,K_1,K_t,使系统的输出完全不受干扰的影响,并且系统的超调量小于或等于 25%,峰值时间为 2 秒。

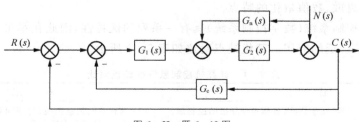

图 6-52 题 6-12 图

第7章　线性离散控制系统

随着电子技术、传感器技术、网络通信技术的发展，尤其是高性能计算机与微处理器的广泛应用。数字控制技术在控制系统中得到迅速发展，从而使得离散系统控制理论越来越重要。离散系统与连续系统相比较，由于存在采样、保持、数字处理等过程，在系统分析过程中有着本质上的不同，但在系统性能的划分以及分析方法等方面又具有相似性。

本章主要介绍线性离散控制系统分析的基本原理与方法，包括离散系统的概念及信号的采样与保持、Z 变换理论及 Z 传递函数、离散系统数学模型以及线性离散系统的稳态性能及动态性能的分析。

7.1　线性离散控制系统简介

连续时间系统（简称连续系统）是控制系统中的所有信号都是时间变量的连续函数，即信号在全部时间上都是已知的。对应离散时间系统（简称离散系统）是控制系统中有一处或几处信号是一串脉冲或数码，即信号仅定义在离散时间上。

通常，把离散信号是脉冲序列形式的离散系统，称为采样控制系统或脉冲控制系统。而把数字序列形式的离散系统，称为数字控制系统或计算机控制系统。

采样控制系统是对来自传感器的连续信息在规定的时间瞬时上取值。例如，控制系统中的误差信号可以是断续形式的脉冲信号，而相邻两个脉冲之间的误差信息，系统并没有收到。如果在有规律的间隔上，系统取到了离散信息，则这种采样称为周期采样；反之，如果信息之间的间隔是时变的，或随机的，则称为非周期采样，或随机采样。本章仅讨论等周期采样，在这一假定下，如果系统中有几个采样器，则它们应该是同步等周期的。

数字控制系统是一种以数字计算机为控制器去控制具有连续工作状态的被控对象的闭环控制系统。因此，数字控制系统包括工作于离散状态下的数字计算机和工作于连续状态下的被控对象两大部分。相对而言，采样控制系统具有时间离散、数值连续的特点；数字控制系统具有时间离散、数值量化的特点。

由于计算机控制系统（数字控制系统）具有一系列的优越性，因此在军事、航空及工业过程控制中，得到了广泛的应用。其优缺点对比如表 7-1 所示。

表 7-1　计算机控制系统优缺点对比

优　点	缺　点
（1）控制计算由程序实现，便于修改，容易实现复杂的控制律 （2）抗干扰性强 （3）一机多用，利用率高 （4）便于联网，实现生产过程的自动化和宏观管理	（1）采样点间信息丢失，与相同条件下的连续系统相比，性能会有所下降 （2）需附加 A/D，D/A 转换装置

7.2　信号的采样与保持

7.2.1　信号的采样

（1）采样过程

图 7-1 所示是典型的计算机控制系统。被控对象是在连续信号下工作的，其控制信号 $u_h(t)$、输出信号 $c(t)$ 及其反馈信号 $b(t)$、参考输入信号 $r(t)$ 等均为连续信号，而计算机的输入 $e^*(t)$、输出信号 $u^*(t)$ 是离散的数字信号。

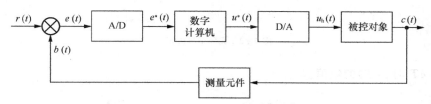

图 7-1　计算机控制系统原理图

由于计算机处理的是二进制数据，其输入信号不能是连续信号，因此误差信号 $e(t)$ 要经过模数转换器（A/D）变成计算机能接收的数字信号 $e^*(t)$。这种将连续信号变为离散信号的过程成为采样。

实际采样装置是多种多样的，但无论其具体实现如何，其基本功能可以用一个开关来表示，通常称为采样开关。连续信号 $e(t)$ 加在采样开关一端，采样开关以一定规律开闭，另一端便得到离散信号 $e^*(t)$。采样开关每次闭合时间 ε 极短，可以认为是瞬间完成。这样开关闭合一次，就认为得到连续信号 $e(t)$ 的某一时刻的值 $e(kT)$。这样的采样开关称为理想采样开关。以后所说的采样开关都是指理想采样开关，简称为采样开关。

根据采样开关闭合的规律，可以将采样进行分类：如果采样开关是等时间间隔采样，则称为普通采样、均匀采样、周期采样等。采样间隔时间称为采样周期，常用 T 表示；如果采样的时间间隔是时变的，则称为非周期采用、非均匀采样等；如果采样开关采样的时间间隔是随机的，则称为随机采样。

一个离散系统中往往存在多个采样开关。如果系统中所有采样开关同时采样，则称为同步采样，否则称为非同步采样。如果所有采样开关都是均匀采样，但采样周期不等，则称为多速采样。本书中只研究同步周期采样系统。

（2）采样信号的数学描述。

对采样系统进行定性、定量研究和离散信号的性质，就必须用数学表达式描述信号的采样过程。实际的采样过程如图 7-2 所示，对于具有有限脉冲宽度的采样系统来说，要准确进行数学分析是非常复杂的，且无此必要。考虑到采样开关的闭合时间 τ 非常小，一般远小于采样周期 T 和系统连续部分的最大时间常数。因此在分析时，可以认为 $τ=0$。这样，采样器就可以用一个理想采样器来代替。采样过程可以看成是一个幅值调制过程。

理想采样器好像是一个载波为 $δ_T(t)$ 的幅值调制器，如图 7-3 所示，其中 $δ_T(t)$ 为理想单位脉冲序列。理想采样器的输出信号 $e^*(t)$，可以认为是图 7-3 所示的输入连续信号 $e(t)$ 调制在载波 $δ_T(t)$ 上的结果，而各脉冲强度（即面积）用其高度来表示，它们等于相应采

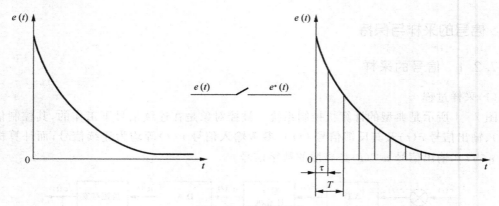

图 7-2 实际采样过程

样瞬时 $t=nT$ 时 $e(T)$ 的幅值。

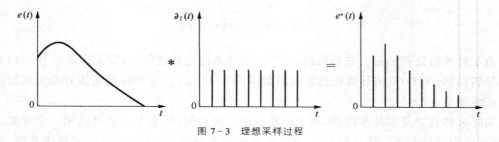

图 7-3 理想采样过程

如果用数学形式描述上述调制过程,则有

$$e^*(t)=e(t)\delta_T(t) \tag{7-1}$$

因为理想单位脉冲序列 $\delta_T(t)$ 可以表示为

$$\delta_T(t)=\sum_{n=0}^{\infty}\delta(t-nT) \tag{7-2}$$

其中 $\delta(t-nT)$ 是出现在时刻 $t=nT$、强度为 1 的单位脉冲,故式(7-1)可以写为

$$e^*(t)=e(t)\sum_{n=0}^{\infty}\delta(t-nT) \tag{7-3}$$

由于 $e(t)$ 的数值仅在采样瞬时才有意义,因此上式又可表示为

$$e^*(t)=\sum_{n=0}^{\infty}e(nT)\delta(t-nT) \tag{7-4}$$

值得注意,在上述讨论过程中,假设了 $e(t)=0,\forall t<0$。因此脉冲序列从零开始。这个前提在实际控制系统中,通常都是满足的。其中 $\delta(t-nT)$ 为单位冲激函数(狄拉克函数)。由于当 $t\neq nT$ 时,$\delta(t-nT)=0$,因此

$$e^*(t)=e(t)\sum_{n=0}^{+\infty}\delta(t-nT) \tag{7-5}$$

若定义

$$\delta_T(t)=\sum_{n=0}^{+\infty}\delta(t-nT) \tag{7-6}$$

则

$$e^*(t) = e(t)\delta_T(t) \tag{7-7}$$

式(7-4)或式(7-7)就是采样信号的数学表达式。分别对式(7-4)或式(7-7)进行分析,可求出采样信号的两种拉氏变换表达式。

当对式(7-4)进行拉氏变换,得

$$E^*(s) = \sum_{n=0}^{+\infty} e(nT)e^{-nTs} \tag{7-8}$$

当对式(7-8)进行拉氏变换,可以得到另一形式的采样信号的拉氏变换表达式。因为 $\delta_T(t)$ 是周期函数,所以,可以展开为复数形式的傅里叶级数

$$\delta_T(t) = \sum_{n=-\infty}^{+\infty} c_n e^{jn\omega_s t} \tag{7-9}$$

其中,$\omega_s = 2\pi/T$ 为采样角频率;c_n 由下式计算

$$c_n = \frac{1}{T}\int_{-\frac{T}{2}}^{\frac{T}{2}} \delta_T(t)e^{-j\omega_s t}\,dt = \frac{1}{T}\int_{-\frac{T}{2}}^{\frac{T}{2}} \delta(t)e^{-j\omega_s t}\,dt = \frac{1}{T} \tag{7-10}$$

将式(7-10)代入式(7-11),得

$$\delta_T(t) = \sum_{n=-\infty}^{+\infty} \frac{1}{T}e^{jn\omega_s t} \tag{7-11}$$

将式(7-11)代入式(7-7),得

$$e^*(t) = e(t)\sum_{n=-\infty}^{+\infty} \frac{1}{T}e^{jn\omega_s t} = \frac{1}{T}\sum_{n=-\infty}^{+\infty} e(t)e^{jn\omega_s t} \tag{7-12}$$

对式(7-12)取拉氏变换,得

$$E^*(s) = \frac{1}{T}\sum_{n=-\infty}^{+\infty} \mathscr{L}[e(t)e^{jn\omega_s t}] \tag{7-13}$$

设 $E(s) = \mathscr{L}[e(t)]$,由拉氏变换位移定理,得

$$E^*(s) = \frac{1}{T}\sum_{n=-\infty}^{+\infty} E(s + jn\omega_s) \tag{7-14}$$

7.2.2　采样定理

式(7-12)称为泊松(Poisson)求和公式。它把采样信号的拉氏变换与原连续信号的 $e(t)$ 的拉氏变换 $E(s)$ 联系起来,可以直接从 $E(s)$ 找出的频率响应。经拉氏变换后表示成了 s 的周期函数,在进行的频谱分析时很方便,可以清楚看出频谱叠加的影响。

上面得到了式(7-8)和式(7-13)表示的采样信号的拉氏变换的两种等价表达式。虽然这两个式子都是无穷级数,但用式(7-8)通常可以写成闭式,即解析函数的形式,而用式(7-13)却不能写成闭式。

在计算机控制系统中,当对信号进行采样时,采样频率越高,越接近 $e(t)$。但实际上采样频率不能任意高,总有一定的限度。采样频率越高,物理上越难实现。那么,采样频率多高,才有可能恢复到 $e(t)$,采样定理从理论上解决了这一难题,它给出了采样信息复现原连续信号必须的最低采样频率。这一定理首先上是由奈奎斯特提出的,后来被香农从信息理论的观点所证明。采样定理的基本内容叙述如下。

采样定理　若采样器的采样频率 ω_s 大于或等于其输入连续信号 $e(t)$ 的频谱中最高频

率 ω_h 的两倍,则能够从采样信号中完全复现 $e(t)$。

采样定理的结论可从频谱分析所得到的结论中得到直观说明。下面根据式(7-14)分析采样信号的频谱。

在式(7-14)中令 $s = j\omega$,得采样信号的频率特性为

$$E^*(j\omega) = \frac{1}{T} \sum_{n=-\infty}^{+\infty} E(j\omega + jn\omega_s) \tag{7-15}$$

离散采样信号的频谱如图7-4所示。一般来说,连续时间函数 $e(t)$ 的幅频谱 $|E(j\omega)|$ 是一个单一的连续频谱,其频谱中最高频率是无限的。实际上,当频率相当高时,$|E(j\omega)|$ 的值很小。所以,认为实际信号具有有限的最高频率。

$$\omega_s = \frac{2\pi}{T} > 2\omega_h$$

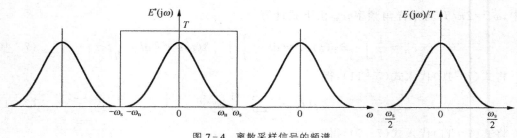

图7-4　离散采样信号的频谱

将式(7-15)展开得

$$E^*(j\omega) = \cdots + \frac{1}{T}E(j\omega - j2\omega_s) + \frac{1}{T}E(j\omega - j\omega_s) + \frac{1}{T}E(j\omega) + \frac{1}{T}E(j\omega + j\omega_s) + \cdots$$

令 $\omega = \omega_0 + \omega_s$,得

$$E^*(j\omega_0 + j\omega_s) = \cdots + \frac{1}{T}E(j\omega_0 - j\omega_s) + \frac{1}{T}E(j\omega_0)$$

$$+ \frac{1}{T}E(j\omega_0 + j\omega_s) + \frac{1}{T}E(j\omega_0 + j2\omega_s) + \cdots = E^*(j\omega_0)$$

更为一般地有

$$E^*(j\omega + jk\omega_s) = E^*(j\omega) \tag{7-16}$$

可见,是一个周期函数,周期为 ω_s,在区间 $\left[-\dfrac{\omega_s}{2}, \dfrac{\omega_s}{2}\right]$ 内。

$$E^*(j\omega) = \cdots + \frac{1}{T}E(j\omega - j2\omega_s) + \frac{1}{T}E(j\omega - j\omega_s) + \frac{1}{T}E(j\omega)$$

$$+ \frac{1}{T}E(j\omega + j\omega_s) + \frac{1}{T}E(j\omega + j\omega_s) + \frac{1}{T}E(j\omega + j2\omega_s) + \cdots$$

由于 $\omega \leqslant -\omega_s$ 或 $\omega \geqslant \omega_{max}$ 时,$F(j\omega) = 0$,因此,当满足 $\dfrac{\omega_s}{2} \geqslant \omega_{max}$,有

$$\frac{1}{T}E(j\omega + jn\omega_s) = 0; n = \pm 1, \pm 2, \cdots$$

则

$$E^*(j\omega) = \frac{1}{T}E(j\omega) \tag{7-17}$$

$$|E^*(j\omega)| = \frac{1}{T}|E(j\omega)| \qquad\qquad (7-18)$$

根据 $|F^*(j\omega)|$ 是一个周期为的周期函数以及在区间 $[-\omega_{max}, \omega_{max}]$ 内, $|F^*(j\omega)| = \frac{1}{T}$ $|F(j\omega)|$, 可知采样信号的频谱如图 7-5 所示。

如果不满足 $\frac{\omega_s}{2} \geqslant \omega_{max}$, 即则在区间 $[-\omega_{max}, \omega_{max}]$ 内, $|F^*(j\omega)| \neq \frac{1}{T}|F(j\omega)|$。频谱中各波形会相互重叠, 这就是"频谱混叠"现象。

如果经过一个理想滤波器, 则可把 $k=0$ 以外的频率响应都滤掉, 这时信号的频谱只是在幅值上原信号频谱的, 而形状一样。因此, 经过理想低通滤波器后, 就可以恢复到 $e(t)$(严格的说, 还要线性放大 T 倍)。

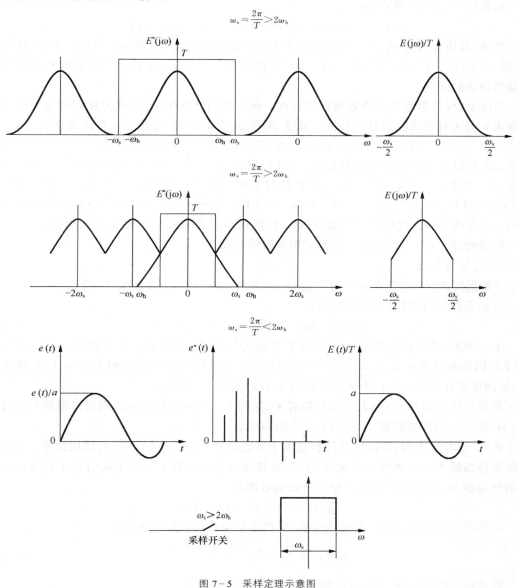

图 7-5　采样定理示意图

7.2.3 信号的保持

用数字计算机作为系统的信息处理机构时,处理结果的输出与原始信息的获取一样,一般也有两种方式。一种是直接数字输出,如屏幕显示、打印输出,或将数列以二进制形式馈给相应的寄存器;另一种需要把数字信号转换为连续信号。用于这后一种转换过程的装置,称为保持器,从数学上说,保持器的任务是解决各采样点之间的插值问题。

(1)保持器的数学描述

由采样过程的数学描述可知,在采样时刻上,连续信号的函数值与脉冲序列的脉冲强度相等。在 nT 时刻,有

$$e(t)\big|_{t=nT}=e(nT)=e^*(nT)$$

而在 $(n+1)T$ 时刻,则有

$$e(t)\big|_{t=(n+1)T}=e[(n+1)T]=e^*[(n+1)T]$$

然而,在由脉冲序列 $e^*(t)$ 向连续信号 $e(t)$ 的转换过程中,在 nT 与 $(n+1)T$ 时刻之间,即 $0<\Delta t<T$ 时,连续信号 $e(nT+\Delta t)$ 究竟有多大? 它与 $e(nT)$ 的关系如何? 这就是保持器要解决的问题。

实际上,保持器是具有外推功能的元件。保持器的外推作用,表现为现在时刻的输出信号取决于过去时刻离散信号的外推。通常,采用如下多项式的外推公式描述保持器

$$e(nT+\Delta t)=a_0+a_1\Delta t+a_2(\Delta t)^2+\cdots+a_m(\Delta t)^m \tag{7-19}$$

式中,Δt 是以 nT 时刻为坐标原点的。式(7-19)表示现在时刻的输出 $e(nT+\Delta t)$ 值,取决于 $\Delta t=0$,以及 $-T,-2T,\cdots,-mT$ 各过去时刻的离散信号 $e^*(nT),e^*[(n-1)T]$,$e^*[(n-2)T],\cdots,e^*[(n-m)T]$ 的 $m+1$ 个值。外推公式中 $m+1$ 个待定系数 $a_i(i=0,1,\cdots,m)$ 有唯一解。这样的保持器称为 m 阶保持器。若取 $m=0$,则称零阶保持器;$m=1$,称一阶保持器。在工程实践中,普遍采用零阶保持器。

(2)零阶保持器

零阶保持器的外推公式为 $e(nT+\Delta t)=a_0$,显然,$\Delta t=0$ 时,上式也成立。所以 $a_0=e(nT)$。

从而零阶保持器的数学表达式为

$$e(nT+\Delta t)=e(nT) \quad 0\leqslant\Delta t<T \tag{7-20}$$

上式说明,零阶保持器是一种按常值外推的保持器,它把前一采样时刻 nT 的采样值 $e(nT)$[因为在各采样点上,$e^*(nT)=e(nT)$]一直保持到下一采样时刻 $(n+1)T$ 到来之前,从而使采样信号 $e^*(t)$ 变成阶梯信号 $e_h(t)$,如图 7-6 所示。

如果把阶梯信号 $e_h(t)$ 的中点连接起来,如图 7-6 中点划线所示,则可以得到与连续信号 $e(t)$ 形状一致但在时间上落后的 $T/2$ 的响应 $e[t-(T/2)]$。

式(7-20)还表明:零阶保持过程是由于理想脉冲 $e(nT)\delta(t-nT)$ 的作用结果。如果给零阶保持器输入一个理想单位脉冲 $\delta(t)$,则其脉冲过渡函数 $g_h(t)$ 是幅值为 1 持续时间为 T 的矩形脉冲,并可分解为两个单位阶跃函数的和

$$g_h(t)=1(t)-1(t-T)$$

对脉冲过渡函数 $g_h(t)$ 取拉氏变换,可得零阶保持器的传递函数为

$$G_h(s)=\frac{1}{s}-\frac{e^{-Ts}}{s}=\frac{1-e^{-Ts}}{s} \tag{7-21}$$

在式(7-21)中,令 $s=j\omega$,得零阶保持器的频率特性为

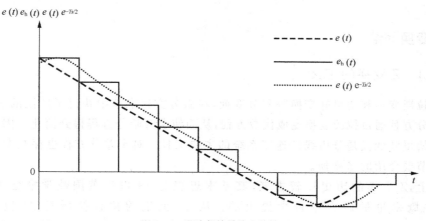

图 7-6　零阶保持器输出特性

$$G_h(j\omega) = \frac{1 - e^{-j\omega T}}{j\omega} = \frac{2e^{-j\omega T/2}(e^{j\omega T/2} - e^{-j\omega T/2})}{2j\omega} = \frac{T\sin(\omega T/2)}{(\omega T/2)}e^{-j\omega T/2} \qquad (7-22)$$

若以采样角频率 $\omega_s = 2\pi/T$ 来表示，则上式可表示为

$$G_h(j\omega) = \frac{2\pi}{\omega_s}\frac{\sin\pi(\omega/\omega_s)}{\pi(\omega/\omega_s)}e^{-j\pi(\omega/\omega_s)} \qquad (7-23)$$

根据式（7-23），可画出零阶保持器的幅频特性 $|G_h(j\omega)|$ 和相频特性 $\angle G_h(j\omega)$，如图 7-7 所示。

由图 7-7 可见，零阶保持器具有如下特性。

（1）低通特性。由于幅频特性的幅值随频率值的增大而迅速衰减，说明零阶保持器基本上是一个低通滤波器，但与理想滤波器特性相比，在 $\omega = \omega_s/2$ 时，其幅值只有初值的 63.7%，且截止频率不止一个，所以零阶保持器除允许主要频谱分量通过外，还允许部分高频频谱分量通过，从而造成数字控制系统的输出中存在纹波。

（2）相角滞后特性。由相频特性可见，零阶保持器要产生相角滞后，且随 ω 的增大而加大，在 $\omega = \omega_s$ 处，相角滞后可达 $-180°$，从而使闭环系统的稳定性变差。

（3）时间滞后特性。零阶保持器的输出为阶梯信号 $e_h(t)$，其平均响应为 $e[t-(T/2)]$，表明其输出比输入在时间上要滞后 $T/2$，相当于给系统增加了一个延迟时间为 $T/2$ 的延迟环节，使系统总的相角滞后增大，对系统的稳定性不利；此外，零阶保持器的阶梯输出也同时增加了系统输出中的纹波。

在工程实践中，零阶保持器可用输出寄存器实现。在正常情况下，还应附加模拟滤波器，以有效地去除在采样频率及其谐波频率附近的高频分量。

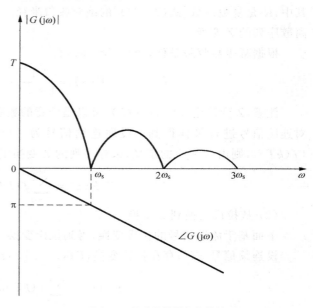

图 7-7　零阶保持器频率特性

7.3 Z变换理论

7.3.1 Z变换的定义

拉普拉斯变换和傅里叶变换等积分变换,在微分方程求解中获得了广泛的应用。线性常系数微分方程通过拉氏变换变成代数方程,从而使求解微分方程得到简化。因此,拉普拉斯变换与傅里叶变换是分析线性连续系统的主要工具。对于差分方程也存在类似的变换,这就是本节要介绍的Z变换。

事实上,Z变换的历史比较古老,其基本思想是18世纪英国数学家德棣莫弗(De Moiver)在概率论的研究中首次提出的。从19世纪的拉普拉斯至20世纪的沙尔(H. L. Seal),许多人在这方面都做出了贡献。然而,在那样一个较为局限的数学领域中,Z变换理论没有得到充分的运用和发展,直到20世纪50年代以后,计算机控制系统的迅速发展,为Z变换的研究和应用开辟了广阔的天地。

下面首先给出Z变换的数学定义,然后建立拉氏变换与Z变换之间的关系,从而解释这两种方法的联系。

(1) Z变换的定义

设由一离散序列$\{f(k)\}$, $k=0,1,2,\cdots$构成的级数

$$\sum_{k=0}^{+\infty} f(k)z^{-k} \tag{7-24}$$

收敛,则定义该级数为离散序列$\{f(k)\}$, $k=0,1,2,\cdots$的Z变换,或称为单位Z变换,记为$\mathscr{Z}[f(k)]$或$F(z)$,即

$$\mathscr{Z}[f(k)]=F(z)=\sum_{k=0}^{+\infty} f(k)z^{-k} \quad (\mid z\mid>R) \tag{7-25}$$

其中,R是复数级数[式(7-24)]的绝对收敛半径。由上述Z变换的定义可以求得一些简单离散序列的Z变换。

根据幂级数收敛条件,当$|z|>1$时,有

$$F(z)=\frac{1}{1-z^{-1}}=\frac{z}{z-1}$$

注意,Z变换定义中的$\{f(k)\}$可以是任意的数字序列。在控制工程中,离散序列一般由对连续信号进行采样得到。设原连续信号为$f(t)$,经理想采样得到的离散信号序列为$\{f(kT)\}$,则由Z变换的定义,采样序列的Z变换定义为

$$F(z)=\sum_{k=0}^{\infty} f(kT)z^{-k} \tag{7-26}$$

(2) 从拉氏变换到Z变换

下面基于离散信号的拉氏变换,得到拉氏变换与Z变换之间的关系。

设连续信号$f(t)$存在拉氏变换,$F(s)=\mathscr{L}[f(t)]$。对连续信号$f(t)$进行采样,得到

$$f^*(t)=\sum_{n=0}^{+\infty} f(kT)\delta(t-kT) \tag{7-27}$$

$f^*(t)$的拉氏变换为

$$F^*(s) = \sum_{k=0}^{+\infty} f(kT) e^{-kTs} \qquad (7-28)$$

上述称为离散信号的拉氏变换,与 Z 变换定义相比较,容易看出

$$F(z) = F^*(s) \Big|_{x=\frac{1}{T}\ln z} \qquad (7-29)$$

可见,Z 变换仅仅在拉氏变换中作了变量代换,但这个结果是非常有用的。由式(7-28)可见,离散信号的拉氏变换 $F^*(s)$ 已不是 s 的线性函数,而是包含了指数因子 e^{-kTs} 的超越函数,用它来分析离散系统将是非常麻烦的。在式(7-29)中做了上述变量代换后,变为 z^{-1} 的线性表达式,从而获得拉氏变换应用于连续线性系统所具有的一切优点。

根据上面的分析,可以得到拉氏变换与 Z 变换的关系式

$$z = e^{Ts} \qquad 或 \qquad s = \frac{1}{T}\ln z \qquad (7-30)$$

式(7-30)反映了 s 域分析设计与 z 域分析设计的重要关系。

(3) 几点说明

① 在控制工程中,离散信号 $f^*(t)$ 通常由对连续信号 $f(t)$ 采样得到,所以习惯上称 $F(z)$ 是 $f(t)$ 的 Z 变换,但实际上是指 $f(t)$ 经采样后得到的离散信号 $f(t)$ 的 Z 变换。同样,习惯上也称 $F(z)$ 是 $F(s)$ 的 Z 变换,本书中也这样称呼,不再做说明。

② $F(s)$ 是 $f(t)$ 的拉氏变换的记号,$F(z)$ 是 $\{f(kT)\}$ 的 Z 变换的记号,切勿认为 $F(z)$ 是 $F(s)$ 中的 s 用 z 代替后的式子。

③ 将连续函数 $f(t)$ 的拉氏变换定义式

$$F(s) = \mathscr{L}[f(t)] = \int_0^{+\infty} f(t) e^{-st} \, dt$$

与离散信号 $f^*(t)$ 的 Z 变换的定义式

$$F(z) = \mathscr{L}[f(t-mT)] = Z^{-m}\Big[F(z) + \sum_{k=-m}^{-1} f(kT) z^{-k}\Big]$$

$$= Z^{-m}F(z) + \sum_{k=-m}^{-1} f[(k-m)T] z^{-k}$$

比较可见,拉氏变换与 Z 变换的定义存在对应关系:以无穷大为上限的积分对应于无穷项求和;连续函数 $f(t)$ 对应于采样序列 $f(kT)$;连续变量 t 对应于离散变量 k;前者定义在 s 域,后者定义在 z 域。

总而言之,Z 变换实质上是拉氏变换的一种推广或变形,因此,有些文献中称 Z 变换为不连续函数的拉氏变换、脉冲拉氏变换、离散拉氏变换等。

④ Z 变换定义中级数 "$\sum\limits_{k=0}^{\infty} f(k) z^{-k}$" 的条件,等价于拉氏变换定义中 $f(t)$ 能进行拉氏变换的条件:$\int_0^{\infty} f(t) e^{-st} \, dt$ 收敛。从数学上讲,Z 变换只是改换了变量的拉氏变换,因此,不会对函数 $f(t)$ 能进行 Z 变换的条件增加新的要求。也就是说,能进行拉氏变换的连续函数 $f(t)$,其采样函数 $f^*(t)$ 或离散序列 $\{f[kT]\}$ 也存在 Z 变换。

7.3.2 Z 变换的基本定理

利用 Z 变换的基本定理,可以方便地求出某些函数的 Z 变换或者求出象函数 $F(z)$ 的 Z

逆变换,也可以根据函数的 Z 变换式推知原函数的性质,它们在分析离散系统时很有用处。

下面先详细介绍离散系统理论中几个常用的基本定理,最后列出其余一些定理。

(1) 线性定理

设函数 $f(t)$、$f_1(t)$ 和 $f_2(t)$ 的 Z 变换分别为 $F(z)$、$F_1(z)$ 和 $F_2(z)$,且 a 为常数或为与 t 和 z 无关的变量,则有

$$\mathscr{L}[af(t)] = aF(z) \tag{7-31a}$$

$$\mathscr{L}[f_1(t) + f_2(t)] = F_1(z) + F_2(z) \tag{7-31b}$$

证明 由 Z 变换的定义得

$$\mathscr{L}[af(t)] = \sum_{k=0}^{+\infty} af(kT)z^{-k} = a\sum_{k=0}^{\infty} f(kT)z^{-k} = aF(z)$$

$$\mathscr{L}[f_1(t) + f_2(t)] = \sum_{k=0}^{+\infty} [f_1(kT) + f_2(kT)]z^{-k}$$

$$= \sum_{k=0}^{+\infty} f_1(kT)z^{-k} + \sum_{k=0}^{+\infty} f_2(kT)z^{-k} = F_1(z) + F_2(z)$$

式(7-31a)称为齐次性条件,式(7-31b)称为叠加性条件。一般情况下,满足齐次性的系统并不一定满足叠加性。

应用线性定理,可以根据简单函数的 Z 变换式,求出某些由这些简单函数线性组合而成的复杂函数的 Z 变换式。

(2) 滞后定理

设函数 $f(t)$ 的 Z 变换为 $F(z)$,则有

$$\mathscr{L}[f(t - mT)] = z^{-m}\left[F(z) + \sum_{k=-m}^{-1} f(kT)z^{-k}\right]$$
$$= z^{-m}F(z) + \sum_{k=0}^{m-1} f[(k-m)T]z^{-k}] \tag{7-32}$$

若当 $t < 0$ 时,则有

$$\mathscr{L}[f(t - mT)] = z^{-m}F(z) \tag{7-33}$$

证明: 由 Z 变换的定义得

$$\mathscr{L}[f(t-mT)] = \sum_{k=0}^{+\infty} f[(k-m)T]z^{-k} = \sum_{k=0}^{m-1} f[(k-m)T]z^{-k} + \sum_{k=m}^{+\infty} f[(k-m)T]z^{-k}$$

$$= \sum_{i=-m}^{-1} f[iT]z^{-i-m} + \sum_{i=0}^{+\infty} f(iT)z^{-i-m}$$

$$= z^{-m}\sum_{i=-m}^{-1} f[iT]z^{-i} + z^{-m}\sum_{i=0}^{+\infty} f(iT)z^{-i}$$

$$= z^{-m}\left[\sum_{k=-m}^{-1} f(kT)z^{-k} + F(z)\right]$$

若当 $t < 0$ 时,$f(t) \equiv 0$,则:$Z[f(t-mT)] = z^{-m}F(z)$

(3) 超前定理

设函数 $f(t)$ 的 Z 变换为 $F(z)$,则有

$$\mathscr{L}[f(t+mT)]=z^m\left[F(z)-\sum_{k=0}^{m-1}f(kT)z^{-k}\right] \qquad (7-34)$$

若 $k=0,1,2,\cdots,m-1$ 时，$f(kT)=0$，则有

$$\mathscr{L}[f(t+mT)]=z^m F(z) \qquad (7-35)$$

证明　由 Z 变换定义得

$$\mathscr{L}[f(t+mT)]=\sum_{k=0}^{+\infty}f[(k+m)T]z^{-k}=\sum_{i=m}^{+\infty}f[iT]z^{-i+m}$$

$$=z^m\sum_{i=0}^{+\infty}f[iT]z^{-i}-z^m\sum_{i=0}^{m-1}f(iT)z^{-i}$$

$$=z^m\left[F(z)-\sum_{k=0}^{m-1}f(kT)z^{-k}\right]$$

若 $k=0,1,\cdots,m-1$ 时，$f(kT)=0$，则

$$\mathscr{L}[f(t+mT)]=z^m F(z)$$

滞后定理与超前定理统称为平移定理，是差分方程 Z 变换求解的主要依据。

（4）初值定理

设函数 $f(t)$ 的 Z 变换为 $F(z)$，则有

$$f(0)=\lim_{t\to 0}f(t)=\lim_{z\to\infty}F(z) \qquad (7-36)$$

证明　由 Z 变换的定义得

$$F(z)=\sum_{k=0}^{+\infty}f(kT)z^{-k}=f(0)+\sum_{k=1}^{+\infty}f(kT)z^{-k}$$

$$\lim_{z\to\infty}F(z)=\lim_{z\to\infty}\left[f(0)+\sum_{k=1}^{+\infty}f(kT)z^{-k}\right]=f(0)+\lim_{z\to\infty}\sum_{k=1}^{+\infty}f(kT)z^{-k}$$

$$=f(0)+\sum_{k=1}^{+\infty}\lim_{z\to\infty}f(kT)z^{-k}=f(0)$$

所以有

$$f(0)=\lim_{z\to\infty}F(z)$$

由于在收敛域内，级数是一致收敛的，因此，上述求和与求极限可以交换顺序。

应用初值定理很容易根据一个函数的 Z 变换，直接求得其离散序列的值。

（5）终值定理

设函数 $f(t)$ 的 Z 变换为 $F(z)$，$(z-1)F(z)$ 在 z 平面以原点为圆心的单位圆上和圆外均没有极点，则有

$$f(\infty)=\lim_{t\to\infty}f(t)=\lim_{k\to\infty}f(kT)=\lim_{z\to 1}(z-1)F(z) \qquad (7-37)$$

证明　由 Z 变换的定义得

$$\mathscr{L}[f(t)]=\sum_{k=0}^{+\infty}f(kT)z^{-k}=F(z)$$

由超前定理得

$$\mathscr{L}[f(t+T)]=zF(z)-zf(0)$$

上面两式相减得

$$\mathscr{L}[f(t+T)] - Z[f(t)] = zF(z) - zf(0) - F(z) = (z-1)F(z) - zf(0)$$

由线性定理,上式可写成

$$\mathscr{L}[f(t+T) - f(t)] = (z-1)F(z) - zf(0)$$

或

$$\sum_{k=0}^{+\infty}[f(kT+T) - f(kT)]z^{-k} = (z-1)F(z) - zf(0)$$

上式两边取 z 趋近于 1 的极限,得

$$\sum_{k=0}^{+\infty}[f(kT+T) - f(kT)] = \lim_{z \to 1}(z-1)F(z) - f(0)$$

注意: $\sum_{k=0}^{+\infty}[f(kT+T) - f(kT)] = f(T) - f(0) + f(2T) - f(T) + \cdots = -f(0) + f(\infty)$

所以有

$$f(\infty) - f(0) = \lim_{z \to 1}(z-1)F(z) - f(0)$$

则

$$f(\infty) = \lim_{z \to 1}(z-1)F(z)$$

应用终值定理时,要特别注意其条件,否则会得出错误的结论。下面举例说明。

设 $F(z) = \dfrac{z}{(z-1)(z-2)}$,因为 $(z-1)F(z) = \dfrac{z}{z-2}$ 有一个极点 $z=2$,显然,$|z|=2>1$,不满足终值定理的条件,所以,不能用终值定理计算。否则会得出

$$f(\infty) = \lim_{z \to 1}(z-1)F(z) = \frac{z}{z-2} = -1$$

的错误结论。实际上,$f(t)$ 随着 t 的增加而趋于无穷。

7.3.3　Z 变换的基本方法

下面介绍几种常用的求取 Z 变换的方法。首先介绍直接由 Z 变换定义为 Z 变换的幂级数求和法,然后介绍以 Z 变换基本定理为依据的部分分式法,最后介绍基于复变函数理论的留数计算法。

(1) 幂级数求和法

考察 Z 变换的定义式

$$F(z) = \sum_{k=0}^{\infty} f(kT)z^{-k} \tag{7-38}$$
$$= f(0) + f(T)z^{-1} + f(2T)z^{-2} + \cdots + f(kT)z^{-k} \cdots$$

可见,只要得到 $f(t)$ 在各采样时刻的值,便可按式(7-38)直接写出 Z 变换的级数展开式,然后把它写成闭合形式,就可得到 $f(t)$ 的 Z 变换。事实上,前面介绍 Z 变换定义时,已初步介绍了这种方法。

幂级数求和法的关键是将无穷级数写成闭合形式,一般需要很高的技巧。如果写成幂级数的形式,在计算中很不方便。当然,幂级数的形式也有其优点,可以从 Z 变换式中清楚地看出原函数的采样序列的强度及分布情况。尤其是当离散时间函数是以列表或图表给出时,很容易写出 Z 变换的级数展开式。

（2）部分分式法

设函数 $f(t)$ 的拉氏变换 $F(s)$ 是有理函数，写成如下形式

$$F(s) = \frac{N(s)}{M(s)}$$

式中，$M(s)$、$N(s)$ 是 s 的多项式。设 $F(s)$ 没有重极点，由部分分式理论，$F(s)$ 可以展开为

$$F(s) = \sum_{i=1}^{n} \frac{A_i}{s + s_i}$$

$$f(t) = \mathscr{L}^{-1}[F(s)] = \sum_{i=1}^{n} A_i e^{s_i t}$$

则 $\quad F(z) = \mathscr{Z}[f(t)] = \mathscr{Z}\left[\sum_{i=1}^{N} A_i e^{s_i t}\right] = \sum_{i=1}^{N} A_i \mathscr{Z}[e^{s_i t}] = \sum_{i=1}^{N} \frac{A_i z}{z - e^{s_i T}}$

可见，只要把 $F(s)$ 进行部分分式展开得到 A_i、s_i，$(i = 1, 2, \cdots, n)$ 就可以写出 $F(s)$ 的 Z 变换式。

$$F(z) = \sum_{i=1}^{n} \frac{A_i z}{z - e^{-s_i T}} \tag{7-39}$$

（3）留数计算法

若已知 $F(s)$ 及其全部极点 $s_i (i = 1, 2, \cdots)$，则

$$F(z) = \sum_{i=1}^{n} \text{Res}\left[F(s_i) \frac{z}{z - e^{s_i T}}\right]$$

$$= \sum_{i=1}^{n} \frac{1}{(r_i - 1)!} \frac{\mathrm{d}^{(r_i-1)}}{\mathrm{d}s^{(r_i-1)}}\left[(s - s_i)^{r_i} F(s) \frac{z}{z - e^{sT}}\right]\Big|_{s=s_i} \tag{7-40}$$

式中，r_i 为极点 s_i 的阶次；n 为相异极点的个数，即在计算 n 时，r 重极点只算一个。

从式（7-40）可以看出，如果限制 $F(s)$ 是有理分式，则留数法计算公式就是部分分式的结果。留数法对求有重极点的 Z 变换比部分分式法方便一些。

用留数计算法求 Z 变换时，要注意"$F(s)$ 的全部极点已知"这一条件。由于指数函数 e^{sT} 等函数的极点不易计算，因此，不宜用留数计算法求这类函数的 Z 变换。例如，往往错误的认为 $F(s) = \dfrac{e^{-sT}}{s}$ 只有一个极点 $s = 0$，从而得出 $F(z) = \dfrac{z}{z-1}$ 的错误结论。实际上，应用基本定理可知 $F(z) = \dfrac{1}{z-1}$。

上面介绍了 3 种求 Z 变换的方法。幂级数求和法、留数计算法的适用范围广，而部分分式法在 $F(s)$ 是有理函数时较为简单。因为常用函数的拉氏变换可用部分分式展开为几个简单函数的拉氏变换之和，而它们所对应的 Z 变换是我们熟知的或可由 Z 变换表直接查得，所以，在工程计算中常采用部分分式法。

（4）查表法

把常用的函数及其 Z 变换列成对照表，求取 Z 变换时，直接查表。这种方法在实际工作中非常简单有用。附表 2 给出了常用的 Z 变换公式。当然，不可能所有函数的 Z 变换式都能在表中直接查到。在查表时，首先对所求函数作一些变化，以适合 Z 变换表。例如，进行部分分式展开，或应用 Z 变换基本定理等。

7.3.4 Z 逆变换

把离散序列 $\{f(kT)\}$ 变换成 $F(z)$ 称为 Z 变换,反之,从 $F(z)$ 求出 $\{f(kT)\}$ 称为 Z 逆变换,记为 $\mathscr{Z}^{-1}[F(z)]$。

由于我们关心的往往是 $f(t)$,因此,可以认为 Z 逆变换是从 $F(z)$ 求出连续函数 $f(t)$。一般来说,常用的 Z 逆变换方法有下列 3 种:幂级数展开法(长除法)、部分分式法、留数计算法。下面分别介绍这 3 种方法。

(1) 幂级数展开法(长除法)

这种方法是利用长除法把 $F(z)$ 展开成 z^{-1} 的收敛幂级数

$$F(z) = \sum_{k=0}^{+\infty} c_k z^{-k} \tag{7-41}$$

根据幂级数的唯一性定理可知,它应与 Z 变换的定义式(7-24)完全相等,即 $c_k = f(kT)$,因此,用长除法得到的幂级数的各项系数就是所求采样函数的值。

把已知 Z 变换表达式 $F(z)$ 变成如下形式

$$F(z) = \frac{b_0 + b_1 z^{-1} + \cdots + b_m z^{-m}}{a_0 + a_1 z^{-1} + \cdots + a_n z^{-n}} \tag{7-42}$$

用长除法展开 $F(z)$ 得

$$F(z) = c_0 + c_1 z^{-1} + c_2 z^{-2} + \cdots + c_k z^{-k} \tag{7-43}$$

则

$$f(kT) = c_k; \ k = 0,1,2,\cdots \tag{7-44}$$

$$f^*(t) = c_0 \delta(t) + c_1 \delta(t-T) + \cdots + c_k \delta(t-kT) + \cdots \tag{7-45}$$

必须注意的是,在上述步骤中 $F(z)$ 的分子和分母都必须写成 z^{-1} 的升幂形式或 z 的降幂形式。幂级数展开法求 Z 逆变换是很方便的,尤其当 Z 逆变换式不能写成简单的形式,或者要求以序列形式表示信号值特别有用。但是,若要从一组序列中求出一般项的表达式,通常是比较困难的。下面介绍的部分分式法弥补了这一缺陷。

(2) 部分分式法

部分分式法是最常用的一种方法。它与拉氏变换中的部分分式法相似,也是先将 $F(z)$ 展开成部分分式之和,然后求出各部分分式的 Z 逆变换,由 Z 变换线性定理,$F(z)$ 的 Z 逆变换等于各部分分式的逆变换之和。

从变换表中可以看到,所有 Z 变换函数 $F(z)$ 的分子上都有因子 z。因此,先将 $F(z)$ 除以 z,然后将 $F(z)/z$ 展开成部分分式,展开后再乘以 z,即得 $F(z)$ 的部分分式展开式,即

$$\frac{F(z)}{z} = \sum_{i=1}^{n} \frac{A_i}{z - B_i} \tag{7-46}$$

$$F(z) = \sum_{i=1}^{n} \frac{A_i z}{z - B_i} \tag{7-47}$$

$$f(kT) = \mathscr{Z}^{-1} \left[\sum_{i=1}^{n} \frac{A_1 z}{z - B_i} \right] = \sum_{i=1}^{n} \mathscr{Z}^{-1} \left[\frac{A_i z}{z - B_i} \right] \tag{7-48}$$

$$= \sum_{i=1}^{n} A_i \mathscr{Z}^{-1} \left[\frac{z}{z - B_i} \right] = \sum_{i=1}^{n} A_i B_i^k$$

$$f^*(t) = \sum_{k=0}^{+\infty} \left(\sum_{i=1}^{n} A_i B_i^k \right) \delta(t - KT) \tag{7-49}$$

可见,只要对 $F(z)/z$ 进行部分分式展开求得 $A_i, B_i, i = 1, 2, \cdots$,就可直接写出 $F(z)$ 的 Z 逆变换。

$$f(kT) = \sum_{i=1}^{n} A_i B_i^k \tag{7-50}$$

或

$$f^*(t) = \sum_{k=1}^{+\infty} \sum_{i=1}^{n} A_i B_i^k \delta(t - kT) \tag{7-51}$$

（3）留数计算法

Z 逆变换的留数计算法又称反演积分法,$F(z)$ 的 Z 逆变换 $f(kT)$ 由下列公式计算

$$\begin{aligned} f(kT) &= \frac{1}{2\pi \mathrm{j}} \oint_r F(z) z^{k-1} \mathrm{d}z = \sum_i \mathrm{Res}[F(z) z^{k-1}] \\ &= \sum_i \frac{1}{(r_i - 1)} \frac{\mathrm{d}^{(r_i - 1)}}{\mathrm{d}z^{(r_i - 1)}} [(z - z_i)^{r_i} F(z) z^{k-1}] \big|_{z = z_i} \end{aligned} \tag{7-52}$$

其中,积分曲线 Γ 包围 $F(z) z^{k*1}$ 的全部极点。

式（7-52）表明:$F(z)$ 的 Z 逆变换等于 $F(z)$ 的反演积分,而反演积分可由柯西留数定理计算。

证明 根据 Z 变换的定义

$$F(z) = \sum_{k=0}^{+\infty} f(kT) z^{-k} = f(0) z^0 + f(T) z^{-1} + \cdots + f(kT) z^{-k} + \cdots \tag{7-53}$$

用 z^{k-1} 乘以式（7-53）

$$z^{k-1} F(z) = f(0) z^{k-1} + f(T) z^{k-2} + \cdots + f(kT) z^{-1} + f[(k+1)T] z^{-2} + \cdots \tag{7-54}$$

式（7-54）是洛朗（Laurent）级数,$f(kT)$ 是洛朗级数的 z^{-1} 项系数,根据复变函数理论中求洛朗级数的公式,得

$$f(kT) = \frac{1}{2\pi \mathrm{j}} \oint_r F(z) z^{k-1} \mathrm{d}z \tag{7-55}$$

其中,积分路径 Γ 应包围 $F(z) z^{k-1}$ 的所有极点。式（7-55）的曲线积分可由柯西留数定理求得,即

$$f(kT) = \sum_i \mathrm{Res}[F(z) z^{k-1}] \tag{7-56}$$

式（7-56）说明,$f(kT)$ 等于函数 $F(z) z^{k-1}$ 在其所有极点上的留数和。由计算留数的规则,可得式（7-56）中的最后一个等式。如果 Z 变换 $F(z) = \dfrac{N(z)}{M(z)}$ 的极点为 $\lambda_1, \lambda_2, \cdots \lambda_n$,而 $M(z)$ 不以 $M(z) = \prod_{i=1}^{n} (z - \lambda_i)$ 的形式出现时,则用式（7-56）计算不太方便。当 $\lambda_1, \lambda_2, \cdots \lambda_n$ 均为单极点时,可用下式计算

$$f(kT) = \sum_{i=1}^{n} \left[\frac{N(z)}{M(z)} z^{k-1} \right]_{z = \lambda_i} \tag{7-57}$$

7.4 离散系统数学模型

为了研究离散系统的性能,需要建立离散系统的数学模型。与连续系统的数学模型类似,线性离散系统的数学模型有差分方程、脉冲传递函数和离散状态空间表达式 3 种。本节主要介绍差分方程及其解法,脉冲传递函数的基本概念,以及开环脉冲传递函数和闭环脉冲传递函数的建立方法。

7.4.1 离散系统的数学定义

在离散时间系统理论中,所涉及的数学信息总是以序列的形式出现。因此,可以把离散系统抽象为如下数学定义:

将输入序列 $r(n)$,$n=0,\pm 1,\pm 2,\cdots$,变换为输出序列 $c(n)$ 的一种变换关系,称为离散系统。

记作

$$c(n) = F[r(n)] \tag{7-58}$$

其中 $r(n)$ 和 $c(n)$ 可以理解为 $t=nT$ 时,系统的输入序列 $r(nT)$ 和输出序列 $c(nT)$,T 为采样周期。

如果式(7-58)所示的变换关系是线性的,则称为线性离散系统;如果这种变换关系是非线性的,则称为非线性离散系统。

(1) 线性离散系统

如果离散系统(7-58)满足叠加定理,则称为线性离散系统,即有如下关系式:

若 $c_1(n) = F[r_1(n)]$,$c_2(n) = F[r_2(n)]$,且有 $r(n) = ar_1(n) \pm br_2(n)$,其中 a 和 b 为任意常数。则

$$c(n) = F[r(n)] = F[ar_1(n) \pm br_2(n)] = aF[r_1(n)] \pm bF[r_2(n)] = ac_1(n) \pm bc_2(n)$$

(2) 线性定常离散系统

输入与输出的关系不随时间而改变的线性离散系统,称为线性定常离散系统。例如,当输入序列为 $r(n)$ 时,输出序列为 $c(n)$;如果输入序列变为 $r(n-k)$,相应的输出序列为 $c(n-k)$,其中 $k=0,\pm 1,\pm 2,\cdots$,则这样的系统称为线性定常离散系统。

本章所研究的离散系统为线性定常离散系统,可以用线性定常(常系数)差分方程描述。

7.4.2 线性常系数差分方程及其解法

对于一般的线性定常离散系统,k 时刻的输出 $c(k)$,不但与 k 时刻的输入 $r(k)$ 有关,而且与 k 时刻以前的输入 $k=0,\pm 1,\pm 2,\cdots$ 有关,同时还与 k 时刻以前的输出 $c(k-1),c(k-2),\cdots$ 有关。这种关系一般可以用下列 n 阶后向差分方程来描述:

$$c(k) + a_1 c(k-1) + a_2 c(k-2) + \cdots + a_{n-1} c(k-n+1) + a_n c(k-n)$$
$$= b_0 r(k) + b_1 r(k-1) + \cdots + b_{m-1} r(k-m+1) + b_m r(k-m)$$

上式亦可表示为

$$c(k) = -\sum_{i=1}^{n} a_i c(k-1) + \sum_{j=0}^{m} b_j r(k-j) \tag{7-59}$$

式中，$a_i(i=1,2,\cdots,n)$和$b_j(j=1,2,\cdots,m)$为常系数，$m \leqslant n$。式(7-59)称为n阶线性常系数差分方程，它在数学上代表一个线性定常离散系统。

线性定常离散系统也可以用如下n阶前向差分方程来描述：

$$c(k+n)+a_1 c(k+n-1)+\cdots+a_{n-1}c(k+1)+a_n c(k)$$
$$=b_0 r(k+m)+b_1 r(k+m-1)+\cdots+b_{m-1}r(k+1)+b_m r(k)$$

上式也可写为

$$c(k+n)=-\sum_{i=1}^{m}a_i c(k+n-i)+\sum_{j=0}^{m}b_j r(k+m-j) \tag{7-60}$$

常系数线性差分方程的求解方法有经典法、迭代法和 Z 变换法。与微分方程的经典解法类似，差分方程的经典解法也要求出齐次方程的通解和非齐次方程的一个特解，非常不便。这里仅介绍工程上常用的后两种解法。

(1) 迭代法

若已知差分方程(7-59)或式(7-60)，并且给定输出序列的初值，则可以利用递推关系，在计算机上一步一步地算出输出序列。

【例 7-1】 已知差分方程$c(k)=r(k)+5c(k-1)-6c(k-2)$输入序列$r(k)=1$，初始条件为$c(0)=0$，$c(1)=1$，试用迭代法求输出序列$c(k)$，$k=0,1,2,\cdots,6$。

解： 根据初始条件及递推关系，得

$c(0)=0$

$c(1)=1$

$c(2)=r(2)+5c(1)-6c(0)=6$

$c(3)=r(3)+5c(2)-6c(1)=25$

$c(4)=r(4)+5c(3)-6c(2)=90$

$c(5)=r(5)+5c(4)-6c(3)=301$

$c(6)=r(6)+5c(5)-6c(4)=966$

(2) Z 变换法

设差分方程如式(7-60)所示，则用 Z 变换法解差分方程的实质，是对差分方程两端取 Z 变换，并利用 Z 变换的实数位移定理，得到以z为变量的代数方程，然后对代数方程的解$c(z)$取 Z 逆变换，求得输出序列$c(k)$。

【例 7-2】 试用 Z 变换法解下列二阶差分方程

$$c^*(t+2T)+3c^*(t+T)+2c^*(t)=0$$

或

$$c(k+2)+3c(k+1)+2c(k)=0$$

设初始条件$c(0)=0$，$c(1)=1$。

解： 对差分方程的每一项进行 Z 变换，根据实数位移定理

$$\mathscr{Z}[c(k+2)]=z^2 c(z)-z^2 c(0)-zc(1)=z^2 c(z)-z$$

$$\mathscr{Z}[3c(k+1)]=3zc(z)-3zc(0)=3zc(z)$$

$$\mathscr{Z}[2c(k)]=2c(z)$$

于是，差分方程变换为如下 z 代数方程

$$(z^2+3z+2)c(z)=z$$

解出

$$C(z)=\frac{z}{z^2+3z+2}=\frac{z}{z+1}-\frac{z}{z+2}$$

查 Z 变换表(附表一),求出 Z 逆变换

$$c^*(t) = \sum_{n=0}^{\infty} \left[(-1)^n - (-2)^n \right] \delta(t - nT)$$

或写成 $c(k) = (-1)^k - (-2)^k$；$k = 0, 1, 2, \cdots$

差分方程的解,可以提供线性定常离散系统在给定输入序列作用下的输出序列响应特性,但不便于研究系统参数变化对离散系统性能的影响。因此,需要研究线性定常离散系统的另一种数学模型——Z 传递函数。

7.4.3 Z 传递函数

(1) Z 传递函数定义

定义:在零初始条件下,线性定常系统(环节)的输出的采样信号的 Z 变换与输入的采样信号的 Z 变换之比,称为该系统的(环节)的 Z 传递函数或脉冲传递函数,记为 $G(z)$,即

$$G(z) = \frac{C(z)}{R(z)} \tag{7-61}$$

其中,$R(z)$,$C(z)$ 分别是系统(环节)输入、输出的采样信号的 Z 变换。

Z 传递函数是离散系统理论中的一个很重要的概念,下面讨论它与差分方程描述及系统连续部分的传递函数 $G(s)$ 的关系。

(2) 差分方程和 Z 传递函数的相互转换

差分方程和 Z 传递函数是对系统特性的不同的数学描述,虽然形式不同,但本质一样,它们可以相互转换。

设描述系统的差分方程为

$$y(k) + a_1 y(k-1) + \cdots + a_n y(k-n) = b_0 x(k) + b_1 x(k-1) + \cdots + b_m x(k-m) \tag{7-62}$$

在零初始条件下,即 $y(-1) = y(-2) = \cdots = 0$,$x(-1) = x(-2) = \cdots = 0$,应用 Z 变换的线性定理和平移定理,对式(7-62)两端取 Z 变换得

$$y(z) + a_1 z^{-1} y(z) + \cdots + a_n z^{-n} y(z) = b_0 x(z) + b_1 z^{-1} x(z) + \cdots + b_m z^{-m} x(z) \tag{7-63}$$

则

$$(1 + a_1 z^{-1} + a_2 z^{-2} + \cdots + a_n z^{-n}) y(z) = (b_0 + b_1 z^{-1} + \cdots + b_m z^{-m}) x(z) \tag{7-64}$$

所以,该系统(或环节)的 Z 传递函数是

$$G(z) = \frac{Y(z)}{X(z)} = \frac{b_0 + b_1 z^{-1} + \cdots + b_m z^{-m}}{1 + a_1 z^{-1} + a_2 z^{-2} + \cdots + a_n z^{-n}} \tag{7-65}$$

可见描述系统的差分方程的结构、参数和相应的 Z 传递函数的结构、参数之间有固定的关系。因此,由式(7-62)表示的差分方程可直接写出由式(7-65)表示的 Z 传递函数的表达式;反之亦然。

(3) Z 传递函数 $G(z)$ 和传递函数 $G(s)$ 的关系

为了认识 Z 传递函数的物理意义,下面从系统的单位脉冲响应出发,推导 $G(z)$ 与 $G(s)$ 的关系式,从而得到求取 $G(z)$ 的重要公式。设

$$r^*(t) = \sum_{k=0}^{+\infty} r(kT)\delta(t-kT) \tag{7-66}$$

$$= r(0)\delta(t) + r(T)\delta(t-T) + r(2T)\delta(t-2T) + \cdots$$

因为线性系统满足叠加定理,所以,脉冲序列 $r^*(t)$ 作用下的输出响应 $c(t)$ 可以认为是各个脉冲单独作用下系统的输出之和。

设系统的脉冲响应函数为 $g(t)$,则

第 1 个脉冲作用下的系统输出响应: $c_1(t) = r(0)g(t)$

第 2 个脉冲作用下的系统输出响应: $c_2(t) = r(T)g(t-T)$

……

第 m 个脉冲作用下的系统输出响应: $c_m(t) = r[(m-1)T]g[t-(m-1)T]$

……

所以,系统总的输出响应为

$$c(t) = \sum_{m=1}^{\infty} r[(m-1)T]g[t-(m-1)T] = \sum_{i=0}^{\infty} r(iT)g(t-iT) \quad (i=m-1) \tag{7-67}$$

系统的采样信号为

$$c^*(t) = \sum_{k=0}^{\infty} \left[\sum_{i=0}^{\infty} r(iT)g(kT-iT) \right] \delta(t-kT) \tag{7-68}$$

则采样信号的 Z 变换为

$$C(z) = \sum_{k=0}^{\infty} \left[\sum_{i=0}^{\infty} r(iT)g(kT-iT) \right] z^{-k} = \sum_{i=0}^{\infty} r(iT) \sum_{k=0}^{\infty} g(kT-iT)z^{-k}$$

令 $j=k-i$,则

$$C(z) = \sum_{i=0}^{\infty} r(iT) \sum_{j=-i}^{\infty} g(jT)z^{-j-i}$$

因为,当 $j<0$ 时,$g(jT)\equiv0$,所以

$$C(z) = \sum_{i=0}^{\infty} r(iT) \sum_{j=0}^{\infty} g(jT)z^{-j-i} = \sum_{i=0}^{\infty} r(iT)z^{-i} \sum_{j=0}^{\infty} g(jT)z^{-j} \tag{7-69}$$

$$= \left(\sum_{i=0}^{\infty} r(iT)z^{-i} \right) \left(\sum_{j=0}^{\infty} g(jT)z^{-j} \right)$$

由 Z 变换定义知

$$R(z) = \sum_{i=0}^{\infty} r(iT)z^{-i}$$

$$G(z) = \sum_{j=0}^{\infty} g(jT)z^{-j} \tag{7-70}$$

所以,由式(7-67)得

$$C(z) = R(z)G(z) \tag{7-71}$$

系统的 Z 传递函数为

$$G(z) = \frac{C(z)}{R(z)} \tag{7-72}$$

由 Z 传递函数定义可知,由式(7-72)表示的 $G(z)$ 正是系统的 Z 传递函数。可见,Z 传递函数是连续系统脉冲响应 $g(t)$ 的采样序列的 Z 变换,也可以说 $G(z)$ 是 $g(t)$ 或 $G(s)$ 的 Z 变换,即

$$G(z) = Z[g(t)] = Z[G(s)] \tag{7-73}$$

式(7-73)是求取系统 Z 传递函数的一个常用公式。

$G(z)$ 和 $G(s)$ 之间的关系可以归纳为:脉冲响应 $g(t)$ 的拉氏变换是传递函数 $G(s)$,脉冲函数 $g(t)$(采样序列)的 Z 变换是 Z 传递函数。

如果把 Z 变换的作用仅仅理解为求解线性常系数差分方程方程,显然是不够的。Z 变换更为重要的意义在于导出线性离散系统的脉冲传递函数,给线性离散系统的分析带来极大的方便。

7.4.4　开环系统脉冲传递函数

当开环离散系统由几个环节串联组成时,其脉冲传递函数的求法与连续系统情况不完全相同。即使两个开环离散系统的组成环节完全相同,但由于采样开关的数目和位置不同,求出的开环脉冲传递函数也会截然不同。为了便于求出开环脉冲传递函数,需要了解采样函数拉氏变换 $G^*(s)$ 的有关性质。

1. 采样拉氏变换的两个重要性质

(1) 采样函数的拉氏变换具有周期性,即

$$G^*(s) = G^*(s + jk\omega_s) \tag{7-74}$$

其中,ω_s 为采样角频率。

证明　知

$$G^*(s) = \frac{1}{T} \sum_{n=-\infty}^{\infty} G(s + jn\omega_s) \tag{7-75}$$

其中 T 为采样周期。因此,令 $s = s + jk\omega_s$,必有

$$G^*(s + jk\omega_s) = \frac{1}{T} \sum_{n=-\infty}^{\infty} G[s + j(n+k)\omega_s]$$

在上式中,令 $l = n + k$,可得

$$G^*(s + jk\omega_s) = \frac{1}{T} \sum_{l=-\infty}^{\infty} G[s + jl\omega_s]$$

由于求和与符号无关,再令 $l = n$,证得

$$G^*(s + jk\omega_s) = \frac{1}{T} \sum_{n=-\infty}^{\infty} G[s + jn\omega_s] = G^*(s)$$

(2) 若采样函数的拉氏变换 $E^*(s)$ 与连续函数的拉氏变换 $G(s)$ 相乘后再离散化,则 $E^*(s)$ 可以从离散符号中提出来,即

$$[G(s)E^*(s)]^* = G^*(s)E^*(s) \tag{7-76}$$

证明　根据式(7-74),有

$$[G(s)E^*(s)]^* = \frac{1}{T} \sum_{n=-\infty}^{\infty} [G(s + jn\omega_s)E^*(s + jn\omega_s)] \tag{7-77}$$

再由式(7-75)知 $E^*(s + jn\omega_s) = E^*(s)$ 于是

$$[G(s)E^*(s)]^* = \frac{1}{T} \sum_{n=-\infty}^{\infty} [G(s + jn\omega_s)E^*(s)] = E^*(s) \cdot \frac{1}{T} \sum_{n=-\infty}^{\infty} G(s + jn\omega_s)$$

再由式(7 – 77)证得

$$[G(s)E^*(s)]^* = G^*(s)E^*(s)$$

2. 有串联环节时的开环系统脉冲传递函数

如果开环离散系统由两个串联环节构成,则开环系统脉冲传递函数的求法与连续系统情况不完全相同。这是因为在两个环节串联时,有两种不同的情况。

(1)串联环节之间有采样开关。设开环离散系统如图 7 – 8(a)所示,在两个串联连续环节 $G_1(s)$ 和 $G_2)(s)$ 之间,有理想采样开关隔开。根据脉冲传递函数定义,由图 7 – 8(a)可得

$$D(z) = G_1(z)R(z),\ C(z) = G_2(z)D(z)$$

其中,$G_1(z)$ 和 $G_2(z)$ 分别为 $G_1(s)$ 和 $G_2(s)$ 的脉冲传递函数。于是有

$$G(z) = G_2(z)G_1(z)R(z)$$

因此,开环系统的脉冲传递函数

$$G(z) = \frac{C(z)}{R(z)} = G_1(z)G_2(z) \quad (7-78)$$

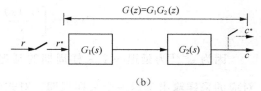

图 7 – 8　环节串联时的开环离散系统

式(7 – 78)表明,有理想采样开关隔开的两个线性连续环节串联时的脉冲传递函数,等于这两个环节各自的脉冲传递函数之积。这一结论,可以推广到类似的 n 个环节相串联的情况。

(2)串联环节之间无采样开关:设开环离散系统如图 7 – 8(b)所示,在两个串联连续环节 $G_1(s)$ 和 $G_2(s)$ 之间,没有理想采样开关隔开。显然,系统连续信号的拉氏变换为

$$C(s) = G_1(s)G_2(s)R^*(s)$$

式中,$R^*(s)$ 为输入采样信号 $r^*(t)$ 的拉氏变换,即

$$R^*(s) = \sum_{n=0}^{\infty} r(nT)e^{-nT}$$

对输出 $C(s)$ 离散化,并根据采样拉氏变换性质(7 – 74),有

$$
\begin{aligned}
C^*(s) &= [G_1(s)G_2(s)R^*(s)]^* = [G_1(s)G_2(s)]^*R^*(s) \\
&= G_1(s)G_2^*(s)R^*(s)
\end{aligned}
\quad (7-79)
$$

式中

$$G_1(s)G_2^*(s) = [G_1(s)G_2(s)]^* = \frac{1}{T}\sum_{n=-\infty}^{\infty} G_1(s+jn\omega_s)G_2(s+jn\omega_s)$$

通常,$G_1G_2^*(s) \neq G_1^*(s)G_2^*(s)$,对式(7 – 79)取 Z 变换,得

$$C(z) = G_1G_2(z)R(z)$$

式中,$G_1G_2(z)$ 定义为 $G_1(s)$ 和 $G_2(s)$ 乘积的 Z 变换。于是,开环系统的脉冲函数

$$G(z) = \frac{C(z)}{R(z)} = G_1G_2(z) \quad (7-80)$$

式(7 – 80)表明,没有理想采样开关隔开的两个线性连续环节串联时的脉冲传递函数,等于这两个环节传递函数乘积后的相应 Z 变换。这一结论也可以推广到类似的 n 个环节相串联时的情况。

显然,式(7 – 78)与式(7 – 80)是不等的,即

$$G_1(z)G_2(z) \neq G_1G_1(z)$$

从这种意义上说，Z 变换无串联性。

3. 有零阶保持器时的开环系统脉冲传递函数

设有零阶保持器的开环离散系统如图 7 - 9(a) 所示。若 $G_h(s)$ 为零阶保持器传递函数，$G_o(s)$ 为连续部分传递函数，两个串联环节之间无同步采样开关隔离。由于 $G_h(s)$ 不是 s 的有理分式函数，因此不便于用求串联环节传递函数的式

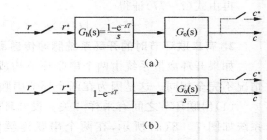

图 7 - 9 有零阶保持器的开环离散系统

(7-80)求出开环系统脉冲传递函数。如果将图 7 - 9(a) 变换为图 7 - 9(b) 所示的等效开环系统，则有零阶保持器时的开环系统脉冲传递函数的推导将是比较简单的。

由图 7 - 9(b) 可得

$$C(s) = \left[\frac{G_o(s)}{s} - e^{-sT} \frac{G_o(s)}{s} \right] R^*(s) \tag{7-81}$$

因为 e^{-sT} 为延迟一个采样周期的延迟环节，所以 $e^{-sT}\dfrac{G_o(s)}{s}$ 对应的采样输出比 $\dfrac{G_o(s)}{s}$ 对应的采样输出延迟一个采样周期。对式(7-81)进行 Z 变换，可得

$$C(z) = \mathscr{Z}\left[\frac{G_o(s)}{s} \right] R(z) - z^{-1} \mathscr{Z}\left[\frac{G_o(s)}{s} \right] R(z)$$

于是，有零阶保持器时，开环系统脉冲传递函数

$$G(z) = \frac{C(z)}{R(z)} = (1 - z^{-1}) \mathscr{Z}\left[\frac{G_o(s)}{s} \right] \tag{7-82}$$

当 $G_o(s)$ 为 s 有理分式函数时，式(7-82)中的 Z 变换 $\mathscr{Z}\left[\dfrac{G_o(s)}{s}\right]$ 也必然是 z 的有理分式函数，因此，零阶保持器不影响离散系统脉冲传递函数的极点。

7.4.5 闭环系统脉冲传递函数

由于采样器在闭环系统中可以有多种配置的可能性，因此闭环离散系统没有唯一的结构图形式。图 7 - 10 是一种比较常见的误差采样闭环离散系统结构图。图中，虚线所示的理想采样开关是为了便于分析而虚设的，输入采样信号 $r^*(t)$ 和反馈采样信号 $b^*(t)$ 事实上并不存在。图中所有理想采样开关都同步工作，采样周期为 T。

由图 7 - 10 可见，连续输出信号和误差信号的拉氏变换为

$$C(s) = G(s)E^*(s)$$
$$E(s) = R(s) - H(s)C(s)$$

因此有 $E(s) = R(s) - H(s)C(s)E^*(s)$，于是，误差采样信号 $e^*(t)$ 的拉氏变换为

$$E^*(s) = R^*(s) - H(s)G^*(s)E^*(s)$$

整理得

$$E^*(s) = \frac{R^*(s)}{1 + HG^*(s)} \tag{7-83}$$

由于

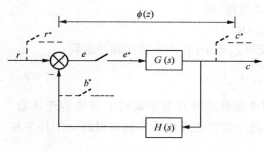

图 7 - 10 闭环离散系统结构图

$$C^*(s) = [G(s)E^*(s)]^* = G^*(s)E^*(s) = \frac{G^*(s)}{1+H(s)G^*(s)}R^*(s) \quad (7-84)$$

因此对(7-83)及式(7-84)取 Z 变换,可得

$$E(z) = \frac{1}{1+HG(z)}R(z) \quad (7-85)$$

$$C(z) = \frac{G(z)}{1+HG(z)}R(z) \quad (7-86)$$

根据式(7-85),定义

$$\Phi_e(z) = \frac{E(z)}{R(z)} = \frac{1}{1+HG(z)} \quad (7-87)$$

为闭环离散系统对于输入量的误差脉冲传递函数。根据式(7-86),定义

$$\Phi(z) = \frac{C(z)}{R(z)} = \frac{G(z)}{1+HG(z)} \quad (7-88)$$

为闭环离散系统对于输入量的脉冲传递函数。

式(7-87)和式(7-88)是研究闭环离散系统时经常用到的两个闭环脉冲传递函数。与连续系统相类似,令 $\Phi(z)$ 或 $\Phi_e(z)$ 的分母多项式为零,便可得到闭环离散系统的特征方程

$$D(z) = 1+GH(z) = 0 \quad (7-89)$$

式中,$GH(z)$ 为开环离散系统脉冲传递函数。

需要指出,闭环离散系统脉冲传递函数不能从 $\Phi(s)$ 和 $\Phi_e(s)$ 求 Z 变换得来,即

$$\Phi(s) \neq \mathscr{Z}[\Phi(s)], \quad \Phi_e(s) \neq \mathscr{Z}[\Phi_e(s)]$$

其原因是采样器在闭环系统中有多种配置。

通过与上面类似的方法,还可以推导出采样器为不同配置形式的其他闭环系统的脉冲传递函数。但是,只要误差信号 $e(t)$ 处没有采样开关,输入采样开关 $r^*(t)$(包括虚构的 $r^*(t)$)便不存在,此时不可能求出闭环离散系统对于输入量的脉冲传递函数,而只能求出输出采样信号的 Z 变换函数 $C(z)$。

对于采样器在闭环系统中具有各种配置的闭环离散系统典型结构图,及其输出采样信号的 Z 变换函数 $C(z)$,可参见表 7-2。

表 7-2 典型闭环离散系统及输出 Z 变换函数

序号	系统结构图	$C(z)$ 计算式
1		$\dfrac{G(z)R(z)}{1+GH(z)}$
2		$\dfrac{RG_1(z)G_2(z)}{1+G_1G_2H(z)}$
3		$\dfrac{G(z)R(z)}{1+G(z)H(z)}$

续表

序号	系统结构图	$C(z)$计算式
4		$\dfrac{R(z)G_1(z)G_2(z)}{1+G_1(z)G_2H(z)}$
5		$\dfrac{RG_1(z)G_2(z)G_3(z)}{1+G_2(z)G_1G_3H(z)}$
6		$\dfrac{RG(z)}{1+GH(z)}$
7		$\dfrac{G(z)R(z)}{1+G(z)H(z)}$
8		$\dfrac{G_2(z)G_3(z)RG_1(z)}{1+G_2(z)G_3(z)G_1H(z)}$

7.4.6 Z变换法的局限性

Z变换法是研究线性定常离散系统的一种有效工具,但是 Z 变换法也有其本身的局限性,应用 Z 变换法分析线性定常离散系统时,必须注意以下几方面问题。

(1) Z 变换的推导是建立在假定采样信号可以用理想脉冲序列来近似的基础上,每个理想脉冲的面积,等于采样瞬时上的时间函数。这种假定,只有当采样持续时间与系统的最大时间常数相比是很小的时候,才能成立。

(2) 输出 Z 变换函数 $C(z)$,只确定了时间函数 $c(t)$ 在采样瞬时上的数值,不能反映 $c(t)$ 采样间隔中的信息。因此对于任何 $C(z)$,Z 逆变换 $c(nT)$ 只能代表 $c(t)$ 在采样瞬时 $t=nT(n=0,1,2,\cdots)$时的数值。

(3) 用 Z 变换法分析离散系统时,系统连续部分传递函数 $G(s)$ 的极点数至少要比其零点数多两个,即 $G(s)$ 的脉冲过渡函数 $K(t)$ 在 $t=0$ 时必须没有跳跃,或者满足

$$\lim_{s\to\infty} sG(s)=0 \tag{7-90}$$

否则,用 Z 变换法得到的系统采样输出 $c^*(t)$ 与实际连续输出 $c(t)$ 差别较大,甚至完全不符。

7.5　离散系统稳定性分析

7.5.1　离散系统的稳定性判据

连续系统的劳斯稳定判据,是通过系统特征方程的系数及其符号来判别系统稳定性的。这种对特征方程的系数和符号以及系数之间满足某些关系的判据,实质是判断系统特征方程的根是否都在左半 s 平面。但是,在离散系统中需要判断系统特征方程的根是否都在 z 平面上的单位圆内。因此,连续系统中的劳斯判据不能直接套用,必须引入另一种 z 域到 w 域的线性变换,使 z 平面上的单位圆内区域,映射成 W 平面上的左半平面,这种新的坐标变换,称为双线性变换,或称为 W 变换。

如果令

$$z = \frac{w+1}{w-1} \qquad\qquad (7-91)$$

则有

$$w = \frac{z+1}{z-1} \qquad\qquad (7-92)$$

式(7-91)与(7-92)表明,复变量 z 与 w 互为线性变换,故 W 变换又称双线性变换。令复变量 $z = x + \mathrm{j}y, w = u + \mathrm{j}v$ 代入式(7-92),得

$$u + \mathrm{j}v = \frac{(x^2+y^2)-1}{(x-1)^2+y^2} - \mathrm{j}\,\frac{2y}{(x-1)^2+y^2}$$

显然

$$u = \frac{(x^2+y^2)-1}{(x-1)^2+y^2}$$

由于上式的分母 $(x-1)^2+y^2$ 始终为正,因此 $u=0$ 等价为 $x^2+y^2=1$,表明 w 平面的虚轴对应于 z 平面上的单位圆周;$u<0$ 等价于 $x^2+y^2<1$,表明左半 w 平面对应于 z 平面上单位圆内的区域;$u>0$ 等价于 $x^2+y^2>1$,表明右半 w 平面对应于 z 平面上单位圆外的区域。

由 W 变换可知,通过式(7-91),可将线性定常系统在 z 平面上的特征方程 $1+GH(z)=0$,转换为在 w 平面上的特征方程 $1+GH(w)=0$。于是,离散系统稳定的充分必要条件,由特征方程 $1+GH(z)=0$ 的所有根位于 z 平面上的单位圆内,转换为特征方程 $1+GH(w)=0$ 的所有根位于左半 w 平面。这后一种情况正好与在 s 平面上应用劳斯稳定判据的情况一样,所以根据 w 域中的特征方程系数,可以直接应用劳斯表判断离散系统的稳定性,并相应称为 w 域中的劳斯稳定判据。

【例 7-3】设闭环离散系统如图 7-11 所示,其中采样周期 $T=0.1\,\mathrm{s}$,试求系统稳定时 K 的临界值。

解:求出 $G(s)$ 的 Z 变换

$$G(z) = \frac{0.632Kz}{z^2-1.368z+0.368}$$

因闭环脉冲传递函数

$$\Phi(z) = \frac{G(z)}{1 + G(z)}$$

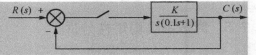

图 7-11　闭环离散系统

故闭环特征方程

$$1 + G(z) = z^2 + (0.632K - 1.368)z + 0.368$$
$$= 0$$

令 $z = (w+1)/(w-1)$，得

$$\left(\frac{w+1}{w-1}\right)^2 + (0.632K - 1.368)\left(\frac{w+1}{w-1}\right) + 0.368 = 0$$

化简后，得 w 域特征方程

$$0.632Kw^2 + 1.264w + (2.736 - 0.632K) = 0$$

列出劳斯表

w^2	$0.632K$	$2.736 - 0.632K$
w^1	1.264	0
w^0	$2.736 - 0.632K$	0

从劳斯表第一列系数可以看出，为保证系统稳定，必须使 $K > 0$ 和 $2.736 - 0.632K > 0$，即 $K < 4.33$。故系统稳定的临界增益 $K_c = 4.33$。

7.5.2　离散系统的稳态误差

在连续系统中，可以利用建立在拉氏变换终值定理基础上的计算方法，求出系统的稳态误差。这种计算稳态误差的方法，在一定条件下可以推广到离散系统。

由于离散系统没有唯一的典型结构图形式，所以误差脉冲传递函数 $\Phi_e(z)$ 也给不出一般的计算公式。离散系统的稳态误差需要针对不同形式的离散系统来求取。这里仅介绍利用 Z 变换的终值定理方法，求取误差采样的离散系统在采样瞬时的稳态误差。

设单位反馈误差采样系统如图 7-12 所示，其中 $G(s)$ 为连续部分的传递函数，$e(t)$ 为系统连续误差信号，$e^*(t)$ 为系统采样误差信号，其 Z 变换函数为

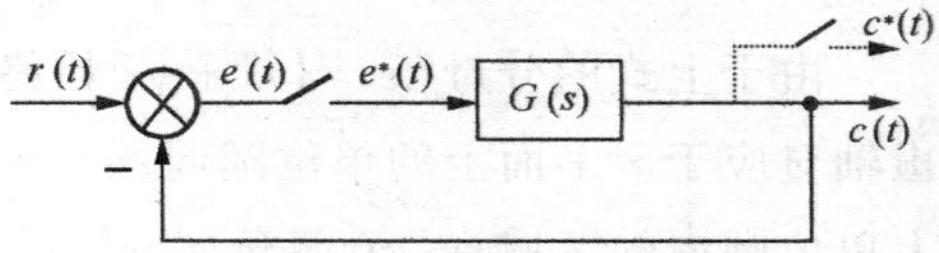

图 7-12　单位反馈离散系统

$$E(z) = R(z) - C(z) = [1 - \Phi(z)]R(z) = \Phi_e(z)R(z)$$

其中　$\Phi_e(z) = \dfrac{E(z)}{R(z)} = \dfrac{1}{1 + G(z)}$ 为系统误差脉冲传递函数。

如果 $\Phi_e(z)$ 的极点全部位于 z 平面上的单位圆内，即若离散系统是稳定的，则可用 Z 变换的终值定理求出采样瞬时的稳态误差

$$e_{ss} = \lim_{t \to \infty} e^*(t) = \lim_{z \to 1}(1 - z^{-1})E(z) = \lim_{z \to 1}\frac{(z-1)R(z)}{z[1 + G(z)]} \tag{7-93}$$

式(7-93)表明，线性定常离散系统的稳态误差，不但与系统本身的结构和参数有关，而且与输入序列的形式及幅值有关。除此之外，由于 $G(z)$ 还与采样周期 T 有关，以及多数的典型输入 $R(z)$ 也与 T 有关，因此离散系统的稳态误差数值与采样周期的选取也有关。

【例 7-4】设离散系统如图 7-12 所示，其中 $G(s) = 1/s(0.1s+1)$，$T = 0.1s$，输入连续信号 $r(t)$ 分别为 $1(t)$ 和 t，试求离散系统相应的稳态误差。

解：不难求出 $G(s)$ 相应的 Z 变换为

$$G(z) = \frac{z(1-e^{-1})}{(z-1)(z-e^{-1})}$$

因此,系统的误差脉冲传递函数

$$\Phi_e(z) = \frac{1}{1+G(z)} = \frac{(z-1)(z-0.368)}{z^2 - 0.736z + 0.368}$$

由于闭环极点 $z_1 = 0.368 + j0.482, z_2 = 0.368 - j0.482$,全部位于 z 平面上的单位圆内,因此可以应用终值定理方法求稳态误差。

当 $r(t) = 1(t)$,相应 $r(nT) = 1(nT)$ 时,$R(z) = z/(z-1)$,于是由式(7 - 93)求得

$$e_{ss} = \lim_{z \to 1} \frac{(z-1)(z-0.368)}{z^2 - 0.736z + 0.368} = 0$$

当 $r(t) = t$,相应 $r(nT) = nT$ 时,$R(z) = Tz/(z-1)^2$,于是由式(7 - 93)求得

$$e_{ss} = \lim_{z \to 1} \frac{T(z-0.368)}{z^2 - 0.736z + 0.368} = T = 0.1$$

如果希望求出其他结构形式离散系统的稳态误差,或者希望求出离散系统在扰动作用下的稳态误差,只要求出系统误差的 Z 变换函数 $E(z)$,在离散系统稳定的前提下,同样可以应用 Z 变换的终值定理算出系统的稳态误差。

式(7 - 93)只是计算单位反馈误差采样离散系统的基本公式,当开环脉冲传递函数 $G(z)$ 比较复杂时,计算 e_{ss} 仍有一定的计算量,因此可以把线性定常连续系统中系统型别及静态误差的概念推广到线性定常离散系统,以简化稳态误差的计算过程。

7.6 线性离散系统的暂态性能分析

离散系统时域性能指标的定义和连续系统中的时域指标定义类似,也是以阶跃响应的一些特征量作为衡量系统动态性能的指标。常用的也是峰值量、峰值时间、调节时间等。

下面讨论两个方面的问题:一是如何分析已知离散系统的动态性能;二是研究系统结构、参数与动态性能的关系。

7.6.1 离散系统的暂态性能指标

若已知离散系统的结构和参数,可以建立系统的数学模型,然后通过求解系统的差分方程,或者 z 逆变换,求出输出量在采样时刻的值 $c(kT)$,这样,就很容易根据动态性能指标的定义,确定出超调量、峰值时间、调节时间以及稳态误差等性能指标。

对于图 7 - 10 所示系统,计算闭环离散系统暂态性能的一般步骤为:

(1) 求系统脉冲传递函数

(2) 设
$$\begin{cases} GH(z) = \mathscr{Z}[G(s)H(s)] \\ \Phi(z) = \dfrac{G(z)}{1+GH(z)} = \dfrac{M(z)}{D(z)} \end{cases}$$

(3) $c^*(t) = c(0)\delta(t) + c(T)\delta(t-T) + c(2T)\delta(t-2T) + \cdots$

(4) 确定动态性能指标 $\sigma\%$、t_s

从上面的讨论可以看出,对于离散系统,可以求出系统的 Z 传递函数,从而得到系统输出的 Z 变换 $C(z)$,然后采用 Z 逆变换的方法求出输出量在采样时刻的值 $c(kT)$。如果已知

系统的差分方程描述,可以转化为 Z 传递函数描述进行分析,但也可以直接求解差分方程。

7.6.2 离散系统极点分布与动态响应的关系

对于系统设计而言,不仅要分析已知系统的性能,更重要的是研究系统结构和参数与系统性能间的关系,用以指导系统结构和参数的选择,下面研究这方面的问题。

如前所述,离散系统的 Z 传递函数的极点都落在 z 平面的单位圆内,系统是稳定的。但在工程上,不仅要求系统是稳定的,而且要求有良好的动态性能。离散系统的零、极点在单位圆内的分布对系统的动态性能具有重要的影响,确定它们之间的关系,哪怕是定性的关系,对于一个控制工程师来说,都是有指导意义的。

下面讨论系统 Z 传递函数的极点位置与脉冲响应的关系。

(1) 实轴上的单极点

如果系统的 Z 传递函数 $\Phi(z)$ 中,在实轴上具有一个单极点 a,则该系统的脉冲响应的 Z 变换式 $C(z)=\Phi(z)$ 的部分分式展开式中有一项为

$$y(z)=\frac{Az}{z-a} \tag{7-94}$$

经过 Z 逆变换,得到在单位脉冲信号作用下对应于这个单极点的输出序列为

$$y(k)=Aa^k \tag{7-95}$$

对应于极点 a 的不同位置,有不同的序列 $y(k)$(设 $A>0$),如图 7-20 所示。

① $a>1$,$y(k)$ 是发散序列。

② $a=1$,$y(k)$ 是等幅序列。

③ $0 \leqslant a<1$,$y(k)$ 是单调衰减正序列,且 a 越小,衰减越快。

④ $-1<a<0$,$y(k)$ 是交替变号的衰减序列,且 $|a|$ 越小,衰减越快。

⑤ $a=-1$,$y(k)$ 是交替变号的等幅序列。

⑥ $a<-1$,$y(k)$ 是交替变号的发散序列。

(2) 共轭复数极点

如果系统的 Z 传递函数 $\Phi(z)$ 中,有一对共轭复数极点 $z=a \pm jb$,则该系统的脉冲响应 Z 变换式 $C(z)$ 的部分分式中有两项为

$$y(z)=\frac{A_1 z}{z-a+jb}+\frac{A_2 z}{z-a-jb} \tag{7-96}$$

其中,A_1,A_2 必是共轭复数。设 $A_1=\frac{A}{2}e^{-j\varphi}$,$A_2=\frac{A}{2}e^{j\varphi}$,则

$$y(k)=A_1(a-jb)^k+A_2(a+jb)^k$$

$$=\frac{A}{2}e^{-j\varphi}(\sqrt{a^2+b^2}\,e^{-j\arctan})^k+\frac{A}{2}e^{j\varphi}(\sqrt{a^2+b^2}\,e^{j\arctan\frac{b}{a}})^k$$

$$=\frac{A}{2}(\sqrt{a^2+b^2})^k\left[e^{-j(k\arctan\frac{b}{a}+\varphi)}+e^{j(k\arctan\frac{b}{a}+\varphi)}\right]$$

$$=A(\sqrt{a^2+b^2})^k\cos(k\arctan\frac{b}{a}+\varphi)$$

若记 $r=\sqrt{a^2+b^2}$,$\theta=\arctan\frac{b}{a}$,则

$$y(k)=Ar^k\cos(k\theta+\varphi),k \geqslant 0 \tag{7-97}$$

极点在 z 平面上的位置是由 a、b 确定的。对应于不同的 a、b 值,也就是极点在不同的位置,系统的脉冲响应也分为几种不同的情况。

① $r>1$、$\theta\neq0$、π,极点在单位圆周外且不在实轴上,$y(k)$ 发散振荡。

② $r=1$,极点在单位圆周上且不在实轴上,$y(k)$ 等幅振荡。

③ $r<1$,极点在单位圆周内且不在实轴上,$y(k)$ 衰减振荡。

从上面的分析可以看出,若极点位于单位圆外,输出序列是发散的,系统不稳定,显然,这样的系统是不能正常工作的。但即使极点位于单位圆内,其动态过程的性质也很不一样。当极点位于负实轴上时,虽然输出序列是收敛的,但它是正负交替的衰减振荡过程。过渡过程的振荡频率最高,等于采样频率的一半,在稳定的系统中,它的特性最坏。例如,它将导致机械系统强烈地振动。当极点是共轭复数极点时,输出是振荡衰减的,也不太令人满意。极点最好分布在单位圆内的正实轴上,这时系统的输出为指数衰减,而且不出现振荡。尤为理想的是极点分布在正实轴靠近原点的地方,这时过渡过程快,离散系统具有快速响应的性能。这一结论很重要,它是以后配置离散系统闭环极点的理论依据。

习 题

7-1 已知理想采样开关的采样周期为 T,单位为秒,连续信号下列函数,求采样的输出信号 $f^*(t)$ 及其拉氏变换 $F^*(t)$。

(1) $f(t)=te^{-at}$

(2) $f(t)=te^{-at}\sin\omega t$

7-2 求指数函数 $f(t)=e^{-at}(a<0)$ 的 Z 变换。

7-3 用 Z 变换法解差分方程
$$y(k)-y(k-1)-2y(k-2)=u(k)+2u(k-2)$$
$$y(-1)=2,y(-2)=-0.5$$

当 $k\geqslant0$ $u(k)=1$ 当 $k<0$ $u(k)=0$

7-4 已知差分方程为 $c(k)-4c(k+1)+c(k+2)=0$,初始条件:$c(0)=1,c(1)=1$。试用迭代法求输出序列 $c(k)$,$k=0,1,2,3,4$。

7-5 已知脉冲传递函数
$$G(z)=\frac{C(z)}{R(z)}=\frac{0.53+0.1z^{-1}}{1-0.37z^{-1}}$$

其中,$R(z)=z/(z-1)$,试求 $c(nT)$。

7-6 数字控制系统的一般结构如图 7-13 所示,求系统闭环 Z 传递函数。图中,D 是数字校正装置,或计算机控制规律,其输入与输出都是离散序列,设它的 Z 传递函数为
$$D(z)=\frac{U(z)}{E(z)}$$

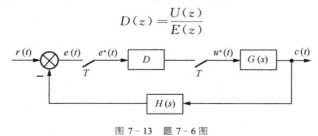

图 7-13 题 7-6图

7-7 已知系统的特征方程为

$$D(z) = z^3 + 2z^2 + 1.9z + 0.8 = 0$$

判别系统稳定性。

7-8 图 7-14 所示的离散系统,采样周期 $T=1$ s,$G_h(s)$ 为零阶保持器,而

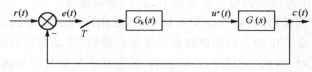

图 7-14 图 7-8 图

$$G(s) = \frac{K}{s(0.2s + 1)}$$

要求:

(1) $K=5$ 时,分析系统的稳定性;

(2) 确定使系统稳定的 K 值范围。

7-9 设有单位反馈误差采样的离散系统,连续部分传递函数为 $G(s) = \dfrac{1}{s^2(s+5)}$

输入 $r(t)=1(t)$,采样周期 $T=1s$。试求:

(1) 输出 Z 变换 $C(z)$;

(2) 采样瞬时的输出响应 $c^*(t)$;

(3) 输出响应的终值 $c(\infty)$。

7-10 图 7-15 所示的采样控制系统中,采样周期 $T=0.5$ s。

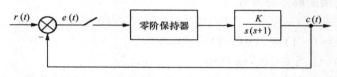

图 7-15 题 7-10 图

(1) 求闭环系统的脉冲传递函数。

(2) 写出系统的差分方程。

(3) 确定系统稳定的 K 值范围。

第8章 自动控制原理实验

实验一 典型系统的阶跃响应分析

一、实验目的

1. 熟悉一阶系统、二阶系统的阶跃响应特性及模拟电路。
2. 测量一阶系统、二阶系统的阶跃响应曲线,并了解参数变化对其动态特性的影响。
3. 掌握二阶系统动态性能的测试方法。

二、实验内容（2学时）

1. 设计并搭建一阶系统、二阶系统的模拟电路。
2. 测量一阶系统的阶跃响应,并研究参数变化对其输出响应的影响。
3. 观测二阶系统的阻尼比分别在 $0<\xi<1,\xi=1$ 和 $\xi>1$ 三种情况下的单位阶跃响应曲线;测量二阶系统的阻尼比为 $\xi=\dfrac{1}{\sqrt{2}}$ 时系统的超调量 $\sigma\%$、调节时间 $t_s(\Delta=\pm0.05)$。
4. 观测系统在 ξ 为定值 ω_n 不同时的响应曲线。

三、实验步骤

1. 一阶系统阶跃响应研究
(1) 模拟电路如图 8 - 1 所示,其中 $R_0=200$ kΩ。

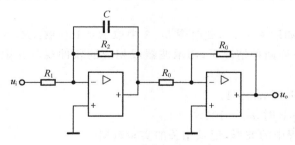

图 8 - 1 一阶系统模拟电路

(2) 将阶跃信号发生器的输出端接至系统的输入端。
(3) 若 $K=1$、$T=1$ s 时,取:$R_1=100$ kΩ,$R_2=100$ kΩ,$C=10$ μF($K=R_2/R_1=1$,T

$=R_2C=100\text{k}\Omega\times10~\mu\text{F}=1$)。

(4) 上电,用示波器或相应的软件观测并记录此时系统的响应输出,并与理论值进行比较。

(5) 若 $K=1$、$T=0.1\text{ s}$ 时,重复上述步骤(3)、步骤(4)。

$[R_1=100~\text{k}\Omega,R_2=100~\text{k}\Omega,C=1~\mu\text{F}(K=R_2/R_1=1,T=R_2C=100~\text{k}\Omega\times1~\mu\text{F}=0.1)]$。

(6) 若 $K=2$、$T=0.1\text{s}$ 时,重复上述步骤(3)、步骤(4)$[R_1=100\text{k}\Omega,R_2=200\text{k}\Omega,C=1\mu\text{F}(K=R_2/R_1=2,T=R_2C=100\text{k}\Omega\times1\mu\text{F}=0.1)]$

(7) 保存实验过程中的波形,记录相关的实验数据。

2. 二阶系统阶跃响应研究

模拟电路如图 8-2 所示。

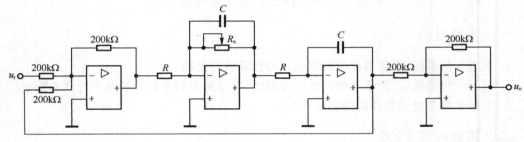

图 8-2　二阶系统模拟电路

(1) ω_n 值一定时(取 $\omega_n=10$,此时图 8-2 中取 $C=1~\mu\text{F}$,$R=100~\text{k}\Omega$),R_x 阻值可调范围为 $0\sim470~\text{k}\Omega$。系统输入一单位阶跃信号,在下列几种情况下,用示波器或相应的软件观测并记录不同 ξ 值时的实验曲线。

① 当 $\xi=0.2$ 时,可调电位器 $R_x=250~\text{k}\Omega$(实际操作时可用 $200~\text{k}\Omega+51~\text{k}\Omega=251~\text{k}\Omega$ 代替),此时系统处于欠阻尼状态,其超调量为 53% 左右;

② 当 $\xi=0.707$ 时,可调电位器 $R_x=70.7~\text{k}\Omega$(实际操作时可用 $20~\text{k}\Omega+51~\text{k}\Omega=71~\text{k}\Omega$ 代替),此时系统处于欠阻尼状态,其超调量为 4.3% 左右;

③ 当 $\xi=1$ 时,可调电位器 $R_x=50~\text{k}\Omega$(实际操作时可用 $51~\text{k}\Omega$ 代替),系统处于临界阻尼状态;

④ 当 $\xi=2$ 时,可调电位器 $R_x=25~\text{k}\Omega$(实际操作时可用 $24~\text{k}\Omega$ 代替),系统处于过阻尼状态。

(2) ξ 值一定时(如取 $\xi=0.2$,此时图 3-3 中取 $R=100~\text{k}\Omega$,$R_x=250~\text{k}\Omega$)。系统输入一单位阶跃信号,在下列两种情况下,用示波器或相应的软件观测并记录不同 ω_n 值时的实验曲线。

① 若取 $C=10~\mu\text{F}$ 时,$\omega_n=1$。

② 若取 $C=0.1~\mu\text{F}$ 时,$\omega_n=100$。

(3) 保存实验过程中的波形,记录相关的实验数据。

注意:由于实验电路中有积分环节,实验前一定要对积分电容进行放电。

四、实验报告要求

1. 画出一阶系统、二阶系统的实验电路图,并推导出闭环传递函数,标明电路中的各参数。

2. 根据测得的各参数下的一阶系统、二阶系统的单位阶跃响应曲线,分析参数变化对系统动态特性的影响。

五、实验思考题

1. 为什么实验中实际曲线与理论曲线有一定误差?
2. 如果阶跃输入信号的幅值过大,在实验中会产生什么后果?
3. 在电路模拟系统中,如何实现负反馈和单位负反馈?
4. 为什么本实验中二阶系统对阶跃输入信号的稳态误差为零?

实验二　高阶系统的瞬态响应和稳定性分析

一、实验目的

1. 掌握由模拟电路到传递函数的转换。
2. 理解劳斯稳定判据。
3. 通过实验,进一步理解线性系统的稳定性仅取决于系统本身的结构和参数,与外作用及初始条件无关。
4. 研究系统的开环增益 K 或其他参数的变化对闭环系统稳定性的影响。

二、实验内容（2学时）

1. 由给定的高阶模拟系统推导出系统的传递函数。
2. 用劳斯稳定判据求解给定系统的稳定条件。
3. 观测三阶系统的开环增益 K 为不同数值时的阶跃响应曲线。

三、实验步骤

三阶系统的模拟电路如图 8－3 所示,根据劳斯稳定判据得系统的稳定条件:$0 < K < 12$ 系统稳定;$K = 12$,系统临界稳定;$K > 12$,系统不稳定。

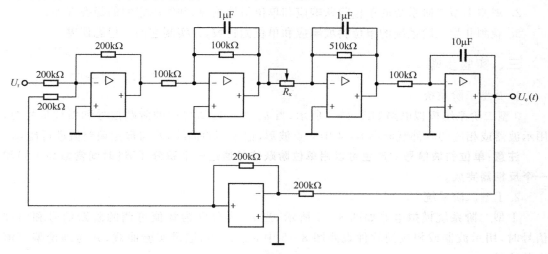

图 8－3　三阶系统的模拟电路

1. 系统输入一单位阶跃信号,在下列几种情况下,用示波器或相应的软件观测并记录不同 K 值时的实验曲线。

① 若 $K=5$ 时,系统稳定,R_x 取 100 kΩ 左右。

② 若 $K=12$ 时,系统处于临界状态,R_x 取 42.5 kΩ 左右(实际值为 47 kΩ 左右)。

③ 若 $K=20$ 时,系统不稳定,R_x 取 25 kΩ 左右;

2. 保存实验过程中的波形,记录相关的实验数据。

四、实验报告要求

1. 画出三阶系统线性定常系统的实验电路,并写出其闭环传递函数,标明电路中的各参数。

2. 由模拟电路图推导出系统的传递函数,并用劳斯稳定判据判定系统的稳定条件。

3. 保存不同 K 值下系统的单位阶跃响应曲线,并根据测得的响应曲线分析开环增益对系统动态特性及稳定性的影响。

五、实验思考题

对三阶系统,为使系统能稳定工作,开环增益 K 应取大还是取小?

实验三 线性定常系统的稳态误差分析

一、实验目的

1. 通过本实验,理解系统的跟踪误差与其结构、参数与输入信号的形式、幅值大小之间的关系;

2. 研究系统的开环增益 K 对稳态误差的影响。

二、实验内容（2 学时）

1. 观测 0 型二阶系统的单位阶跃响应和单位斜坡响应,并实测它们的稳态误差;

2. 观测 Ⅰ 型二阶系统的单位阶跃响应和单位斜坡响应,并实测它们的稳态误差;

3. 观测 Ⅱ 型二阶系统的单位斜坡响应和单位抛物坡,并实测它们的稳态误差。

三、实验步骤

1. 0 型二阶系统

0 型二阶系统模拟电路如图 8 - 4 所示,当 u_r 为一幅值可调的阶跃信号和斜坡信号时,用示波器或相应的软件观测图 8 - 4 中 e 点波形,记录实验曲线,并与理论偏差值进行比较。

注意:单位斜坡信号的产生可以用单位阶跃信号通过一个积分环节(时间常数为 1 s)和一个反相器完成。

2. Ⅰ 型二阶系统

Ⅰ 型二阶系统模拟电路如图 8 - 5 所示,当 u_r 为分别为幅值可调的阶跃信号和斜坡信号时,用示波器或相应的软件观测图 8 - 5 中 e 点波形,记录实验曲线,并与理论偏差值进行比较。

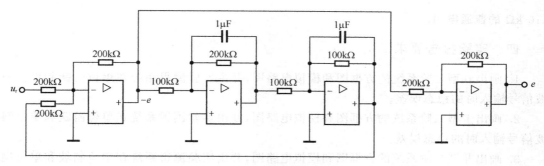

图 8-4 0 型二阶系统模拟电路图

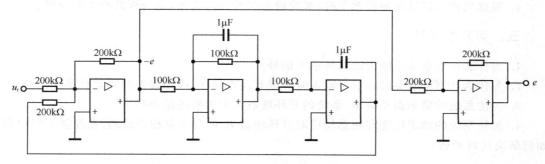

图 8-5 I 型二阶系统模拟电路图

3. Ⅱ型二阶系统

模拟电路如图 8-6 所示,当 u_r 分别为幅值可调的斜坡信号和抛物线信号时,用示波器或相应的软件观测图中 e 点波形,记录实验曲线,并与理论偏差值进行比较。

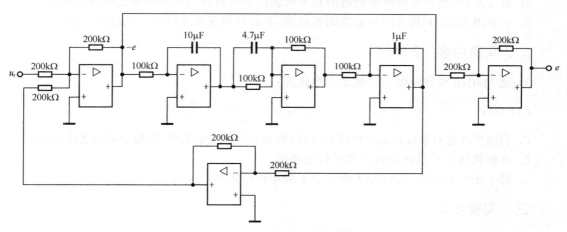

图 8-6 Ⅱ型三阶系统模拟电路图

注意:① 单位抛物波信号的产生可以用单位阶跃信号通过两个积分环节(时间常数均为 1 s)来构造。

② 本实验中不主张用示波器直接测量给定信号与响应信号的曲线,因它们在时间上有一定的响应误差。

③ 在实验中为了提高偏差 e 的响应带宽,可在二阶系统中的第一个积分环节并一个

510 kΩ 的普通电阻。

四、实验报告要求

1. 画出 0 型二阶系统的方框图和模拟电路图,并由实验测得系统在单位阶跃和单位斜坡信号输入时的稳态误差。

2. 画出 I 型二阶系统的方框图和模拟电路图,并由实验测得系统在单位阶跃和单位斜坡信号输入时的稳态误差。

3. 画出 II 型二阶系统的方框图和模拟电路图,并由实验测得系统在单位斜坡和单位抛物线函数作用下的稳态误差。

4. 观察当输入信号的幅值改变时,系统稳态误差如何变化,并分析其产生的原因。

五、实验思考题

1. 为什么 0 型系统不能跟踪斜坡输入信号?

2. 为什么 0 型系统在阶跃信号输入时一定有误差存在,决定误差的因素有哪些?

3. 为使系统的稳态误差减小,系统的开环增益应取大些还是小些?

4. 解释系统的动态性能和稳态精度对开环增益 K 的要求是相矛盾的,在控制工程中应如何解决这对矛盾?

实验四　控制系统的根轨迹分析（Matlab）

一、实验目的

1. 通过实验,进一步理解根轨迹的基本概念以及根轨迹与系统性能之间的关系。

2. 学会用 Matlab 软件绘制系统的根轨迹,并能够根据轨迹线分析系统的性能。

二、实验内容（2 学时）

1. 用 Matlab 软件绘制给定模型的根轨迹;

(1) $G(s) = \dfrac{(2s^2 + 5s + 1)K}{s^3 + 6s^2 + 3s + 4}$　　(2) $G(s) = \dfrac{K}{s(s+3)(s^2 + 2s + 2)}$

2. 利用根轨迹对系统的稳定性进行分析,判断系统的稳定类型(结构稳定或条件稳定)。

3. 在根轨迹上求取闭环极点和根轨迹增益。

4. 对于条件稳定系统,绘制不同状态下的单位阶跃响应曲线。

三、实验步骤

1. 建立一个 m 文件,用于输入程序

注意:程序可在文档中直接全部执行;也可将所需要执行的程序段 copy 到 Command Windows 中执行,或者将所需要执行的程序段选取后,点击鼠标右键选择 Run select。

2. 输入系统模型

当输入的模型形式为

$$G(s) = \dfrac{a_1 s^n + a_2 s^{(n-1)} + \cdots + a_{(n-1)} s + a_n}{b_1 s^m + b_2 s^{(m-1)} + \cdots + b_{(m-1)} s + b_m}$$

在 Matlab 中输入以下程序

$$\text{num} = [a_1 \ a_2 \ \cdots \ a_n];\ \% \ 传递函数分子系数向量$$
$$\text{den} = [b_1 \ b_2 \ \cdots \ b_m];\ \% \ 传递函数分母系数向量$$
$$g = \text{tf}(\text{num},\text{den})$$

3. 绘制根轨迹。

调用 rlocus 命令绘制根轨迹,基本命令格式:rlocus(g)。

4. 系统分析

在根轨迹上点击曲线上任意点,可获得该点对应的性能参数:Gain 根轨迹增益;Pole 极点;Damping 阻尼比;Overshoot:单位负反馈闭环系统单位阶跃响应下的超调量;Frequency:系统的震荡频率。分析判断系统的稳定性。

5. 查找特征根

命令格式:rlocfind(g)。

运行此命令后,用户可用鼠标在根轨迹上选定极点,系统会返回选定点的极值及该极值对应的 k 值下的所有极点值。

6. 绘制阶跃响应曲线

在稳定状态下,绘制某一 k 值所对应的闭环系统的单位阶跃响应曲线(在显示其参数状态下按 Print Screen 键截屏保存)。

具体操作:

(1) 在根轨迹上找到 k 值,如取 $k=8$;

(2) 输入此时系统传递函数,即 g1=k×g=8×g;

(3) 求 g1 对应的单位负反馈闭环系统传递函数:g2=feedback(g1,1);

(4) 观察闭环系统的单位阶跃响应:step(g2)。

7. 完成

保存所有图形、曲线,分析处理。

四、实验报告要求

1. 保存所有源程序。
2. 保存所有图形根轨迹图,图上要标示出选定的 k 值及临界稳定 k 值。
3. 阶跃响应曲线,图上要显示特殊点的参数。
4. 实验结论及分析。

实验五 控制系统的频率特性研究 (Matlab)

一、实验目的

1. 通过实验,进一步理解控制系统频域分析的概念。
2. 学会用 Matlab 软件绘制系统的 Nyquist 图和 Bode 图,根据图形曲线分析系统的稳定性。

二、实验内容 (2学时)

1. 用 Matlab 软件绘制给定模型的 Nyquist 图和 Bode 图。

(1) $G_1(s) = \dfrac{10(10s+1)}{s(s+1)(8s+1)}$ (2) $G_2(s) = \dfrac{50}{s^2(6s+1)(s^2+s+1)}$

(3) $G_3(s) = \dfrac{s^2+2s+1}{s^3+0.2s^2+s+1}$

2. 利用 Nyquist 图和 Bode 图对系统的稳定性进行分析。

3. 由 Bode 图求取系统的相角裕度和幅值裕度。

三、实验步骤

1. 建立一个 m 文件,用于输入程序。

2. 输入系统模型。

3. 绘制 Nyquist 图。

在 Matlab 中,绘制 Nyquist 图命令调用格式为:

　　　　Nyquist(g)　　　绘制的是 ω 从 $-\infty \rightarrow +\infty$ 系统 g 的 Nyquist 图。

说明:

(1) 用指令:Nyquist(g_1,g_2,g_3,…,g_n),可以实现在一个图形界面里绘制多个系统的 Nyquist 图;

(2) 用指令:[Re,Im,ω]=Nyquist(g),可以实现返回 Nyquist 图的虚部、实部坐标值及对应的频率值。

(3) 在绘制好的 Nyquist 图上通过鼠标点击曲线上的点可分辨出哪一半是 ω 从 $0 \rightarrow +\infty$ 的 Nyquist 图,同时还可以获得该点的虚部、实部坐标值及对应的频率值。

4. 绘制系统的 Bode 图。

Bode 图包括两条曲线,分别是对数相频特性曲线和对数幅频特性曲线,在 Matlab 中,绘制 Bode 图的函数调用格式为:

　　　　　　Bode(g)　　　绘制系统 g 的 Bode 图。

说明:

(1) 用指令:Bode(g_1,g_2,g_3,…,g_n),可以实现在一个图形界面里绘制多个系统的 Bode 图;

(2) 用指令:[mag,phase,ω]= Bode(g),可以实现返回 Bode 图的幅值、相位坐标及对应的频率值。

5. 系统频域性能分析

(1) 稳定性分析

根据绘制好的 Nyquist 图,用 Nyquist 稳定判据判断系统的稳定性。

根据绘制好的 Bode 图,用对数频率稳定判据判断系统的稳定性。也可以通过求取相角裕度和幅值裕度判断系统的稳定性。

(2) 频域性能指标的求取。函数调用格式为:

　　Margin(g)　　　　　在绘制出的 Bode 图上标出相角裕度和幅值裕度。

　　　[Gm,Pm,Weg,Wep]= Margin(g)　 返回两个裕度值及对应的频率值。Gm、Pm、Weg、Wep 分别表示幅值裕度、相角裕度、相位穿越频率、幅值穿越频率,根据相角裕度值的正负就可判断系统的稳定性。

6. 保存所有曲线,分析处理并完善实验报告。

四、实验报告要求

1. 保存所有源程序。
2. 给出系统模型,保存所有绘制的图形及必要的处理图形。
3. 求取系统的频域性能指标。
4. 实验结论分析。

实验六　线性定常系统的串联校正（综合）

一、实验目的

1. 对系统性能进行分析,选择合适的校正方式,设计校正器模型。
2. 通过仿真实验,理解和验证所加校正装置的结构、特性和对系统性能的影响;
3. 通过模拟实验部分进一步理解和验证设计和仿真结果,进而掌握对系统的实时调试技术。

二、实验内容（4 学时）

1. 对未加校正装置时系统的性能进行分析,根据性能要求,进行校正器模型的理论设计(要求课下完成)。
2. Matlab 仿真。
(1)观测校正前系统的时域、频域性能。
(2)观测校正后系统的时域、频域性能。
(3)对比(1)、(2)中的结果分析校正器性能,在保证校正效果的前提下并根据实验台实际参数进行校正器模型调整。最终确定校正器模型。
3. 模拟实验。
(1)根据给定的系统模型和实验台实际参数搭接校正前的系统模拟电路。
(2)根据最终确定的校正器模型搭接校正器模拟电路。
(3)用上位机软件观测系统时频域性能进行分析,验证是否满足设计要求。
4. 对仿真实验和模拟实验的结果进行分析比较。

三、实验题目

(1) 系统开环传递函数:$G_o(s) = \dfrac{K}{s(0.2s+1)(0.5s+1)}$。

性能要求:在 $r(t) = t$ 作用下,$e_{ss} \leqslant 1/6$,$\gamma \geqslant 30°$,$\omega_c \geqslant 5 \text{ rad/s}$。

(2) 系统开环传递函数:$G_o(s) = \dfrac{K}{s(s+1)(0.01s+1)}$。

性能要求:在 $r(t) = t$ 作用下,$e_{ss} \leqslant 0.062\,5$,$\gamma \geqslant 45°$,$\omega_c \geqslant 2 \text{ rad/s}$。

(3) 系统开环传递函数:$G_o(s) = \dfrac{K}{s(s+1)}$。

性能要求:在 $r(t) = t$ 作用下,$e_{ss} \leqslant 1/15$,$\gamma \geqslant 45°$,$\omega_c \geqslant 7.5 \text{ rad/s}$。

（4）系统开环传递函数：$G_o(s) = \dfrac{K}{s(0.5s+1)}$。

性能要求：$K_v \geqslant 25$，$\gamma \geqslant 35°$，$\omega_c \geqslant 10$ rad/s。

（5）系统电路如图 8-7 所示，其中：$R_{f1} = 200$ kΩ，$C_1 = 1$ μF，$R_{f2} = 100$ kΩ，$C_2 = 0.1$ μF，$R_3 = 100$ kΩ，$C_3 = 10$ μF，$R_1 = 200$ kΩ，$R_2 = 100$ kΩ。

性能要求：在 $r(t) = t$ 作用下，$e_{ss} \leqslant 0.012\,5$，$\gamma \geqslant 45°$，$\omega_c \geqslant 40$ rad/s。

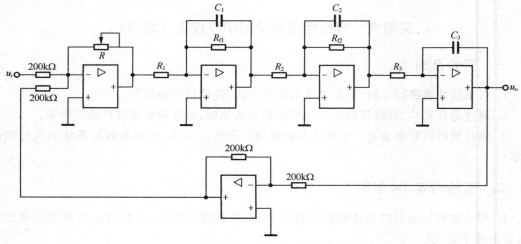

图 8-7　二阶闭环系统的模拟电路图

四、实验步骤（以题目 4 为例）

1. Matlab 仿真部分

（1）进行校正前系统的性能分析。

由 $K_v \geqslant 25$，确定 $K \geqslant 25$，取 $K = 25$

频域分析：

在 Matlab 软件中输入程序：g0＝tf([25],[0.5 1 0])；bode(g0)

绘制出校正前系统的伯德图如图 8-8 所示，由图 8-8 中可知系统的性能不满足性能要求，需要校正。

时域分析：输入程序为：gf＝feedback(g0,1)；step(gf)，校正前闭环系统的阶跃响应曲线如图 8-9 所示。

（2）将理论计算出的校正器模型引入系统，进行校正后系统的性能分析。

频域分析：在 Matlab 软件中输入程序：gc＝tf([0.2 1],[0.05 1])；g＝g0 * gc；bode(g0,g)

绘制出校正后系统的伯德图如图 8-10 所示，由图 8-10 可知系统的性能均满足性能要求，校正器模型合理。

时域分析：输入程序为：gcf＝feedback(g,1)；step(gcf)，校正后闭环系统的阶跃响应曲线如图 8-11 所示。对比校正前、后系统的阶跃响应曲线上显示的参数，可见系统性能得到了改善。

（3）对校正前后的系统性能进行对比分析，初步确定校正器模型。

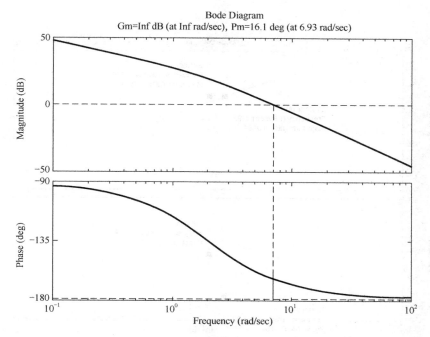

图 8-8　校正前系统的伯德图

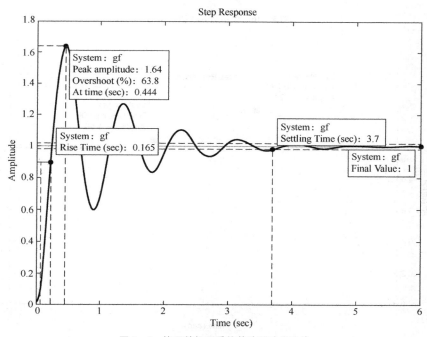

图 8-9　校正前闭环系统的阶跃响应曲线

仿真确定校正器模型为 $G_c(s) = \dfrac{0.2s+1}{0.05s+1}$。

（4）校正器模型修正，根据实验台上可提供的电阻电容值对初定的校正器进行调整，使得最终的校正器模型既满足系统的性能要求又能够在实验台上实现。

上面确定的控制模型可以在实验台实现，故不需要调整。

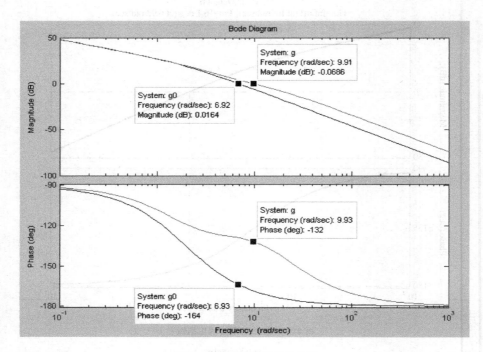

图 8-10　校正后系统的伯德图

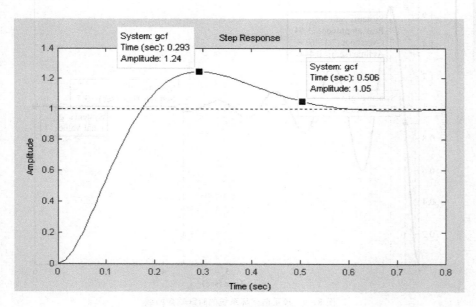

图 8-11　校正后闭环系统的阶跃响应曲线

2. 模拟实验部分

（1）根据给定的实验模型搭接校正前系统的模拟电路图。

根据传递函数绘制系统模拟电路图如图 8-12 所示。根据 $K_v \geqslant 25$，结合实验台实际数据，图 8-12 中取值为：$R_{f1} = 510$ kΩ，$C_1 = 1$ μF，$R_1 = 20$ kΩ。

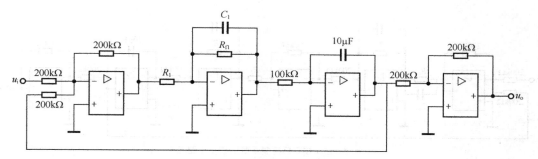

图 8-12 校正前系统的模拟电路图

（2）在实验台上按照图 8-12 连接电路，用示波器或相应的软件观测校正前系统的阶跃响应，其响应曲线如图 8-13 所示，从图 8-13 中读取 $t_s = 4.1$ s，$\sigma\% = \Delta Y/Y1 = 1.71/5.75 = 29.7\%$。

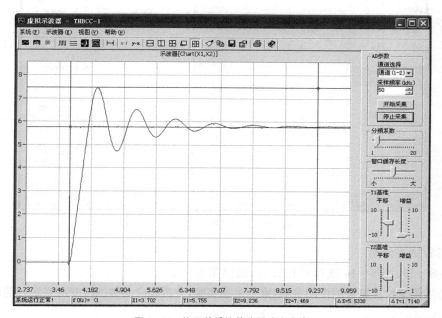

图 8-13 校正前系统的阶跃响应曲线

（3）搭接校正后系统的模拟电路图。

控制系统的校正器的模拟电路图如图 8-14 所示，根据校正器模型传递函数，图 8-14 中取值为：$R_{c1} = 200$ kΩ，$R_{c2} = 510$ kΩ，$C_{c1} = 1$ μF，$C_{c2} = 0.1$ μF。

在实验台上搭接校正器的模拟电路图，并与校正前的系统电路串联，则校正后控制系统的模拟电路如图 8-15 所示，但要将 R_1 调整为 51 kΩ。

（4）用示波器或相关软件观测校正后系统的阶跃响应，如图 8-16 所示。从图 8-16 中可读取：$t_s = 1.8$ s，$\sigma\% = \Delta Y/Y1 = 0.07/5.75 = 1.2\%$。

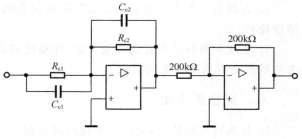

图 8-14 校正器的模拟电路

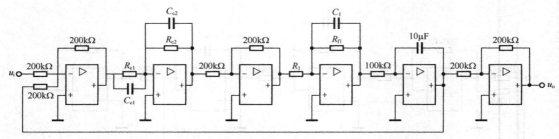

图 8-15 校正后控制系统的模拟电路图

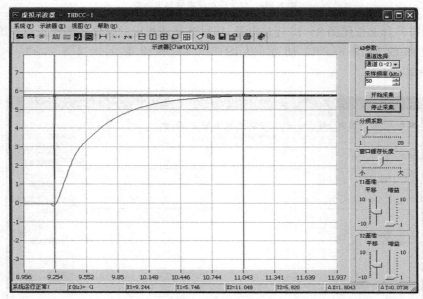

图 8-16 校正后闭环系统的阶跃响应曲线

3. 实验结果分析

由图 8-13、图 8-16 进行对比分析,给出实验结论。

4. 适当调整校正装置的性能参数,重复上述实验,分析相应参数的改变对系统性能的影响。

五、实验报告要求

1. 根据对系统性能的要求,设计系统的校正装置,并画出它的模拟电路图。

2. 根据实验结果,保存校正前系统的阶跃响应曲线及相应的动态性能指标(仿真和模拟中的时域和频域指标)。

3. 观测引入校正装置后系统的阶跃响应曲线,并将由实验测得的性能指标与理论计算值做比较。

4. 实时调整校正装置的相关参数,使系统的动、静态性能均满足设计要求,并分析相应参数的改变对系统性能的影响。

六、实验思考题

1. 加入校正装置后,为什么系统的瞬态响应会变快?

2. 实验时所获得的性能指标为何与设计确定的性能指标有偏差?

附表 1　常见函数拉普拉斯变换对照表

序号	象函数 $F(s)$	原函数 $f(t)$
1	1	$\delta(t)$
2	$\dfrac{1}{s}$	$1(t)$
3	$\dfrac{1}{s^2}$	t
4	$\dfrac{1}{s^3}$	$\dfrac{1}{2}t^2$
5	$\dfrac{1}{s^n}$	$\dfrac{1}{(n-1)!}t^{n-1}$
6	$\dfrac{1}{s+a}$	e^{-at}
7	$\dfrac{1}{(s+a)(s+b)}$	$\dfrac{1}{(b-a)}(\mathrm{e}^{-at}-\mathrm{e}^{-bt})$
8	$\dfrac{s+a_0}{(s+a)(s+b)}$	$\dfrac{1}{(b-a)}[(a_0-a)\mathrm{e}^{-at}-(a_0-b)\mathrm{e}^{-bt}]$
9	$\dfrac{1}{s^2+\omega^2}$	$\dfrac{1}{\omega}\sin\omega t$
10	$\dfrac{s}{s^2+\omega^2}$	$\cos\omega t$
11	$\dfrac{1}{s(s^2+\omega^2)}$	$\dfrac{1}{\omega^2}(1-\cos\omega t)$
12	$\dfrac{1}{(s+a)^2+\omega^2}$	$\dfrac{1}{\omega}\mathrm{e}^{-at}\sin\omega t$
13	$\dfrac{s+a}{(s+a)^2+\omega^2}$	$\mathrm{e}^{-at}\cos\omega t$

附表 2　常用 Z 变换表

序号	拉普拉斯变换 $E(s)$	时间函数 $e(t)$	Z 变换 $E(z)$
1	e^{-nst}	$\delta(t-nT)$	z^{-n}
2	1	$\delta(t)$	1
3	$\dfrac{1}{s}$	$1(t)$	$\dfrac{z}{z-1}$

序号	拉普拉斯变换 $E(s)$	时间函数 $e(t)$	Z 变换 $E(z)$
4	$\dfrac{1}{s^2}$	t	$\dfrac{Tz}{(z-1)^2}$
5	$\dfrac{1}{s^3}$	$\dfrac{1}{2}t^2$	$\dfrac{T^2 z(z+1)}{2(z-1)^3}$
6	$\dfrac{1}{s^4}$	$\dfrac{1}{3!}t^3$	$\dfrac{T^3(z^2+4z+1)}{6(z-1)^4}$
7	$\dfrac{1}{s-(1/T)\ln a}$	$a^{t/T}$	$\dfrac{z}{z-a}$
8	$\dfrac{1}{s+a}$	e^{-at}	$\dfrac{z}{z-e^{-aT}}$
9	$\dfrac{1}{(s+a)^2}$	te^{-at}	$\dfrac{Tze^{-aT}}{(z-e^{-aT})^2}$
10	$\dfrac{1}{(s+a)^3}$	$\dfrac{1}{2}t^2 e^{-at}$	$\dfrac{T^2 ze^{-aT}}{2(z-e^{-aT})^2}+\dfrac{T^2 ze^{-2aT}}{(z-e^{-aT})^3}$
11	$\dfrac{a}{s(s+a)}$	$1-e^{-at}$	$\dfrac{(1-e^{-aT})z}{(z-1)(z-e^{-aT})}$
12	$\dfrac{a}{s^2(s+a)}$	$t-\dfrac{1}{a}(1-e^{-at})$	$\dfrac{Tz}{(z-1)^2}-\dfrac{(1-e^{-aT})z}{a(z-1)(z-e^{-aT})}$
13	$\dfrac{1}{(s+a)(s+b)(s+c)}$	$\dfrac{e^{-at}}{(b-a)(c-a)}+$ $\dfrac{e^{-bt}}{(a-b)(c-b)}+$ $\dfrac{e^{-ct}}{(b-c)(a-c)}$	$\dfrac{z}{(b-a)(c-a)(z-e^{-aT})}+$ $\dfrac{z}{(a-b)(c-b)(z-e^{-bT})}+$ $\dfrac{z}{(a-c)(b-c)(z-e^{-cT})}$
14	$\dfrac{\omega}{s^2+\omega^2}$	$\sin\omega t$	$\dfrac{z\sin\omega T}{z^2-2z\cos\omega T+1}$
15	$\dfrac{s}{s^2+\omega^2}$	$\cos\omega t$	$\dfrac{z(z-\cos\omega T)}{z^2-2z\cos\omega T+1}$
16	$\dfrac{\omega}{(s+a)^2+\omega^2}$	$e^{-at}\sin\omega t$	$\dfrac{ze^{-aT}\sin\omega T}{z^2-2ze^{-aT}\cos\omega T+e^{-2aT}}$
17	$\dfrac{s+a}{(s+a)^2+\omega^2}$	$e^{-at}\cos\omega t$	$\dfrac{z^2-ze^{-aT}\cos\omega T}{z^2-2ze^{-aT}\cos\omega T+e^{-2aT}}$